Euvitalistische Biologie

Zur Grundlegung der Kultur

von

Karl Camillo Schneider
Professor an der Universität Wien

Mit 57 Textabbildungen

München · Verlag von J. F. Bergmann · 1926

ISBN 978-3-642-51895-9   ISBN 978-3-642-51957-4 (eBook)
DOI 10.1007/978-3-642-51957-4

Vorwort.

Gern denkt man sich heute Kultur als einen Entwicklungsorganismus.
Über die Berechtigung dieses Vergleiches sollte der Biologe am besten
Auskunft geben können, aber unsere heutige Biologie weiß so wenig wie
die moderne Geschichtswissenschaft, was Entwicklung eigentlich ist. Denn
unsere ganze Kultur begründet sich auf dem Beharrungsgedanken, nicht
auf dem Entwicklungsgedanken. Selbst im biogenetischen Grundgesetz,
das an den eigentlichen Kern der Entwicklung rührt, dominiert der
Beharrungsgedanke, da das Gesetz kein Ziel zum Ausdruck bringt, sondern
nur den Zufall, den eigentlichen Kern der Natur, in den Mittelpunkt der
Betrachtung rückt. Die im Beharrungsgedanken sich aussprechende Über-
schätzung der Natur tritt uns charakteristisch im immer wiederholten
Bemühen entgegen, Urzeugung zu erweisen, also die Entstehung des Lebens
aus Naturfaktoren zu begreifen. Das ist nun zwar vergebliches Bemühen,
doch bleibt die Bedeutung des Lebens und der ihm verknüpften Entwicklung
unbekannt. Sie läßt sich aber bereits dem Zeugungsakt entnehmen. Denn
dieser ist in erster Linie Assimilation, ist Angleichung toter Substanz an
eine auf wunderbare Weise entstandene Urstruktur, und Aufgabe der
Assimilation ist nun, die gesamte Weltmaterie nach und nach anzugleichen
an die Urstruktur. An dieser elementaren Lebenstatsache sieht nicht nur
die offizielle materialistische Biologie vorbei, sondern auch die gegebenen
Vitalismen, von denen man doch gerade volle Wertschätzung des Lebens
erwarten sollte. Es versagt der Energievitalismus Tschermaks, der den
Lebensbegriff begründet auf eine ektropische Energietendenz, die auch
für das Anorgane gilt, ferner der Formvitalismus von Driesch, der als
Grundlage in Betracht zieht eine gestaltende Entelechie, die doch nichts
anderes ist als eine durch das Leben modifizierte Naturkraft, und schließlich
versagt auch der Psychovitalismus von Pauly, der zugrunde legt die
sinnliche Psyche, die doch mit den vegetativen Lebensleistungen unmittelbar
gar nichts zu tun hat. Vitalismus läßt sich allein begründen auf den Welt-
verwandlungstrieb, der in der Assimilation so klar hervortritt und etwas
vollkommen Naturfremdes ist. Das ist mein Vitalismus, den ich deshalb
bereits 1903 Euvitalismus genannt habe. Er erfaßt das Leben durch
und durch teleologisch: Leben ist ihm nichts anderes als Telos. Trotzdem
berücksichtige ich auch durchaus das Zufallswesen der Natur als bedeutsam
für die Lebensleistungen. Es kommt zur Geltung in den Arbeitsfunktionen
des Plasmas, in der Vermehrung der Individuenzahl, in der Kopulation

und im Tod, die alle den Weltverwandlungsprozeß hemmen, da sie von der eigentlichen Lebensaufgabe ablenken. Doch erweist sich das Leben seinem Gegner überlegen, indem es immer reicher veranlagte Organismentypen schafft, die in immer umfassenderer Weise das Naturgeschehen teleologisieren. Das ist das Wesen der Entwicklung, ein wunderbarer Aufstieg, der sich genauer darstellt als steigende Erweiterung des teleologischen Prinzips. Wie unzulänglich gerade der teleologische Grundbegriff der Entwicklung, die Entelechie, verstanden wird, die nichts ist als immer vollkommenere Offenbarung des urewigen Formgehaltes der Welt am neu entstehenden lebendigen Stoffe, suche ich besonders eindringlich darzulegen durch Analyse sämtlicher bis heute aufgestellter Entwicklungstheorien, von der Schöpfungstheorie über die naturphilosophische Theorie, die Orthogenesis- und Mutationstheorie zur Bastardierungslehre, Bewirkungslehre, Lamarckismus und Darwinismus, wobei die Grundbegriffe aller Theorien klar herausgearbeitet werden. Es zeigt sich, daß jeder Theorie ein richtiger Kern zugrunde liegt, der nur nicht als ausschließlicher Grund aller Entwicklungserscheinungen aufgefaßt werden darf, da erst alle Begriffe gemeinsam dem Entwicklungsbild genügen.

Dies Nebeneinander von acht Grundbegriffen, von Ziel und Zufall, Idee und Wille, Kraft und Energie, Einheit und Vielheit, erweist sich nun nicht nur als bedeutungsvoll für das Verständnis von Zeugung und Entwicklung, sondern gilt auch für die anderen Lebensleistungen, die in den Rahmen der Biologie noch hineingehören, für Handlung und Erfahrung. Wieder begründet sich deren Einführung auf einer Erweiterung des teleologischen Moments. Im Handlungskreis gewinnt das Telos Einfluß auf die Naturkausalität, und zwar im Rahmen des lokomotorisch begabten Tieres; dabei aber ergibt sich zugleich ein Hinauswachsen der lebendigen Substanz in die Außenwelt hinein, in der das Tier lebt, die Entstehung eines phänomenologischen Umweltkörpers, der den morphologischen Körper unendlich übergreift und die tierische Bewegung zweckhaft regelt. Um eine Leistung handelt es sich hier, an der unsere moderne subjektive Psychologie vollständig vorbeisieht und der nur eine objektive Psychologie, wie ich sie seit 1909 vortrage, gerecht zu werden vermag. Diese ermöglicht nun auch allein ein Verständnis der Erfahrung. Hier hatte ich vollständiges Neuland anzubauen, denn selbst der Begriff der Erfahrung liegt noch ganz im argen. Erfahrung ist Sinnerlebnis alles in Raum und Zeit objektiv gegebenen Psychischen, in das zugleich das Subjekt sich selbst einbezieht. Erfahrung setzt demgemäß eine selbständige (metaphänomenale) Welt psychischer Dinge und Wesen an sich, die alle durch die vierdimensionale Sinnbeziehung verbunden werden. Erfahrung hat es, und das ist das wesentliche Moment, mit dem Vierdimensionalen zu tun. Aber der Begriff des Vierdimensionalen ist heute noch durchaus ein Fremdbegriff, denn auch, wo er in Betracht gezogen wird, wie z. B. in der modernen Relativitätstheorie, da konstatiert man leicht die sonderbarsten Verirrungen, die sich ergeben aus Nichtberücksichtigung des Sinns als teleologischen Grundfaktors aller Erfahrung. Im Sinn bietet sich dar eine psychologische Unendlichkeit, die nun aber nur Bedeutung hat in Zusammenfassung des physikalischen und mathematischen Unendlichen, also einerseits von Äther und Leere (Ewigkeit und Allgegenwart — welcher Begriff erst ganz neuerdings bei Weyl sich andeutet —) und andererseits von Symbol und Zahl (Idee und Erscheinung), die von der heutigen Physik mit dem Raume unzulässig identifiziert werden. All diese Unendlichkeiten durchdringen sich im Sinngewebe der Erfahrung, die ebenso die Naturmenschen charakterisiert wie Handlung die Tiere, Entwicklung die Pflanzen und Zeugung die Einzeller. Ich betone: in reiner Entfaltung! Natürlich greifen alle diese Leistungen ineinander, da in allen ja das teleologische Prinzip sich auswirkt, und ganz besonders übergreift die Entwicklungsleistung alles Leben, da in ihr das Telos als Entelechie eben gar nichts anderes bedeutet als gegenseitige Durchdringung aller teleologischen Momente. Entelechie charakterisiert einen Trieb, der sein Ziel in sich trägt, das ist aber Durchdringung von Ziel, Zweck und Sinn, anders gesagt: des Transzendenten, der Natur und des Geistes, woraus das Gottwerden der Welt im Lebendigen, die Entstehung eines Weltsubjekts, entspringt. Nirgends nun offenbart sich das Gottwerden anschaulich eindringlicher als in der Erfahrung der Primitiven, die ihre Subjektheit ganz ins Objekt hineintragen. Das aber kann zum Wegweiser dienen für die Kultur, die mit ganz anderem, mit einem seelischen, nicht mit einem psychischen Erlebnis herantritt an die Welt, dabei aber der Verwandlungsaufgabe sich gar nicht bewußt ist. Heute dominieren in der Kultur Gott oder Natur oder Geist, während am eigentlichen Subjektwerden ganz vorbeigesehen wird. Wenn für uns dies Subjektwerden auch als Dynamisches zu gelten hat, nicht bloß als Anschauliches, so können uns doch die Wilden Wegweiser sein zu dem, was uns fehlt, doch da gerade versagt unsere Kultur, die demgemäß unaufhaltsam ihrem Untergange entgegeneilt.

Nachdem ich noch die Beziehung von Mythus, Magie, Hellsehen, Telepathie, Traum und Wahnsinn zur Erfahrung dargelegt, versuche ich zum Schlusse zu zeigen, daß Entwicklung heutzutage nur erwiesen werden kann durch uns selbst, indem wir bewußt der Lebensaufgabe, der Entelechie in uns, gerecht werden und damit zugleich am Weltwerden bauen. Solcher Ausbau ist nicht Entfaltung eines Weltmechanismus, denn der kennzeichnet nur die Dominanz der Natur in unserem Wollen, sondern Entfaltung eines Weltorganismus, eben einer lebendigen Welt, die uns unmittelbar einbeschließt. Ein Weltorganismus aber kann nur entstehen durch die Frau, die heute, als charakteristisches Symbol des Beharrungsgedankens, noch durchaus schläft, nämlich überflüssig für die Kultur ist, aus ihr ausgeschaltet, während ihr Erwachen zur seelischen Assimilation überhaupt erst Entwicklung lebendiger, bewußter Kultur verbürgt. Über diesen Tatbestand handle ich aber eingehend an anderer Stelle (in dem bald erscheinenden Buche: Der schwache Punkt in unserer Kultur. Kulturerneuerung auf biologischer Grundlage).

Wien, 8. Oktober 1925.

Nachtrag.

Ich kann nicht umhin hier in einem Nachtrag hinzuweisen auf die überaus wichtigen serodiagnostischen Ergebnisse der phylogenetischen Pflanzenforschung, wie sie durch den Botaniker Mez in Königsberg durchgeführt wurden, wovon mir bei Abfassung des Textes noch nichts bekannt war. Die Befunde bilden die schönste Bestätigung des Stammbaumbildes, das ich auf S. 92 ff. gegeben habe, insofern nämlich einwandfrei festgestellt erscheint, daß die Flagellaten und Protozoen nicht an die Basis des Systems gehören, sondern erstere den Übergang von den Algen zu den Tieren bilden und letztere echte Tiere sind. Reine Zeugungsorganismen sind nur die Bakterien, denen als einzellige Lebewesen wohl einfachste Algen, Flagellaten und Protozoen zur Seite stehen, doch sind die einzelligen Algen eben echte Algen, die Flagellaten sind Urtiere, die von den Algen abstammen und zu den Schwämmen überleiten, wiederum die Protozoen stehen zweifellos an der Wurzel des 2. Tierstammes, der Cölenterier, und dürften sich ableiten vom ersten Tierstamme, von den Pleromaten. Auf diese Weise erscheint endlich — Gott sei Dank kann man sagen — das Protistenreich, das immer eine Crux für den Phylogenetiker war, aufgelöst und den 4 natürlichen Organismenstämmen zugeteilt, wie ich es eben in meinem Stammbaumbilde zum Ausdruck bringe.

Weiterhin möchte ich noch verweisen auf den Artikel von E. Jakobshagen: Zur Promorphologie und promorphologischen Homologie der Metazoen (Biolog. Zentralbl. Bd. 45, Heft 8, 1925), in dem mit Energie Stellung genommen wird gegen die ja auch von mir abgelehnte Ableitung der Radiärsymmetrie der Echinodermen aus seßhafter Lebensweise (S. 10). Wie ich erkennt auch Jakobshagen, daß die Ursache der Echinodermensymmetrie nicht Seßhaftigkeit gewesen sein kann, denn wie er sagt: „kommt man niemals um die Tatsache herum, daß die meisten parameren Echinodermen seit uralten Erdzeiten nicht mehr seßhaft sind" und gerade „die Bewegung am Boden die Hauptbewegung der Seeigel, Seesterne und vieler Schlangensterne ist". Ihre radiäre Symmetrie erscheint um so unverständlicher als ja die Larve bilaterale Symmetrie besitzt. Jakobshagen verweist auch mit Recht darauf, daß „in der Klasse der festsitzenden Korallen sehr häufig (Oktokorallen) gerade die Paramerie durch ein ausgesprochen bilaterales Prinzip überlagert wird". Meiner Meinung nach läßt sich eben die Differenz in der Symmetrie von Larve und Imago nur erklären durch Antizipation eines höheren Bauplanes durch die Larve, was eindrucksvoll für die Selbständigkeit der Formentfaltung im Organismenreiche spricht.

Inhaltsverzeichnis.

Beharrung und Entwicklung.

In unserer Zeit ist der Gedanke sehr verbreitet, daß die Kultur ein Organismus sei, der wie alle Organismen wird und vergeht. Speziell Spengler hat in seinem wohl auch Ihnen bekannten Buche: Der Untergang des Abendlandes, von Kulturorganismen gesprochen, deren jeder einmal zu irgendeiner Zeit entsteht, um dann nach einer bestimmten Spanne Zeit zu sterben; so sei auch unsere heutige abendländische Kultur, die Kultur Europas, ein Organismus, der vor einem Jahrtausend etwa geboren wurde und jetzt dem Untergange verfallen erscheint. Auch andere Autoren denken so, doch sei nicht verschwiegen, daß es auch Denker gibt, welche im Gegenteil von unserer Kultur entzückt sind und ein Aufblühen Europas erwarten. Wie dem nun auch sei, jedenfalls erscheint niemand berufener, über diese Ideen zu urteilen als der Biologe, der gerade mit nichts anderem sich beschäftigt als mit Organismen, mit ihrem Werden und Vergehen. Es haben deshalb auch nicht wenige Biologen über dies Thema sich ausgesprochen, allerdings, wie ich sogleich bemerken möchte, ohne seine Erledigung wesentlich zu fördern, da sie nicht biologisch genug an das Problem herantraten, nicht unter voller Erschöpfung des Lebensbegriffes im Organischen. Gestatten Sie mir, daß ich auf Erörterung dieser Arbeiten hier verzichte; wir würden nur aufgehalten werden, denn bevor nicht der Lebensbegriff, das Problem, was denn ein lebender Organismus eigentlich sei, wodurch er sich von den Anorganismen unterscheide, genügend erledigt ist, kann an eine Einschätzung der Kultur als Organismus nicht gedacht werden. Ich glaube, daß ich selbst bis zur Erledigung des Lebensproblems — in den Hauptgrundlagen wenigstens — vorgedrungen bin. Ich traue mir deshalb auch zu, über die Kultur als organische Entwicklung reden zu können. Ganz von selbst ist mir der Gedanke dieses Kollegs aus mühsam erworbener Einschätzung des Lebens erstanden: von der Histologie kam ich zum Vitalismus, von diesem zur Deszendenztheorie, von dieser zur Psychologie, dann zur Philosophie im allgemeinen und endlich auch zur Kulturphilosophie, in der die Lebensforschung gipfelt. Schon vor vier Jahren publizierte ich mein erstes Werk über dies Thema (Die Möglichkeit einer neuen deutschen Kultur) und seit vier Jahren lese ich auch darüber ein dreistündiges Kolleg. Dabei spalteten sich mir ein paar engst zugehörige Themen als besonderer Kollegstoff ab, so das Periodenproblem, das ich im Spezialkolleg: Die Periodizität des Lebens und der Kultur, behandle, und das Mannigfaltigkeitsproblem, das in dem Kolleg: Die Mannigfaltigkeit in der Malerei als Beispiel aller biologischen Mannigfaltigkeit überhaupt, zur Sprache kommt. Im ersteren erörtere ich die äußere Form des Kulturablaufs, die der äußeren Form des Lebensablaufs überraschend entspricht, im letzteren versuche ich eine Übersicht über den Mannigfaltigkeitsgehalt aller Lebensschöpfungen — deren Wesen ja nichts ist als Mannigfaltigkeitssetzung — zu geben und finde das Thema an keinem anderen Materiale so gut behandelbar als an den Schöpfungen der Kunst und ganz speziell der Malerei. Dazu vergleiche man die entsprechenden Publikationen.

Als Resultat nun meiner biologischen Durcharbeitung der Kultur möchte ich sogleich erwähnen, daß die Kultur aus der vergleichenden Betrachtung ungeheuer viel zu gewinnen vermag. Es ergab sich sogar, daß uns eine gründliche Einsicht in die Geheimnisse des Lebens zum Hinweis dienen kann auf die Beschaffenheit der künftigen Kultur, wie sie sich mit Notwendigkeit aus den heutigen Zuständen entwickeln muß. Eine ganz neue Lebensform wird sich ergeben, die, wie ich kurz andeuten will, weniger wissenschaftlich als schöpferisch, nicht vorwiegend reflektierend, sondern künstlerisch gestaltend, sich betätigen, die bewußt an der Entwicklung der Menschheit arbeiten wird. Die Zukunft wird getragen werden von einem klaren Entwicklungserlebnis und wird demgemäß Geschichte bewußt schaffen nach einem in der Natur des Lebens liegenden Plane, der endlich von uns durchschaut wird. Derartiges meint ja auch Spengler, wenn er Geschichte vorausbestimmen will, wenn er glaubt, in den Ablauf der Geschichte zielvoll eingreifen zu können. Doch wird er diesem Gedanken in seinen speziellen Darlegungen bei weitem nicht gerecht, dies Thema spielt überhaupt in seinen Büchern nur eine geringe Rolle, während ich darauf gerade das Hauptgewicht lege.

Wir wollen uns der Eigenart des künftigen Denkens gleich im Eingange des Kollegs andeutungsweise vergewissern. Ein großer Konflikt beherrscht unsere Kultur, ein Gedankenkonflikt, dem man heutzutage viel zu wenig gerecht wird, ein Konflikt zwischen dem bereits erwähnten Entwicklungsgedanken und einem Beharrungsgedanken, der als der eigentlich wesentliche Gehalt unseres Denkens angesehen werden muß. Beschäftigen wir uns zunächst mit diesem Beharrungsgedanken, dem Zentralbegriff unserer heutigen Kultur. Er tritt uns in drei Varianten entgegen, deren Darstellung uns sofort eindringlich in die Mannigfaltigkeit der für unsere Kultur charakteristischen Denkrichtungen einführt.

Zunächst möchte ich reden von einer kosmozentrischen Fassung des Beharrungsgedankens. Sie hat als die ursprüngliche zu gelten und deckt sich mit dem alten Pantheismus, der auch heute noch in Philosophie und Wissenschaft eine Rolle spielt. Dieser kosmozentrischen Fassung gilt die Welt als Organismus, in den auch die Menschen hineingehören; die Welt stellt sich dar als ein Subjekt, das in sich alles Objektive beschließt. Die Beziehungen zwischen Subjekt und Objekt ergeben sich in zweierlei Weise. Einerseits denkt man an rhythmische Verwandlungen des Subjekts ins Objekt und umgekehrt, d. h. man glaubt die Welt zuerst gegeben als homogenen Feuerball, als reinen Äther, in dem die Einheit des Subjekts unbedingt dominiert über die Vielheit des Objekts, und glaubt sie dann sich auflösend in die Fülle der Objekte, in die heterogene Materie, durch den Widerstreit der im Subjekt eingeschlossenen Energien. Also um eine kosmogenetische Lehre handelt es sich hier, die bereits im Altertum Heraklit vortrug. Anderseits spricht man aber auch von der gleichzeitigen Existenz des subjektiven und objektiven Weltzustandes und meint, daß es nur auf die Art des Erlebens ankomme, damit uns die Welt entweder als Einheit oder als Vielheit, als Subjekt oder Objekt erscheine. Diese geistige Variante der Kosmogenie ist ebenso alt wie die natürliche und ist auch in unserer Zeit von größter Bedeutung, repräsentiert eine mathematische Weltbetrachtung gegenüber der historischen. Besonders die mathematische Auffassung bringt sehr deutlich den Beharrungsgedanken zum Ausdruck, da Einheit und Vielheit ewig zugleich bestehen. Aber auch die erstere Auffassung deckt sich, genauer betrachtet, mit dem Beharrungsgedanken, da sie eintritt für ewige Wiederholung des Ausgangs- und Endzustandes, deren periodischer Wechsel die Welt im Grund nicht vorwärts bringt. Periodizität ist nicht Entwicklung im echten Sinne, kein Werden von immer Neuem, noch nie Dagewesenem, sondern nur Verschiebung um einen zeitlichen Gleichgewichtszustand, wie die geistige Lehre von der Simultaneität einem Gleichgewicht im Raume Rechnung trägt.

Eine zweite Fassung des Beharrungsgedankens ist die anthropozentrische der Theologen, der Schöpfungsgedanke. Ich würde hier lieber vom theozentrischen Standpunkt reden, wenn nicht auch der kosmozentrische eine Gottheit in Betracht zöge, nur wird diese hier weltimmanent aufgefaßt, während sie dem anthropozentrischen Standpunkt als transzendente gilt. Nach dieser Auffassung ist die Welt eine Schöpfung Gottes, der im Anorganen und Organen eine fertige Natur erschuf und in sie, als besonderes Glied, den Menschen hineinsetzte, der diese Schöpfung zu erleben und für sich auszuwerten vermag. Von Entwicklung ist hier auch nicht die Rede. Die Natur gilt als geschlossener Entelechienbau im Sinne von Aristoteles und der Mensch wird als von Anfang an vollendetes Wesen gedacht, ja eigentlich gilt Adam als vollkommener als wir, bedurfte es doch eines Sündenfalles, daß er der Gottesverwandtschaft verlustig ging. Durch unsere wissenschaftliche Erkenntnis wird wenig gewonnen, ändert sie doch am sündigen Zustand nichts und bleibt daher für das Verhältnis des Menschen zu Gott, das das eigentlich Wesentliche ist, bedeutungslos. Dem Schöpfer gegenüber ist die Welt etwas Beharrendes; zwischen beiden besteht ein Gleichgewicht.

Die dritte Fassung ist die physiozentrische des Naturwissenschaftlers. Ihm gilt die Welt als Natur, in der Leben immer möglich ist, auch der Mensch. Die Natur aber wird als Energie gefaßt und aus der Energie Leben und Bewußtsein abgeleitet, während der kosmozentrische Standpunkt aus einem Weltbewußtsein die Energie ableitet. Diese zwei Standpunkte sind nicht wesentlich verschieden in Hinsicht auf das Entwicklungsthema, denn es

fehlt hier wie dort der Zielgedanke, ohne den Entwicklung nicht zu begreifen; nur wird vom physiozentrischen Standpunkt der Zufall, dagegen
vom kosmozentrischen das Gesetz (Kausalität) betont. Unsere heutige
Wissenschaft findet für die Naturbeschreibung hinreichend eine statistische
Behandlung, während die alte Naturlehre jeden Vorgang bestimmt glaubte
durch das Bewußtsein Gottes, der in der Welt sich auslebt. Der Lehre
vom Zufall als Weltherrscher entspricht aber der Gedanke eines allgemeinen
energetischen Gleichgewichts, in dem es wohl ununterbrochen Veränderungen gibt, ohne daß jedoch ein mittlerer Zustand verschoben würde.
Ununterbrochen ändert sich die Anordnung der Teilchen, doch nur im
Rahmen der Wahrscheinlichkeit, diese aber gestattet keine dauernden Verschiebungen zielgerichteter Art und so ergibt sich wiederum Beharrung.

So finden wir also von drei Standpunkten vertreten den Beharrungsgedanken. Allen Standpunkten gilt die Welt als im Grunde immer gleiche,
wohl unterworfen einem Zustandswechsel, der aber am allgemeinen Weltbilde
nichts Wesentliches ändert. Nun zeigt uns aber das Leben eine Erscheinung,
die dem Beharrungsgedanken aufs stärkste widerspricht: unverkennbar
drängt sich im Lebendigen auf ein Fortschreiten von elementaren zu höchst
komplexen Formen, deren Steigerung bei weitem noch nicht abgeschlossen
ist. Dieser auffallenden Tatsache entspricht der Entwicklungsgedanke,
von dem wir sagen müssen, daß er eigentlich nicht in unsere Kultur paßt.
Gegen ihn besteht — so unglaublich es auch klingt, denn alle Welt schwärmt
heute für Entwicklung — ein ungeheuerer Kampf, den man allerdings
erst wahrnimmt, wenn man hinter die Kulissen schaut. Versuchen wir
zunächst den Entwicklungsgedanken in voller Schärfe zu erfassen. Da
möchte ich anknüpfen an das biogenetische Grundgesetz, das in der modernen
Biologie eine große Rolle spielt. Das biogenetische Grundgesetz
lautet: Die Ontogenese ist eine Wiederholung der Phylogenese. Jedes Individuum spiegelt in seiner Entwicklung die Entwicklung der Lebensgesamtheit:
es durchläuft alle Entwicklungsstufen, die die Lebewesen von Anfang an
durchlaufen haben. Nehmen wir das als feststehend an, so tritt uns vor allem
als befremdende Tatsache entgegen, daß jedes Lebewesen mit Lebendigem
beginnt, nicht mit Totem, daß es in seinem Werden anknüpft an eine gegebene
Keimzelle, aus ihr als Entwicklungsgebilde sich entfaltet und nie wieder zum
Ausgangspunkt zurückkehrt. Das Ende jedes Lebewesens ist der Tod,
kein Rückschwingen zum Keim. In Hinsicht auf die Lebensentfaltung gilt
keine Periodizität und kein Gleichgewicht: jeder Lebenslauf ist ein zielgerichteter Prozeß und alle Lebewesen treten durch ihr besonderes Verhalten
aus dem Naturgleichgewicht heraus. Wir können das biogenetisch noch viel
drastischer ausdrücken. Da das Individuum den Stamm rekapituliert,
so ist, wie sein Anfang, auch sein Ende nicht durch seine eigene Existenz
bestimmt, sondern nur in Abhängigkeit vom Stamme zu beurteilen; der Tod
ist demgemäß hier kein Abschluß, sondern das Individuum lebt im Stamme
weiter, entwickelt sich in diesem ohne Ende. Und ob auch der Stamm nur in
den Individuen sich entfaltet, so entfalten diese doch gar nichts anderes
als eben den Stamm, sind nichts als Zustände an etwas Allgemeinem, und

demgemäß stellt sich das Lebendige dar als ein besonderer Block in der Natur, der in Widerspruch steht zur ganzen Natur. Das Leben fällt aus der Natur heraus. Da es nun aber die Natur bei seiner Entfaltung verbraucht, so ist von ihm zu sagen, daß es an Stelle des Naturgleichgewichts ein Ungleichgewicht setzt, dessen Ausbildung die ganze Natur über den Haufen wirft. Aber gegen diese Konsequenz sträubt sich alle Wissenschaft! Denn, um es kurz heraus zu sagen: der Beharrungsgedanke, in welcher Fassung auch immer, begründet sich auf der Hochschätzung der Natur, deren Wesen für das Weltwesen im allgemeinen als charakteristisch gilt; wenn nun das Leben dem Naturwesen widerspricht, so fordert das entweder Umwälzung in unserem Denken oder Vergewaltigung des Tatbestandes. Unsere heutige Kultur kann nur das letzere wählen, denn sie kann sich nicht selbst zugrunde richten; so dekretiert daher der Beharrungsgedanke, es gibt kein besonderes Leben, alles Lebendige gehört in die Natur, es gibt keine Entwicklung.

So machtvoll ist diese These, daß sie sich auch im biogenetischen Gesetz selbst bemerkbar macht. Darauf möchte ich gleich heute eingehen, damit Ihnen der Entwicklungsgedanke möglichst klar werde und damit sie den gegen ihn herrschenden Widerstand ganz ermessen. Das biogenetische Grundgesetz tritt uns in dreifacher Mannigfaltigkeit entgegen und eben in dieser erkennen wir die Einwirkungen der drei besprochenen Standpunkte des Beharrungsgedankens.

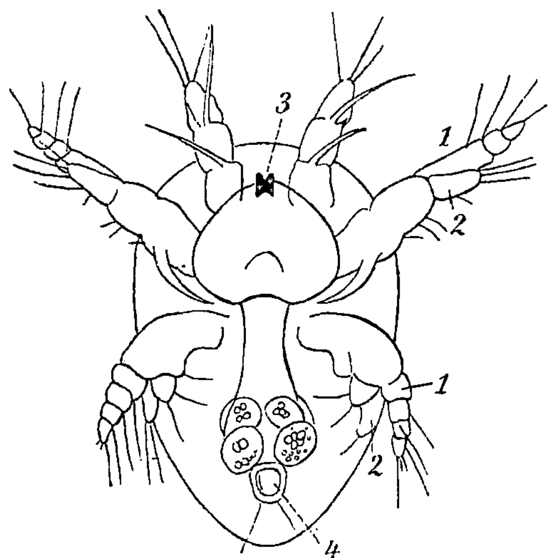

Abb. 1. Naupliuslarve eines Kopepoden. *1* und *2* Äste der Spaltfüße, *3* Auge, *4* After. Nach Claus. Aus Hesse-Doflein, Tierbau und Tierleben.

Zuerst sei erwähnt, daß das biogenetische Gesetz aufgestellt wurde von der deutschen Naturphilosophie um 1800. Der Zoologe Kielmeyer, der diesem Kreise angehörte, formulierte 1793 als erster den Gedanken, daß die höheren Organismen, wir selbst, in der Entwicklung die Zustände der niederen durchlaufen, daß wir erst Einzeller, dann Pflanze, dann Tier, dann Mensch sind. Als Ei sind wir nur Einzeller, als rein vegetativ sich entfaltender Embryo gleichen wir den Pflanzen, als sich bewegende Wesen sind wir Tiere, in der Entfaltung aber der höheren Bewußtseinsleistungen kommt unsere menschliche Natur zum Ausdruck. In ähnlicher Weise äußerten sich Meckel, Oken, von Baer u. a.; im Jahre 1864 versuchte Fritz Müller schon einen Rückschluß aus der Ontogenie auf die Phylogenie, indem er von der ungegliederten Larvenform der niederen Krebse (Abb. 1) auf eine ungegliederte Urform der Krebse überhaupt schloß. Diese

Schlußfolgerung war übereilt, denn es hat sich im Gegenteil herausgestellt,
daß die Urformen der Krebse außerordentlich reich gegliederte Gebilde (Abb. 2)
waren. Auch die später weitverbreitete Meinung, daß den Larvenformen der

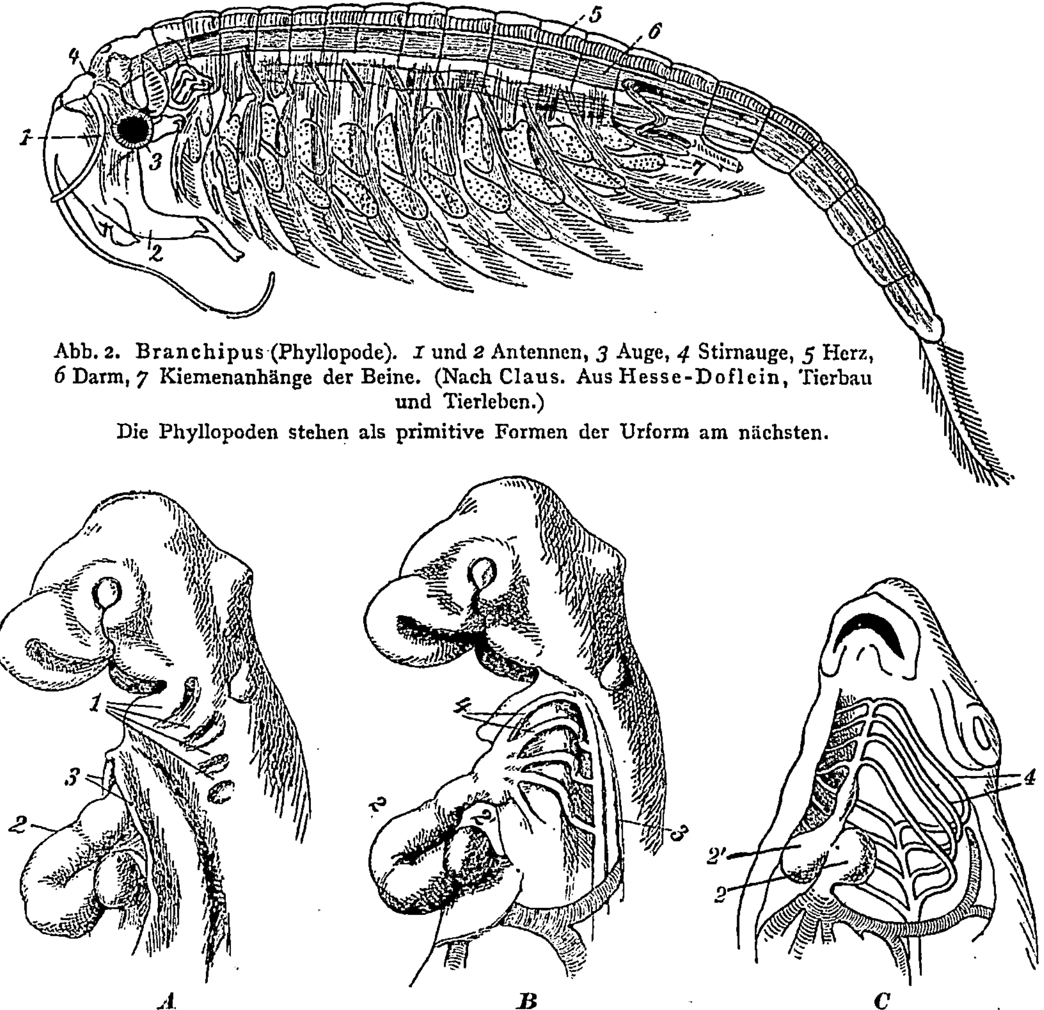

Abb. 2. Branchipus (Phyllopode). *1* und *2* Antennen, *3* Auge, *4* Stirnauge, *5* Herz,
6 Darm, *7* Kiemenanhänge der Beine. (Nach Claus. Aus Hesse-Doflein, Tierbau
und Tierleben.)
Die Phyllopoden stehen als primitive Formen der Urform am nächsten.

Abb. 3. *A* Kopf vom Hühnerembryo mit Kiemenspalten (*1*); *B* dasselbe, nur sind die
Kiemengefäße sichtbar gemacht (*4*); *C* Kopf eines Knochenfisches mit bloßgelegten
Kiemengefäßen. *2* Herzkammer, *2'* Vorkammer, *3* Hautschnitt. Aus Hesse-Doflein, Tier-
bau und Tierleben.

Würmer und Mollusken phylogenetische Bedeutung zukomme, hat sich als
unrichtig erwiesen, immerhin ist in gewissen Fällen ein Rückschluß aus der
Ontogenese auf die Phylogenese möglich. Die bestimmte Fassung des Gesetzes

gab Häckel im Jahre 1866; er stellte zugleich 22 phylogenetische Vorstadien des Menschen auf, die er aus der Ontogenese erschließen zu können glaubte. Häckels Fassung des Gesetzes ist in gewissem Sinne die einfachste, so daß wir mit ihr beginnen wollen.

Nach Häckel handelt es sich sowohl bei der Phylogenese als auch bei der sie rekapitulierenden Ontogenese einfach um einen natürlichen Häufungsprozeß, dem keine innere Gesetzlichkeit zugrunde liegt. In Hinsicht auf die Phylogenese läßt Häckel die höheren Organismen aus den niederen durch Anpassung an die gegebenen Bedingungen hervorgehen, und meint nun, daß diese Anpassungen sich auf die Nachkommen vererben, so daß also einfach durch ein träges Verharren des Erworbenen die Rekapitulationen zu erklären seien. Um Ihnen ein Beispiel solcher Rekapitulationen zu bieten, verweise ich auf die Schlundspalten der höheren Wirbeltiere. Bei den Vögeln und Säugern treten in der embryonalen Entwicklung am Halse Schlundspalten (Abb. 3) auf, die später wieder verschwinden, die überhaupt nicht funktionieren, und die man nun genetisch zu begreifen sucht als von den Vorfahren ererbte Organe. Sie sollen nur auftreten, weil die Vorfahren der Amnioten, die Fische nämlich, funktionell wichtige Kiemenspalten entwickelten. Übrigens war sich Häckel klar bewußt, daß es in der Ontogenese auch Selbständigkeiten gibt, daß nämlich nicht alle embryonalen Organe Rekapitulationen sind, sondern auch Organe als Anpassungen an die besondere Lebensweise auftreten können, die in der Stammesgeschichte gar keine Rolle spielen. Solche Anpassungen nannte er Cänogenesen. Die meisten Organe aber, so meinte er, sind Palingenesen, d. h. von den Vorfahren ererbt. Aus Palingenesen und Cänogenesen ergibt sich das ontogenetische Entwicklungsbild, das demgemäß durch und durch zufällig sich erweist. In dieser Betonung des Zufalls erscheint die Häckelsche Fassung des biogenetischen Gesetzes beeinflußt vom physiozentrischen Beharrungsgedanken: die Wiederholung stellt sich hier einfach dar als Nachwirkung der in der Phylogenese entstandenen Anpassungen.

Ganz anderer Art ist die Fassung des Gesetzes bei dem vor nicht langer Zeit verstorbenen Anatomen Oskar Hertwig. Er bestreitet selbstverständlich nicht, daß die Ontogenese im großen ganzen die Phylogenese rekapituliert, da ja entsprechende morphologische Entwicklungsstadien hier wie dort vorliegen, aber er betont doch eine große Selbständigkeit der Ontogenese, indem die Eier gemäß einer organischen Gesetzlichkeit sich entwickeln sollen, die sich in ihrer spezifischen Veranlagung begründet. Die Ontogenese ist gesetzhafte, innerlich notwendige Entwicklungsleistung, und wenn sie in vieler Hinsicht mit der Phylogenese übereinstimmt, so erklärt sich das einfach daraus, daß es sich in beiden Fällen um ein Fortschreiten vom Einfachen zum Komplexen handelt. Speziell in Hinsicht auf die Schlundspalten spricht Hertwig nicht von einer Wiederholung, sondern erkennt in ihrem vorübergehenden Auftreten einen notwendigen Entwicklungsschritt für die Ausbildung der Halsregion der Amnioten. Hier müssen wir nun einschränkend sagen, daß diese Auffassung nicht genügt. Wenn auch das Beispiel mit den Schlundspalten zweifelhaft bleibt, insofern ihnen doch vielleicht eine funktionelle Bedeutung für den Embryo zugesprochen werden darf, so gibt es doch andere Beispiele, in denen eine derartige Deutung nicht anwendbar ist. So kennen wir bei den Embryonen der Bartenwale Zahnanlagen, die nicht als notwendige Durchgangsstufen der Entwicklung aufzufassen sind, da vergleichsweise bei den ebenfalls zahnlosen Vögeln solche Anlagen vollständig fehlen. Das ist um so bedeutsamer, als gerade die ausgestorbenen Urvögel Zähne besaßen. Darum besteht kein Zweifel an der ontogenetischen Rekapitulation. Indessen hat doch wiederum O. Hertwig unbedingt recht mit seiner Betonung einer die Ontogenese leitenden Gesetzlichkeit, wofür ja zahllose Beispiele sich erbringen lassen — wir werden diese Gesetzlichkeit später bei Erörterung des Formproblems näher kennen lernen. Überraschenderweise nun aber entspricht die Hertwigsche Beurteilung der Phylogenese der von Häckel vertretenen. Nach Hertwig soll Gesetzlichkeit allein gelten für die Ontogenese, nicht aber für die Phylogenese, die auch nach ihm nur durch Anpassung sich ergeben soll. So modifiziert er das biogenetische Gesetz nur in Hinsicht auf die Ontogenese zu einem echten Gesetz, nicht aber auch in Hinsicht auf die Phylogenese. Und gerade in dieser Zwiespältigkeit entspricht sein Standpunkt der anthropozentrischen Fassung des Beharrungsgedankens. Denn diese vertritt Zufälligkeit in Hinsicht auf die Existenz der Welt — die ja nur bestehen soll durch einen willkürlichen Schöpfungsakt — und Gesetzlichkeit in Hinsicht auf den Ausbau der Individuen, denen Entelechien — Formae substantiales — zugrunde liegen sollen. Mag nun Hertwig auch einen Schöpfer und Entelechien ablehnen, so sind sie doch die geheimen Unterlagen seines biogenetischen Denkens und darum eben gehört dieses Denken in den Rahmen des anthropozentrischen Beharrungsgedankens.

Daß die nicht zu bestreitende Gesetzhaftigkeit der Ontogenese auch Gesetzhaftigkeit der Phylogenese fordert, kommt in der dritten Fassung des biogenetischen Gesetzes, die wir noch berücksichtigen wollen, in der von Baerschen Fassung zum Ausdruck. C. E. von Baer, der berühmte Embryologe, hat schon vor hundert Jahren die Gesetzhaftigkeit der Ontogenese erkannt und gegen die reine Vererbungsfassung des Gesetzes Stellung genommen, indem er z. B. betonte, daß ontogenetische Stadien wie ein Hühnerei unmöglich phylogenetische Bedeutung gehabt haben können. Ihm war die Ontogenese ein zielgerichteter Ablauf, eine aus autonomer Gesetzlichkeit sich ergebende Entwicklung; aber er ging nun noch weiter als Hertwig, indem er auch die Phylogenese als solch zielgerichteten Prozeß im Sinne der naturphilosophischen Anschauungen seiner Zeit beurteilte. Nicht nur der Entwicklung jedes Individuums liegt nach ihm eine bestimmte Anlage zugrunde, sondern alle Entwicklung überhaupt begründet sich auf einem bestimmten Plan. In Hinsicht auf seine Anschauungen nimmt also das biogenetische Gesetz den Charakter eines phylo-ontogenetischen Kausalgesetzes an. Wenn wir nun aber fragen, wie er sich das Ziel der Phylogenese vorgestellt habe, so finden wir darauf keine genügende Antwort bei Baer. Er hat darüber überhaupt keine Aussage gemacht. Hätte er sie aber gemacht, so würde sie, das dürfen wir wohl sagen, im Sinne der

Schellingschen Naturphilosophie ausgefallen sein, gemäß welcher als Ziel der Stammesgeschichte die Entstehung des Menschen galt, der berufen sei, als Mikrokosmos den Makrokosmos in seinem Bewußtsein zu spiegeln. Der Mikrokosmos als Ziel der Entwicklung: solche Anschauung erweist sich aber auch im Banne des Beharrungsgedankens, da sie der Welt ein Subjekt

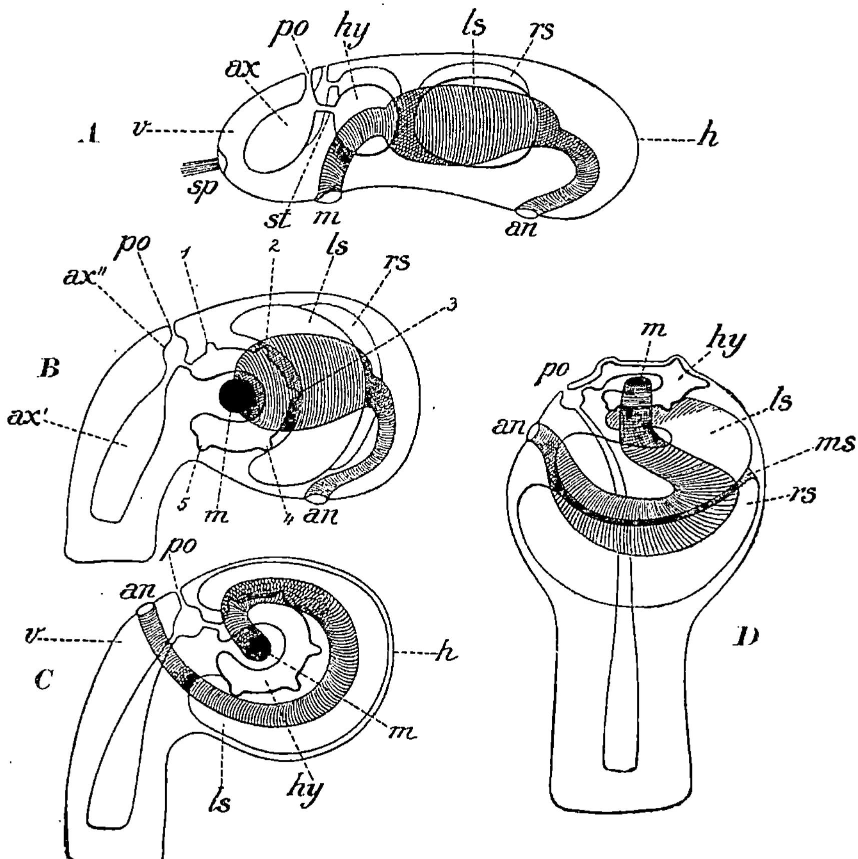

Abb. 4. Schemen zur Verdeutlichung der Entstehung der radiären Symmetrie an der bilateralsymmetrischen Echinodermenlarve. *A* Larve, *B—D* Stadien der angenommenen Festsetzung, welche Ursache sein soll der radiären Gestaltung. Wichtig vor allem die Umbildung der linken Wassergefäßanlage (*hy*) in einen Ringkanal in Umgebung des Mundes (*m*), von dem die Radiärkanäle (*1, 2, 3, 4, 5*) auswachsen. *ls* und *rs* Leibeshöhlensäcke, *ax* sog. Axocoel, das durch den Hydroporus (*po*) ausmündet. *an* After, *v* vorn, *h* hinten. Nach Heider. Aus Kultur der Gegenwart, Teil 3, Abt. 4. Verl. B. G. Teubner, Leipzig.

nach unserer Art, nach Art des Menschen, zugrunde legt, und demgemäß das Leben in der Natur zum Verschwinden bringt. Auch die dritte Fassung des biogenetischen Grundgesetzes krankt am Beharrungsgedanken — und zwar an dessen dritter Fassung, die wir die kosmozentrische nannten —, zeigt uns also den ungeheuren Einfluß desselben auf alles moderne Denken überhaupt.

Ich möchte hier erwähnen, daß auch ich mich mit dem Ausbau des biogenetischen Gesetzes beschäftigt habe. Und zwar im Sinne der dritten Fassung, ja man kann vielleicht sogar sagen, im Sinne einer echten Entwicklungsfassung, worauf ich hier aber kein Gewicht legen will. Mich beschäftigte das bemerkenswerte Verhältnis der Echinodermenlarve zur Echinodermenimago (Abb. 4), nämlich die seltsame Tatsache, daß die Larve eigent-

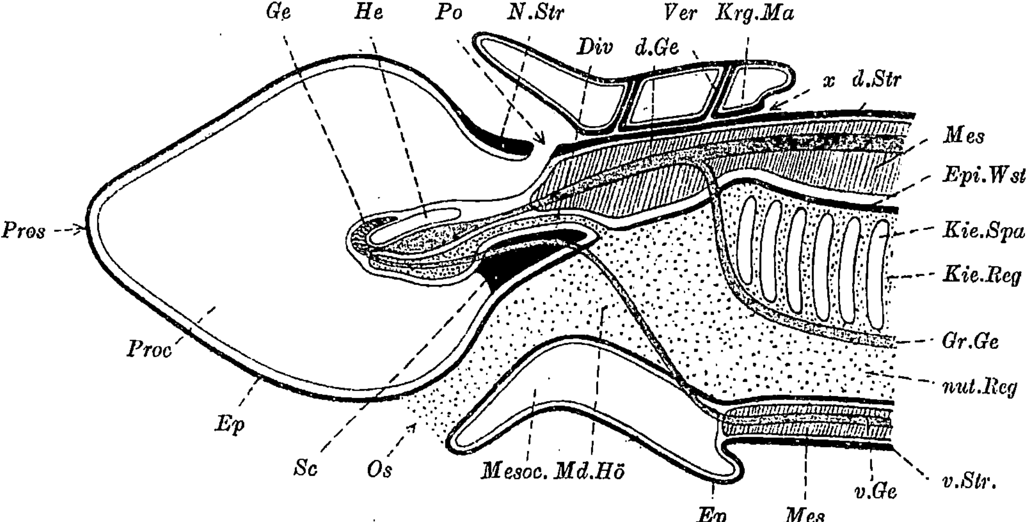

Abb. 5. Schema des Vorderendes eines Enteropneusten (Balanoglossus). Wichtig zum Vergleich mit der Echinodermenlarve sind die Bezeichnungen: *Proc* Procoel und *Po* Hydroporus (gleich Axocoel der Echinodermen), *Mesoc* Mesocoel (gleich Wassergefäßsystem), *Mes* Mesenterium (das die beiden Leibeshöhlensäcke trennt). *Os* Mund, *Kie.Spa* Kiemenspalten, *Ge* Blutgefäße, *He* Herz, *Str* Nervenstreifen, *x* Eingang in das Kragenmark.
Aus K. C. Schneider, Lehrbuch der Histologie.

lich höher organisiert ist als die Imago, da sie einen bilateralsymmetrischen Bau aufweist, während die Imago radialsymmetrisch gebaut ist. Gewöhnlich erklärt man diese auffallende Tatsache dadurch, daß man annimmt, die Echinodermen seien aus bilateralsymmetrischen Formen hervorgegangen und der Bau der Larve demgemäß nur Wiederholung eines phylogenetischen Vorstadiums, das bei der weiteren Entwicklung durch Anpassung unterdrückt ward; als Ursache der Unterdrückung gilt gewöhnlich die Festsetzung, die zur Vereinfachung der Organisation, zur Einführung der radiären Symmetrie, geführt haben soll. Noch Prof. Grobben spricht in einer vor kurzem erschienenen theoretischen Arbeit in diesem Sinne sich aus. Mir erscheint aber solche Hypothese ganz unhaltbar. Denn weder sehen wir in anderen Fällen, daß Festheftung einen radialsymmetrischen Körperbau nach sich zieht — sind doch z. B. die festsitzenden Bryozoen

und Tunikaten gerade in den wesentlichen Organisationszügen nicht radiär-
symmetrisch gebaut —, noch sind ja die weitaus meisten Echinodermen
festsitzende Tiere, vielmehr bewegen sie sich frei und haben trotzdem keine
bilaterale Symmetrie entwickelt, obgleich ihnen doch die Larve den Weg
dazu hätte zeigen können. Mir scheinen die Verhältnisse ganz anders zu
liegen. Ich begreife die höhere Symmetrie der Larve als ein Voreilen dieser
zu einem höheren Organisationsstadium, dem die Imago noch nicht zu
folgen vermochte. Was an dem embryonalen Material möglich war, war
vermutlich noch nicht durchführbar an dem imaginalen, und so ergab sich
der Gegensatz zwischen Larve und Imago. Erst bei den Enteropneusten

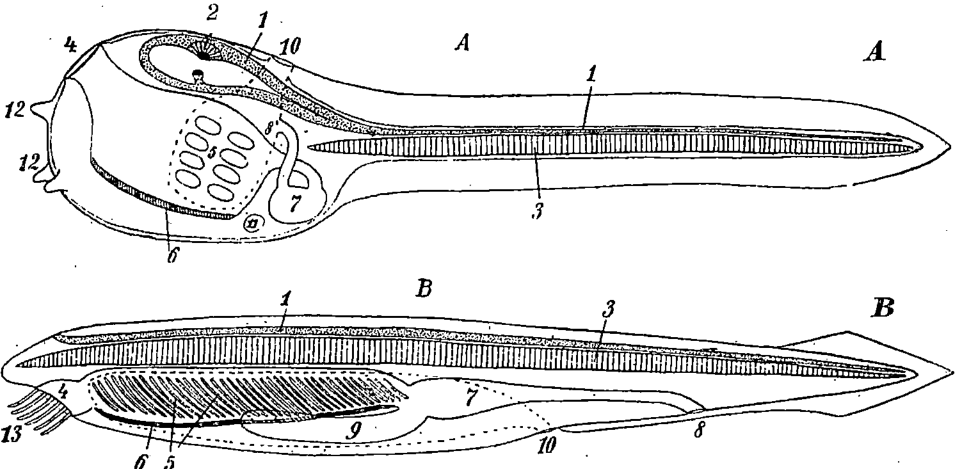

Abb. 6. Schema des Baues einer Aszidienlarve (*A*) und des Amphioxus (*B*).
1 Rückenmark, *2* Auge, *3* Chorda, *4* Mund, *5* Kiemenspalten, *6* Endostyl, *7* Darm, *8* After,
9 Leber, *10* Mündung des Peribranchialraumes, *11* Herz, *12* Haftpapillen, *13* Mundzirrhen.
Aus Hesse-Doflein, Tierbau und Tierleben.

(Balanoglossus) kommt die bilaterale Morphe auch am reifen Organismus
zur Entfaltung (Abb. 5). Ein zweites Beispiel, das ich erwähnen möchte, liegt
bei den Tunikaten vor. Dieses ist besonders interessant, weil hier die höhere
Organisation sich in einem Falle wenigstens so weit behauptet, daß die Larve
geschlechtsreif wird, also ein eigentliches Imaginalstadium gar nicht zur Ausbildung kommt. Die Besonderheit der Larve (Abb. 6) liegt in der Ausbildung
eines Episomas nach Art der Chordaten, eines Organkomplexes, der aus
Chorda, Neuralrohr und axialen Rückenmuskeln besteht. Dies Episoma
verschwindet nun aber bei den Aszidien und Salpen wieder, nur bei den
Appendikularien erhält es sich unter Wahrung der embryonalen Organisation überhaupt; doch sind die natürliche Fortsetzung der embryonalen
Organisation erst die Chordaten. Hier von Rückbildung der Chordaten
zu Tunikaten reden zu wollen, liegt nicht der mindeste Anhaltspunkt vor,
vielmehr drängt sich die von mir vertretene Auffassung als die einzig mögliche auf. Ich könnte noch weitere Beispiele anführen, doch würde uns

das zu lange aufhalten; jedenfalls also vertrete ich den Standpunkt, daß die Ontogenese nicht nur die Phylogenese zu rekapitulieren, sondern auch zu antizipieren vermag. Das spricht natürlich aufs stärkste für eine Kausalität in der Phylogenese, klingt also an an den Standpunkt der Naturphilosophie.

Das biogenetische Grundgesetz gilt nun nicht nur für die körperliche Entwicklung der Organismen, sondern auch für die geistige des Menschengeschlechts. Schon Goethe spricht sich in diesem Sinne aus. Er sagt: Wenn auch die Welt im ganzen fortschreitet, die Jugend muß doch immer wieder von vorne anfangen und als Individuum die Epochen der Weltkultur durchmachen. Diesen Satz fand ich zitiert in Leo Frobenius' kleiner, doch interessanter Schrift: Paideuma, in der er selbst das biogenetische Gesetz beim Menschen zu erweisen sucht. Nach ihm ist die Entwicklung unserer Kinder nichts als eine Rekapitulation der Mentalität des primitiven Menschen. Das Kind erlebt übersinnlich in der Art der Wilden; von der kindlichen Sprachbildung sagt Frobenius direkt, daß wir aus ihr schließen dürfen auf die Entstehung der Sprache überhaupt als „sinnliche Verkörperung, als Symbolisierung von Idealen, die einmal aus dem Lautleben der Gefühlsfläche in das organische Sprechleben der Bewußtseinsfläche getreten sind". Auch die Art, wie das Kind malt, formt und dichtet, sei Wiederholung. Hier wäre auch der berühmte französische Philosoph Comte zu erwähnen, der in der Entwicklung des Menschen die drei von ihm unterschiedenen Stufen der Kultur: die mythologische, metaphysische und positivistische (wissenschaftliche) wiederfindet. Das Kind erlebt nach ihm mythologisch, indem ihm alle Ereignisse zu lebendigen Bildern werden; für den Jüngling gilt ein metaphysisches Erleben, da er der Realität der Dinge vertraut, doch den reifen Mann zeichnet ein positivistisches Erleben aus, das die Dinge nur als Zeichen nimmt, die für eine mathematische Darstellung der Ereignisse verwertet werden können, ohne daß sich der Gedanke, man habe die Wirklichkeit direkt vor Augen, kritiklos einmischt. In dieser Parallelisierung hat Comte zweifellos recht. Es wäre nun noch anzuführen, daß auch in der menschlichen Entwicklung Antizipationen erweisbar sind. Solche erkennen wir z. B. in den Utopien, in denen phantasiereich veranlagte Nationalökonomen künftige Staatenbildungen vorweg nehmen. Die Gegenwart rennt an ihren Ideen achtlos vorüber, denn die Zeit ist noch nicht reif dafür, und so geht es auch mit mancher Erfindung, die nicht zur Verwirklichung kommt, weil für sie noch die nötigen materiellen und geistigen Grundlagen fehlen. Und so mancher Mensch fühlt, daß er trotz weit vorauseilenden geistigen Blicks seine Ideale nicht zu realisieren vermag: er bleibt gewissermaßen stecken in einer alten Kulturschicht, die er gedanklich wohl in gewisser Hinsicht überflügelt hat, aus der er sich doch nicht völlig zu befreien vermag.

Aus alledem ergibt sich für den Menschen die Eingehörigkeit in den Entwicklungsstamm der Organismen. Wir begegnen beim Menschen wie bei den Tieren und Pflanzen den gleichen Rekapitulationen der Phylogenese in der individuellen Entwicklung, auch den gleichen Antizipationen, ja

gerade bei uns als den höchsten Lebewesen fällt diese Zuordnung zur Phylogenese besonders kraß in die Augen. So sollten wir denn den Entwicklungsgedanken eigentlich ganz besonders stark erspüren, sollten sozusagen mit
Haut und Knochen im Entwicklungsgedanken drin stecken! Aber das
Gegenteil ist der Fall! Wir sind vielmehr eingebannt in den Beharrungsgedanken und alle Begeisterung für Entwicklung ist in Wahrheit nur leeres
Geflunker. Wir kommen von der Beharrungsidee nicht los, trotzdem wir
doch in der Geschichte leben, die vor unseren Augen ununterbrochen Neues
entfaltet. Wir beurteilen alles Werden, als wenn es keines wäre, sondern
nur ein periodisches Schwanken oder zufällige Gleichgewichtsverschie-
bung oder notwendiges Bewußtwerden von bereits Gegebenem, kurz als
bloßen Schein, und wissen überhaupt mit dem Entwicklungsgedanken
nichts anzufangen. Wie sehr das der Fall, tritt nun ganz besonders klar
beim Urzeugungsproblem hervor. Mit diesem aber wollen wir uns eingehend in der nächsten Stunde beschäftigen.

2. Vorlesung.

Urzeugung.

In der ersten Stunde suchte ich Ihnen darzustellen, wie unsere Kultur
sich auf einem Grundgedanken, den ich den Beharrungsgedanken nannte,
aufbaut, und wie mit ihm ein anderer in Konflikt steht, der Entwicklungsgedanke, der im biogenetischen Grundgesetz seinen stärksten Ausdruck
findet. Auch im Entwicklungsgedanken macht sich der Beharrungsgedanke
geltend, doch ist er rein an sich genommen unverträglich mit dem letzteren.
Dieser Konflikt ist ein sehr bemerkenswerter. Der Entwicklungsgedanke
ist aufgestellt worden in Hinsicht auf das Leben, das sich als etwas Ein-
heitliches, in sich durchaus Geschlossenes im Rahmen der Natur erweist,
diese Besonderheit aber verträgt sich nicht mit dem Beharrungsgedanken,
der das Leben in die Natur einordnet, in ihm dieselben Kräfte wie im Toten
gegeben findet. Das Leben erscheint hier als ein wohl eigenartiges, doch nicht
völlig abweichend geartetes Glied der Natur; es wird ihm, wie allem Toten,
echte Entwicklung, d. h. eine zielstrebige Vervollkommnung ins Grenzen-
lose, abgesprochen und nur periodische Veränderung zugestanden. Es wird
in die Kosmogenese eingeordnet, aus der es nach dem Entwicklungsgedanken
ganz herausfallen würde. Betrachten wir das Verhältnis von Kosmogenese
und Lebensentwicklung gleich noch etwas näher, um die Klärung der Begriffe möglichst weit zu treiben. Die Kosmogenese, mögen wir sie nun im
Sinne der Alten als allgemeines, periodisch sich wiederholendes Werden
und Vergehen der Gestirne oder im modernen Sinne nur als das zufällige
Entstehen und Schwinden eines einzelnen Sonnensystems deuten, ist ein
rückläufig werdender Prozeß, der an der durchschnittlichen Weltbeschaffen-
heit nichts ändert, während die Entwicklung der Lebewesen fortschreitend

Neues, Höheres setzt. Man kann hier nicht einwenden, daß ja das Leben auf einem Gestirn mit der Existenz dieses Gestirns enden müsse, denn weder beweist ja ein gewaltsamer Abbruch die Rückläufigkeit der Phylogenese, noch ist dieser Untergang überhaupt bewiesen. Besonders wichtig ist aber, daß die Kosmogenese nach einem ganz anderen Schema verläuft als die Phylogenese. Darüber nur ein paar Worte. Bei der Kosmogenese handelt es sich um Verwandlung höchstwertiger, im Äther gegebener Energien in minderwertige, was sich mit der Auflösung von Einheiten, wie sie in den Urnebeln vorliegen, verbindet. Am Anfang steht ein potentiell überreicher Urzustand, der sich verwandelt in einen aktuellen Molekülstaub, während am Anfang der Phylogenese winzige an Energie arme Zellen stehen, aus denen allmählich immer komplexere Körper hervorgehen, in denen immer größere Energiemengen gebunden werden. Das Leben wertet die Energien immer höher, während die Kosmogenese sie entwertet. Hierüber wird ja noch eingehend zu sprechen sein, an dieser Stelle war es nur wichtig, die Einzigartigkeit der organischen Entwicklung, ihre der stellaren geradezu entgegengerichtete Tendenz zu betonen. So sehr nun aber auch diese Eigenart hervorleuchtet, so anerkennt man sie doch nicht, sondern versucht auf jede Weise, das Leben in die Natur einzuordnen.

Am deutlichsten tritt das hervor beim Problem der Entstehung des ersten Organismus. Alles spricht dafür, daß dieser auf eine ganz besondere Art und Weise entstanden sei, aber das wird nicht zugegeben, sondern für die Entstehung Urzeugung behauptet, d. h. angenommen, daß das erste Plasma durch in der Materie gegebene Kräfte entstanden sei. Diese These gilt für alle drei Prägungen des Beharrungsgedankens. Für den physiozentrischen leuchtet das ohne weiteres ein, da ihm ja das Leben nur eine unter gewissen zufälligen Umständen sich ergebende Modifikation der Energie ist. Auch für den kosmozentrischen Standpunkt ist der Urzeugungsgedanke selbstverständlich, da er alles belebt glaubt; wir begreifen ohne weiteres, daß das Altertum die Entstehung von Fröschen und Aalen aus dem Schlamm, des Ungeziefers aus dem Schmutz, der Eingeweidewürmer aus dem Darminhalt, wie noch von Aristoteles vorgetragen wird, annahm, denn wenn alles als lebendig gilt, warum soll dann nicht aus niederem Leben höheres entstehen können? Aber auch für den anthropozentrischen Standpunkt ist die Urzeugung etwas Selbstverständliches, so sonderbar das auch auf den ersten Blick erscheinen mag. Zwar behauptet die Theologie einen besonderen Schöpfungstag für das Leben und bekämpft heute den Urzeugungsgedanken; aber warum, so kann man zunächst fragen, hat sich dieser solange erhalten, wenn die Kirche dagegen war? Sie hat erst dagegen zu kämpfen begonnen, als der physiozentrische Standpunkt aufkam und seine Folgerungen die Lehre von der Sonderstellung des Menschen ernstlich gefährdeten, aber an sich hat die Theologie gegen den Urzeugungsgedanken nichts einzuwenden, wie ganz offen von dem bekannten Jesuitenpater Erich Wasmann ausgesprochen wurde. Bei seinem Kampfe gegen die mechanistische Weltanschauung in Berlin vor 20 Jahren gab Wasmann zu, daß sich die Urzeugungslehre,

also der Gedanke einer Entstehung des Lebens ohne besonderen Schöpfungsakt, mit den kirchlichen Dogmen leicht in Einklang setzen lasse, wenn
nur die Annahme gemacht werde, daß Gott bei Schöpfung der Materie
in diese die nötigen Potenzen eingelegt habe; nur die Ableitung der menschlichen Seele aus der Materie widerspreche den Dogmen. So ist also der
Urzeugungsgedanke etwas Selbstverständliches im Beharrungsgedanken
und darum macht er sich immer wieder geltend, trotzdem ihm die Erfahrung
widerstrebt.

Betrachten wir nun die Wandlungen des Urzeugungsgedankens im Laufe
der Zeit uns etwas genauer.

Von Aristoteles war schon die Rede. Sein Standpunkt erhielt sich durch
die Jahrhunderte bis nach dem Beginn der neuen Zeit. Erst 1651 stellte
Harvey auf Grund der allgemeinen Erfahrung den Satz auf: omne vivum
ex vivo. Aber erst 1674 wurden die alten Angaben durch Redi direkt
widerlegt, indem er zeigte, daß auch die Frösche und das Ungeziefer wie alles
Lebendige aus Eiern entstehen. Für die Aale war allerdings damals der
Beweis noch nicht möglich — die Entwicklungsgeschichte der Aale ist ja
erst vor kurzem ganz aufgeklärt worden — und das gleiche gilt für die
Eingeweidewürmer, deren Herkunft aus Eiern ja erst von Leuckart und
Siebold im 19. Jahrhundert erwiesen wurde. Aber kaum hatte Redi
den Urzeugungsgedanken abgegraben, als ihm neues Leben durch die Entdeckung des Mikroskopes zugeführt wurde. Leeuwenhook entdeckte 1675
mittels des neuen Instrumentes in Heuaufgüssen die Infusorien und andere
winzige Organismen, deren Herkunft problematisch blieb. In Hinsicht
auf sie konnte es nicht ausbleiben, daß auch für sie Urzeugung behauptet
wurde; das geschah sogar noch 1745 durch Needham, als er auch in er-
hitzten und darauf abgeschlossenen Gefäßen Infusorien auftreten sah.
Dagegen zeigte nun Spallanzani im Jahre 1765, daß es nur eines gründlichen Luftabschlusses bedarf, damit der Aufguß steril bleibe, da dann keine
Keime von außen hinzuzutreten vermögen. Aber schon bot sich wieder
ein neuer Einwand dar. Lavoisier, der die Bedeutung des Sauerstoffs
für die Atmung erwiesen hatte, wandte gegen Spallanzani ein, daß bei
Abhaltung der Luft der Sauerstoff verbraucht werden müsse und es dann
ganz selbstverständlich sei, wenn im Gefäße nichts Lebendiges sich entwickeln könne; ein Beweis gegen die Urzeugung sei damit nicht gegeben. Nun
dauerte es bis 1836, bevor ein neuer Angriff gegen den Urzeugungsgedanken
geführt wurde. In diesem Jahre zeigten Schultze und Schwann, daß man
ruhig Luft, also auch Sauerstoff, ins Gefäß eintreten lassen kann, wenn
nur die Luft vor dem Zutritt desinfiziert worden ist. Gegen die Art
der Desinfektion erhob aber 1852 Karl Vogt den Einwand, daß sie gar
zu gründlich gewesen sei, daß sie die chemische Beschaffenheit der Luft
beeinflußt haben dürfte. Wenn man Luft in glühenden Röhren über Ätzkali,
Schwefelsäure und andere derartig scharfe Reagenzien leite, so gehen
dabei wohl nicht nur die in ihr enthaltenen Keime zugrunde, sondern es
werde vermutlich auch ihre stoffliche Natur in für das Leben unzukömm-
licher Weise verändert. So kann es denn nicht wundernehmen, daß 1852

Pouchet in der Pariser Akademie der Wissenschaften nochmals mit der Behauptung auftrat, er habe Urzeugung mit Sicherheit erwiesen. Er hatte in gekochten Flüssigkeiten trotz mangelnden Luftzutritts Lebewesen auftreten sehen. Nun erfolgte das Preisausschreiben der Pariser Akademie im Jahre 1860, um der endlosen Urzeugungsdebatte endlich ein Ende zu machen. Pasteur gewann den Preis. Er zeigte, daß man das Eintreten von Keimen mit Sicherheit vermeiden kann, wenn man die Luft durch ein Wattefilter leitet, das alle Keime zurückhält. Das Kochen der Flüssigkeit ist ganz bedeutungslos: auch in gekochten Flüssigkeiten kommen Keime zur Entwicklung.

So schien die Urzeugung tatsächlich widerlegt. Doch schon früher hatte man begonnen, das Problem in anderer Weise zu behandeln. 1828 hatte Wöhler Harnstoff im Laboratorium durch Synthese anorganer Stoffe künstlich dargestellt und damit, wie man meinte, ein Privileg des Lebens als auch für das Anorgane gültig erwiesen. Bis dahin war es Dogma, daß organische Stoffe nur im Plasma entstehen könnten, jetzt aber ward gezeigt, daß auch die Retorte ein dazu geeigneter Ort sei; bald häuften sich ähnliche Nachweise und heutzutage gelingt ja die Synthese sogar komplexer Eiweißkörper. So meinte denn Haeckel, daß alle organischen Synthesen und auch die Bildung lebender Substanz unter geeigneten Bedingungen in der Natur möglich seien, daß es also Urzeugung gebe, oder doch gegeben haben müsse, wenn wir sie auch in unseren Versuchsgläsern nicht unmittelbar feststellen können. Er stellte auch eine Hypothese über die bei der Urzeugung in Betracht kommenden Stoffe auf, und zwar betrachtete er den Kohlenstoff als das für die Plasmabildung wesentliche Element, da er wegen seiner zentralen Stellung im periodischen System der chemischen Elemente befähigt ist, nach allen Seiten hin, sowohl mit elektropositiven als auch negativen Elementen, Verbindungen einzugehen. Damit nun begann eine lange Reihe von Hypothesen, die sich mit der Frage beschäftigten, wie man sich am besten die Synthese von Eiweiß, von Plasma vorzustellen habe. Der Kohlenstoffgedanke fand wenig Beifall, da C ein inaktives Element ist, das man sich nicht als Träger des Lebens vorstellen kann; darum wurde von Pflüger eine besonders aktive Stickstoffverbindung, das Zyan, in Betracht gezogen. Da dies aber in der lebenden Substanz nicht direkt erweisbar ist, so dachte Allen an Stickstoffverbindungen anderer Art. Loew dachte an Aldehyd- und Amidogruppen, Verworn konstruierte sich eine hochkomplexe Substanz, das Biogen, das bei Zutritt von O Teile abspalten und sich dann restituieren sollte, und der Wiener Arzt Kassowitz sprach sogar von einem Plasmamolekül, das bei der Arbeit radikal zerfällt, um sich dann aus den Trümmern wieder zu regenerieren. Alles das waren Hypothesen, die nur bei dem, der sie aufstellte, des Beifalls sich erfreuten, aber sonst der sehr berechtigten Skepsis begegneten. Denn nicht einmal der Zerfall der lebenden Substanz bei der Arbeit läßt sich erweisen — im Gegenteil zeigt sich, daß Muskel- und Nervenfibrillen, um nur diese zu erwähnen, dauernd unverändert bei den Kontraktionen und Erregungen verharren —, geschweige denn daß der geringste Beweis für die Möglichkeit einer Neubildung von lebendiger Substanz aus nichtlebendiger ohne Vermittlung von Plasma hätte erbracht werden können. Übrigens ist doch auch die künstliche Eiweiß-synthese im Laboratorium den Naturprozessen ganz unvergleichbar, da ja das Leben auch dort in der Person des Forschers eingreift, also Bedingungen vorliegen, wie sie die Natur gar nicht setzen kann und wie sie nur durch das Leben möglich werden.

Heute spekuliert man nicht mehr in dieser Richtung, packt vielmehr das Problem anders an, sucht nach Mittelformen zwischen Totem und Lebendigem in der Natur. Man denkt die Urzeugung durch den Nachweis von anorganischen Systemen, in denen gewisse Lebensleistungen andeutungsweise durchgeführt werden, annehmbar machen zu können: wenn die eine Eigenschaft des Lebens am Toten vorkommt, warum dann nicht auch die anderen und warum nicht eine Kumulation dieser an geeignetem Material? Besonders der berühmte Entwicklungsmechaniker Roux hat allerhand Vorstufen des Lebens behauptet. Er sprach von Isoplassonten, unter denen er mit Assimilation begabte Anorganismen verstand, von Autokineonten, die sich gleich Lebewesen von selbst bewegen, von Automerizonten, die sich von selber teilen sollten. Als Isoplassont faßte er vor allem die Flamme auf. Schon morphologisch unterschied er an der Flamme einen Mund, durch den die Brennstoffe zuströmen, einen Kern, in dem sie verbraucht werden, und einen After, an dem die Reststoffe abströmen sollen. Den Vorgang der Stoffaufnahme selbst und der Stoffabgabe bezeichnete er als Assimilation und Dissimilation. Gegen diese Deutungen ist vielfach Stellung genommen worden, vor allem eingehend und gründlich hat sich in neuerer Zeit Erwin Bauer (in: Naturwissenschaft, Bd. 8, Heft 18) ausgesprochen, indem er eine scharfe Definition des Begriffes Lebewesen zu geben suchte. Er definiert mit Recht ein Lebewesen als ein System, das sich nicht im energetischen Gleichgewicht zur Umgebung befindet, das vielmehr die ihm von der Umgebung zuströmenden Energien gegen die für die Natur charakteristische Gleichgewichtstendenz, gegen das Gesetz der Entropie, in höherwertige Energieformen verwandelt. Derartiges gilt nicht für die Kerzenflamme, für alle Flammen überhaupt, auch nicht für Wasserfälle, Wirbel und andere noch zum Vergleich herangezogene anorganische Systeme, die nichts anderes als zufällig konstante Formen normaler Energieabläufe darstellen. Hierzu wird übrigens später weiteres bei Darstellung des Tschermakschen Vitalismus zu sagen sein. Was die Autokineonten anlangt, so gelten als solche die flüssigen Kristalle, die von Lehmann entdeckt wurden, ferner die Myelinformationen Quinckes, die sich ohne äußeren Anstoß, nur auf Grund von Spannungsänderungen an der Oberfläche, bewegen, was an die Bewegung von Amöben erinnert. Aber für die Organismen, auch für die Amöben, gilt freie Bewegungsmöglichkeit auf Grund von Trieben, wie ich durch eigene Untersuchungen einwandfrei nachzuweisen vermochte; es besteht also ein prinzipieller Unterschied, der durch keine Zwischenstufen überbrückt werden kann. Was schließlich die Automerizonten anlangt, so gelten als solche die flüssigen Kristalle, die zugleich, wie alle Kristalle überhaupt, auch Isoplassonten sein sollen. Sehr verbreitet ist ja der Vergleich des Kristallwachstums mit der Assimilation. Bei der Kristallbildung können sog. Kristallkeime intervenieren, die man, wie schon der Name sagt, mit Lebenskeimen vergleicht. Dieser Vergleich ist nur äußerlich berechtigt. Ein Kristallkeim ist nichts als eine dichtere Phase in der Mutterlauge des Kristalls, die als erster Niederschlag bei der Verdunstung auftritt und zum Zentrum wird für das Ausfallen anderer Teilchen, die sich aber restlos auflöst bei Verdünnung der Lösung. Gerade also der wesentliche Charakter fehlt, der in der Präexistenz des Keimes gegeben ist: der Lebenskeim präexistiert aller Entwicklung unabhängig von den Bedingungen. Auch ist doch die Anlagerung der Moleküle aus der Mutterlauge etwas ganz anderes als Assimilation, da bei ihr ja keine Stoffverwandlung in Betracht kommt, sondern einfach die Moleküle unter dem Einfluß elektrischer Kräfte angelagert werden. Die Teilung der flüssigen Kristalle ist weiterhin ein sehr einfacher, mechanisch leicht begreifbarer Prozeß, dagegen ist die Zellteilung nicht nur ein äußerst komplexer, sondern auch, was die Hauptsache ist, mechanisch gar nicht restlos zu verstehender Prozeß, wovon wir uns noch genauer überzeugen werden. Nun hat man auch Regeneration bei Kristallen erweisen zu können geglaubt. Przibram hat gezeigt, daß in der Mutterlauge aufgehängte Alaunkristalle, denen Ecken abgeschlagen wurden, diese wieder zu ersetzen vermögen, und zwar ohne daß der Kristall an anderen Stellen zu gleicher Zeit Wachstum zeigte, ja es kann sich dieser Prozeß unter der Form einer Morphallaxis abspielen, nämlich zustandekommen durch Substanzauflösung am Kristall unter gleichzeitiger Substanzverschiebung, wie man es an regenerierenden Würmern beobachtet. Bei flüssigen Kristallen beobachtet man sogar Intussuszeption von Teilchen, nicht bloß äußere Apposition, was auch an das Verhalten der Organismen gemahnt. Aber das alles sind doch nur ganz äußerliche Analogien, die nichts bedeuten gegen die simple Tatsache, daß die Organismen bei der Assimilation einfache Stoffe in komplexe, und zwar gegen die Naturgesetze verwandeln. Die Assimilation trennt unüberbrückbar Organismen und Anorganismen. In dieser Hinsicht wäre etwa noch zu verweisen auf den Gedanken Hatscheks, die Assimilation auch dem Anorganen zuordnen zu können, indem er von Eiweißmolekülen sprach, die von selbst bei der Reaktion mit anderen Molekülen sich derartig phasisch sollten verändern können, daß sie stufenweise komplexer werden, bis ein Zustand erreicht ist, bei dem es zum Zerfall des Moleküls kommt; bei diesem Zerfall soll der Ausgangszustand wieder erreicht werden unter Verdoppelung des primären Moleküls. Das ist natürlich eine reine Hypothese. Man hält ja auch nicht viel von all diesen Versuchen, vor allem auch nicht vom Vergleich des Wachstums von Kristallvegetationen mit organischem Wachstum, wie er von Leduc vorgetragen wurde. Leduc brachte allerhand chemische Stoffe, z. B. chromsaures Kali, Eisen- und Kupfersulfat, in Wasserglas, wo sie durch osmotische Wirkungen Vegetationen nach Art der Moose und Polypenstöckchen bilden und dabei sogar tropistisch dem Lichte sich zuwenden. Damit ist natürlich gar nichts für eine Verwandtschaft mit Lebewesen bewiesen, und ebenso wenig haben die sog. Radioben von Butler-Burkes, die aus Gelatine bei Radiumbestrahlung entstehen, oder die Eoben von Dubois, die Helioben von

Ramsay und die Bariumindividuen Kuckucks etwas Lebendiges an sich: all das sind keine Mittelformen zwischen Anorganem und Organem, sondern echt Totes, an dem nur äußerliche Entsprechungen zu den Lebewesen sich ergeben, die aber vor allem durch ihre Beschaffenheit und die Art ihres Wachstums sich fundamental unterscheiden.

Erwähnen möchte ich zum Schluß noch die Ölseifenschäume O. Bütschlis, die vor 30 Jahren so großes Aufsehen machten. Bütschli, der bei seinen mikroskopischen Untersuchungen des Plasmas eine wabige Grundstruktur dieses festgestellt zu haben glaubte, erzeugte Schaumtropfen durch Mischung von Öl und Wasser, die sich auf Grund von Spannungsänderungen an inneren und äußeren Wabenwänden wie Amöben bewegten, auch Fremdkörper umflossen und in sich aufnahmen (assimilierten), dann wieder ausstießen (dissimilierten), und glaubte in diesen Gebilden wirklich Vorstufen des Plasmas vor Augen zu haben. Besonders von Rhumbler sind diese Versuche weitergeführt worden und haben manch überraschendes Resultat ergeben. Da das Plasma eine kolloidale Beschaffenheit hat, so suchte Bütschli auch bei anorganen Kolloiden eine wabige Struktur zu erwiesen, worin er auch von Erfolg begünstigt schien. Indessen wurden seine mikroskopischen Untersuchungen später als ungenügende erwiesen. Das Ultramikroskop zeigte bei den Kolloiden vielmehr eine mizellare Grundstruktur, nämlich eine dichtere Phase in Form von Körnchen und Tröpfchen verteilt in einer dünneren, flüssigen Phase, und Schaumbildungen erwiesen sich nur als abgeleitete Zustände. Was die elementare Plasmastruktur anlangt, so konnte ich mich selbst gerade an Bütschlis besten Objekten, an Amöben, davon überzeugen, daß hier keine wabige, sondern eine körnige Struktur vorliegt, was ganz besonders klar bei den beschalten Difflugien, dem besten Untersuchungsobjekt überhaupt, für das auch Wabenstruktur angegeben worden war, hervortritt. Im dünnflüssigen Ektoplasma finden sich hier feine Körnchen[1]) in lebhafter Bewegung, an welche die Lokomotion des Plasmas gebunden ist. Schaumige Strukturen sind im Plasma nur etwas Sekundäres, es fehlen also dem Bütschlischen Vergleich der Zellen mit Schäumen die morphologischen Grundlagen.

Da Urzeugung in der Gegenwart nirgends zu erweisen ist, hat man sie für frühere Erdepochen behauptet. In früheren Zeiten der Erdentwicklung sollte stattgefunden haben, was jetzt nicht mehr sich vollzieht, unter ganz anderen Bedingungen, höheren Temperaturen, stärkerem Druck und anderer chemischer Situation. Aber im Prinzip müssen früher dieselben Bedingungen wie heute vorgelegen haben! Der Ablauf der natürlichen Vorgänge erfolgte auch damals in entropischem Sinne — worüber noch zu reden sein wird —, das Lebensgeschehen hat aber ektropische Richtung und diese mußte von den früheren Bedingungen ebenso differieren wie von den heutigen. Da wir gerade von der kosmischen Situation reden, so sei noch von einer Urzeugungstheorie geredet, die das Leben als kosmische Erscheinung beurteilt. Der Arzt H. E. Richter hatte gemeint, da sich eine Neubildung von Leben

---

[1]) Vgl. dazu die 4. Vorlesung.

nicht erweisen lasse, so wäre vielleicht die Annahme am einfachsten, das Leben für ebenso ewig zu erklären wie die Welt. Es wäre mit den Gestirnen zugleich geschaffen worden, und zwar auf für solchen Zweck geeigneten Sternen; von diesen ging es dann auf andere über, wenn hier die Bedingungen eine Besiedelung ermöglichten, und zwar durch Übertragung mittels Meteore, in welche die alternden Gestirne sich auflösen. Berühmte Physiker, wie W. Thompson, Helmholtz und Arrhenius, haben dieser Lehre von der Panspermie, von der Infektion der Gestirne mit lebendigem Samen, zugestimmt. Da man an der Übertragung durch Meteore wegen deren starker Erhitzung bei Eintritt in die Atmosphäre eines Gestirns Anstoß nahm, so stellte Arrhenius die Hypothese auf, daß es der Strahlendruck des Lichtes sei, der die Lebenskeime von einem Gestirn zum andern befördere. Allerdings besteht dagegen wieder das große Bedenken, daß die Keime die intensive Bestrahlung im Weltenraume, die Einwirkung des ultravioletten Lichtes, nicht zu vertragen vermögen. Indessen ist, wie Molisch, der Wiener Pflanzenphysiologe meint, immerhin möglich, daß sich gewisse Bakterienformen an diese Strahlen angepaßt haben, so daß also von einem prinzipiellen Bedenken gegen die Theorie der Gestirninfektion nicht geredet werden kann.

Um eine eigentliche Urzeugungstheorie handelt es sich hier aber nicht, da ja gar nicht versucht wird, die Entstehung des Lebens zu erklären, sondern sie einfach auf den Weltanfang verschoben wird. Wir brauchten uns also gar nicht mit dieser Lehre zu befassen, wenn ihre Widerlegung nicht besonders interessant wäre. Es lassen sich gegen sie schwerwiegende Bedenken vorbringen, die ich um der Wichtigkeit des Themas willen nicht verschweigen will. Folgendes ist nämlich zu berücksichtigen und diesem Argument entnehmen Sie sehr deutlich die Hochschätzung, die ich vor dem Leben habe. Ich meine nämlich, wenn das Leben seit Urzeiten existierte, müßte die Welt ganz anders aussehen. Wir brauchen nur unsere irdische Entwicklung scharf ins Auge zu fassen, um zu solcher Ansicht zu gelangen. Auf unserer Erde existiert das Leben erst seit ein paar Millionen von Jahren — früher war aus physikalischen Gründen seine Existenz einfach nicht möglich. Was hat es nun nicht schon in dieser kurzen Spanne Zeit geschaffen! Aus einfachsten Lebewesen ging der Mensch hervor und dieser entwickelte gerade in den letzten Jahrhunderten eine so fabelhafte Technik, daß es heute nicht mehr als kühne Behauptung gelten kann, wenn wir sagen, daß der Mensch sich in einem Jahrhundert etwa von der Erde hinaus in den Weltraum begeben und andere Gestirne aufsuchen wird. Die in fernen Zeiten drohende Vereisung der Erde hat dann alle Schrecken für ihn verloren, da er sich auf irgendwelch anderen Gestirnen zusagende Bedingungen wird suchen können. Daß solche Möglichkeit besteht, ist unbestreitbar. Steht doch die Erschließung der Atomkräfte vor der Tür, damit werden sich aber dem Menschen schier unerschöpfliche Energiequellen zur Verfügung stellen, die ihn zum Herrn des Weltalls machen. Die kühnsten Träume phantastisch veranlagter Geister gehen dann in Erfüllung. Geben wir das aber zu, so erscheint die Panspermielehre als eine vollkommen verfehlte Theorie. Ein uraltes Leben müßte nicht nur die ganze Welt besiedelt, sondern auch ganz verwandelt haben. Aus dem Zufallsbau, als welchen sich uns heute die Welt darstellt, aus der Natur als Natur müßte sich ein Zweckbau, ein Mechanismus entwickelt haben, dessen Struktur von uns ohne weiteres erkannt werden könnte. In Flammenschrift müßte das Werk des Lebens an den Himmel geschrieben sein. Davon ist nun gar nichts erweisbar und so kann ich an die Lehre von der Ewigkeit des Lebens nicht glauben, muß vielmehr an einem sehr späten Lebensbeginn festhalten, an der Entstehung des Lebens in unserem Sonnensystem.

Damit haben wir das Urzeugungsthema zum Abschluß gebracht. Wir müssen den Urzeugungsgedanken in welcher Schattierung auch immer ablehnen, woraus sich nun aber Folgerungen für den Beharrungsgedanken ergeben, die ihn als durchaus unhaltbar erweisen.

3. Vorlesung.

Zeugung.

Das Resultat der letzten Vorlesung war, daß es keine Urzeugung gibt. Welche Variante des Urzeugungsgedankens wir auch in Betracht ziehen, sie erweist sich ungenügend für das Verständnis der Existenz des Lebens, zeigt die Unmöglichkeit, die Entstehung des ersten Organismus aus anorganen Naturprozessen heraus zu begreifen. Trotzdem wird diese Unmöglichkeit immer wieder versucht. Zum Versuch treibt der Beharrungsgedanke an, der nach wie vor unser kulturelles Denken beherrscht. Der Beharrungsgedanke trägt Einheit in die Welterkenntnis, ist ein monistischer Gedanke, und das macht ihn der Wissenschaft so wertvoll; er erfaßt Lebendiges und Totes als genetische Einheit, das aber ist sehr bequem, da es die große Frage, die der Entwicklungsgedanke aufwirft, was es denn eigentlich mit dem Leben auf sich habe, gar nicht stellt. Wenn nicht der Entwicklungsgedanke wäre, würden sich die Gelehrten gar nicht um die Frage, wie das Leben entstanden sei, kümmern, jedenfalls wäre es für sie eine Frage von untergeordneter Bedeutung. Im Entwicklungsgedanken nimmt diese Frage eine zentrale Stelle ein. Es gibt gar nichts wichtigeres für den genetisch Denkenden, als zu fragen, warum Leben existiert und wie es entstanden ist; erst wenn in dieser Hinsicht eine befriedigende Antwort vorliegt, wird diese Richtung zur Vorherrschaft im allgemeinen Denken kommen und der Antagonismus wird verschwinden. Für unsere Kultur ist die Lebensentstehung ein Rätsel und das gibt dem Beharrungsgedanken immer neue Nahrung. Doch kann man sagen, daß der letztere Gedanke seiner Erledigung entgegengeht. Das folgt aus seiner Entwicklung. Seine ursprüngliche Fassung ist die kosmozentrische, aus der die anthropozentrische hervorging, der wieder die physiozentrische folgte, diese also ist ein Abschluß und sie erweist das ja auch offenkundig darin, daß sie an Stelle einer rein gesetzhaften Betrachtung eine zufällige setzt, damit aber Relativierung der Erkenntnis, die auf die Dauer das Denken zermürben muß. Wenn dem Denken die gesetzliche Grundlage mehr und mehr entzogen wird, so ergibt sich immer klarer ein von der Skepsis beherrschtes Denkchaos, in dem alle Sicherheit des Erlebens zusammenbricht. Ein Zurück ist aber nicht möglich und eine vierte Variante gibt es nicht im Beharrungsgedanken, somit bleibt nur e i n e Rettung, die Entfaltung des Entwicklungsgedankens, die allein die Menschen vom Untergang des Denkens überhaupt erlösen kann.

So drängt sich uns der Schluß auf, daß wir vor etwas ganz Neuem stehen. Wir haben die Aufgabe, an der Entfaltung dieses Neuen mitzuarbeiten, und dieser Aufgabe wollen wir auch gerecht zu werden versuchen. Damit sind wir nun aber am Schlusse der Einleitung in unser Kolleg angelangt. Einen ungeheuren Konflikt in unserer Kultur haben wir nachzuweisen vermocht und auch die Möglichkeit aufgezeigt, ihn zu beheben; an der Überwindung des Konflikts wollen wir nun zu arbeiten versuchen, indem wir in ein eingehendes S t u d i u m d e s L e b e n s eintreten. Mit den biologischen Tatsachen wollen wir uns genau bekannt machen, natürlich nur mit den wesentlichen, diese aber einer eingehenden kritischen Betrachtung unterziehen.

Bei diesem Versuche wollen wir die Biologie an der Wurzel angreifen. Die elementarste Eigenschaft des Lebendigen ist die Z e u g u n g, die sich gliedert in Wachstum und Vermehrung, und mit diesen wollen wir uns zuerst befassen. Zeugung kommt allen Lebewesen zu. Vor allem wichtig ist sie für die Einzelligen, die eigentlich nichts anderes tun, als sich vermehren. Bei den vielzelligen Lebewesen beobachten wir neben der Zeugung noch andere Leistungen als stark betonte, so bei den Pflanzen die Organisierung eines morphologisch hochkomplexen Körpers, der den Einzelligen ganz abgeht, und bei den Tieren außerdem das Handlungsvermögen, das wieder den Pflanzen fremd bleibt. Bei den Menschen gibt es wieder andere Leistungen, die auch den Tieren fehlen, und so sehen wir einen Stufenbau im Lebendigen vor uns, der sich auf der Betonung verschiedener Leistungsformen begründet. Natürlich ist das nur cum grano salis zu nehmen. Zeugung kommt, wie gesagt, allen Organismen insgesamt zu und so ist auch Entwicklung den Einzelligen nicht völlig fremd, auch nicht Handlung und Erfahrung, doch spielen diese nur eine ganz untergeordnete Rolle; in dieser Hinsicht brauchen wir nur die Einzelligkeit zu berücksichtigen, aus der ganz von selbst hervorgeht, daß an solch einfachen Organismen von der Entfaltung komplexer Organisationen nicht die Rede sein kann. Was die Pflanzen und Tiere anlangt, so ist hier Zeugung gebunden an die Zellen, die demgemäß, was an sich doch sehr auffallend ist, in den organisierten Lebewesen eine große, für die morphologische Entfaltung eigentlich überflüssige Rolle spielen — die Ausbildung der Gestalt wäre ja auch möglich an einheitlichen Gewebsmassen —; es ist also in den Pflanzen und Tieren das Einzellenstadium gewahrt und das eben sichert der Zeugung ihre Bedeutung auch für die Vielzelligen. Aber die Zeugungsorganismen katexochen sind die Einzelligen.

Wir können demgemäß folgende Unterscheidung treffen, die beistehende Tabelle zur Darstellung bringt. Zu unterscheiden ist ein Zeugungskreis, ein Entwicklungs- und ein Handlungskreis — von anderen Kreisen wollen wir zunächst absehen. Der Zeugungskreis ist charakteristisch für die Einzelligen, unter denen man Urpflanzen und Urtiere (Protophyten und Protozoen) unterscheidet und die man seit Haeckel auch als Protisten zusammenfaßt; der Entwicklungskreis ist dagegen bezeichnend für die Pflanzen, die ja ihr Leben lang nichts anderes tun als ihren Körper zu entwickeln, und wieder der Handlungskreis kennzeichnet die Tiere, die nach ihrer Entwicklungszeit, die sie mit den Pflanzen teilen, noch eine Handlungszeit zeigen, in der sie den fertigen Körper zu besonderen, hier nicht näher zu diskutierenden Zwecken verwenden. Für Pflanzen und Tiere gemeinsam fehlt ein dem Wort Protisten vergleichbarer bequemer Terminus; man redet von Vielzelligen oder Gewebsorganismen, kann auch den Protisten als Potobionten die Metabionten gegenüberstellen, aber ein kürzerer Ausdruck ist leider nicht gegeben. Statt von Pflanzen und Tieren spricht man auch von Metaphyten und Metazoen.

Tabelle.

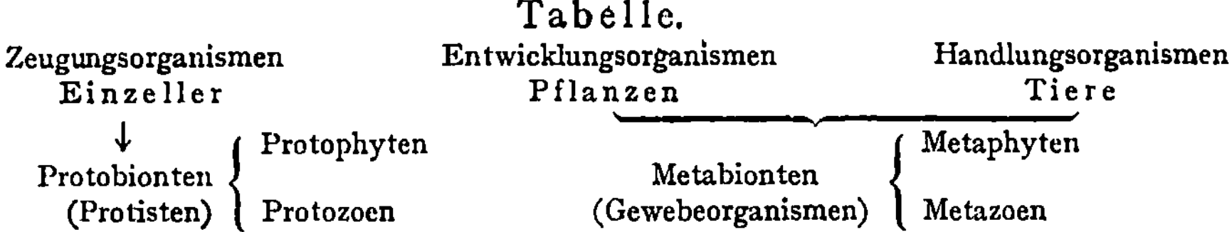

Wir beginnen also mit Betrachtung des Zeugungskreises. Dabei werden wir uns nicht nur auf die Protisten beschränken können, sondern auch die Zellen der Metabionten in Betracht ziehen müssen, da begreiflicherweise bei diesen manche Zeugungserscheinungen besser bekannt sind als bei den viel schwieriger zu untersuchenden Protisten. Jedenfalls ist auszugehen vom Bau der Zelle. Die Zelle besteht aus dem Kern und dem Zelleib oder Plasma, in das der Kern eingelagert ist. Die Zeugungsleistung ist nun an den Kern gebunden. Durch viele Versuche von Balbiani, Nußbaum, Gruber, Hofer u. a., die bereits in die letzten Dezennien des neunzehnten Jahrhunderts fallen, wurde festgestellt, daß die Zellen nicht wachsen und sich vermehren können, wenn ihnen der Kern fehlt. Wird der Kern exstirpiert, so vermag das Plasma wohl noch allerhand Funktionen durchzuführen, Nahrung aufzunehmen und sich zu bewegen, aber es wächst und teilt sich nicht mehr und früher oder später geht es zugrunde. Wesentlich für den Kern ist deshalb die Zeugungssubstanz, d. h. eine Substanz, ohne die es keine Zeugung gibt. Professor Hatschek redet von einer generativen Substanz im Kerne und versteht darunter das Chromatin, eine für den Kern charakteristische, mit basischen Farbstoffen leicht färbbare körnige Substanz, die in mancherlei Hinsicht sich als besonders bedeutungsvoll für die Zelle erweist. Neben dem Chromatin enthält der Kern bei vielen Protisten auch noch das gleichfalls für die Zeugung wichtige Zentrosom, von dem wir aber zunächst absehen wollen. Das Chromatin in seinem zeugerischen Verhalten kommt für uns in erster Linie in Betracht.

Über den Vermehrungsvorgang am Chromatin sind wir jetzt recht gut unterrichtet. Am ruhenden Kern, d. h. am Kern in der Zeit zwischen den Zellteilungen, ist die Struktur des Chromatins nur schwer erfaßbar; man sieht Körner, Fäden und Klumpen aller Art, die meist regellos sich verteilen. Bei der Zellteilung ist das Bild viel besser zu deuten. Da sind sog. Chromosomen gegeben, die bei jeder Organismenart in bestimmter Form und Zahl auftreten; meist handelt es sich um Fäden von körniger Struktur. Die Chromosomen ordnen sich nach Auflösung der Kernmembran im Äquator einer Spindelfigur an, die unterdessen unter dem Einfluß des später zu berücksichtigenden Zentrosoms entstanden ist, in Form eines Sternes (Mutterstern), in dem sie eine Längsspaltung durchmachen; die auf diese Weise entstandenen Tochterchromosomen werden nach den Spindelpolen verlagert und lassen hier, während die Zelle sich teilt, einen Tochterkern aus sich hervorgehen, der in der neuen Tochterzelle die ursprüngliche Struktur wieder annimmt. Diese Vorgänge wurden ermittelt in den siebziger Jahren des letzten Jahrhunderts durch Bütschli, van Beneden, O. Hertwig, Straßburger, Boveri und vielen anderen berühmten Forschern. Bald ergab sich auch die Theorie der Persistenz der Chromosomen. Von Rabl wurde der Gedanke ausgesprochen, daß die Chromosomen auch im ruhenden Kerne als gesonderte Individualitäten (Individualitätshypothese) beharren dürften, und Boveri erbrachte dafür erste Beweise, indem er z. B. an seinem vorzüglichen Untersuchungsobjekt, an den Eiern von Ascaris megalocephala, festzustellen vermochte, daß den Enden der Chromosomen im ruhenden Kern besondere Zipfel entsprechen, die sich von einer Zellteilung bis zur anderen zu erhalten vermögen. Später fand man an weiteren Objekten noch bessere Beweise, und fand dabei, daß aus den einzelnen Chromosomen besondere Kerne hervorgehen können, die erst vor der folgenden Zellteilung wieder zu einem einzigen Teilungskern verschmelzen. Heute kann die Individualitätshypothese als erwiesen gelten. Die entscheidenden Beweise wurden von Bonnevie, Veidovsky und von mir erbracht. Die Forscherin Bonnevie zeigte zunächst, daß das Chromosom aufgebaut ist aus einer achromatischen Grundlage, die von einer chromatischen Spirale umwunden wird. Diese Spirale ist auch im ruhenden Kern erweisbar, was Veidovsky und ich bestätigen konnten. Mir gelang es außerdem, für die Salamanderlarve nachzuweisen, daß die Spirale in der Teilungsfigur auf dem Stadium des Tochtersterns eine Verdoppelung durch Längsspaltung durchmacht. Während das Tochterchromosom des Muttersterns eine einfache Spirale aufweist, ist die Spirale des späteren Tochterchromosoms eine doppelte, wie die beistehende Abb. 7 zeigt — die Abbildungen sind entnommen meiner Arbeit über die Chromosomengenese, die 1910 in der Festschrift für Richard Hertwig im 1. Bande erschienen ist. Wenn nun auch bei anderen Formen die Verdoppelung der Chromosomen zu einem anderen Zeitpunkt und auf andere Art erfolgen dürfte — leider liegen über dies eminent wichtige Thema noch keine weiteren gründlichen Untersuchungen vor —, so ist doch aus den Befunden auf ein prinzipiell identisches Verhalten zu schließen und die Individualitätshypothese kann als erwiesen gelten[1]). Damit ist aber eine Grundlage von höchstem Werte für die Biologie geschaffen: es ist der Urzeugungsgedanke für die generative Substanz widerlegt worden. Gerade die wichtigste Substanz, die den Zeugungsprozeß vermittelt, ist in ihren Leistungen gebunden erwiesen an bereits gegebene Zeugungssubstanz; von einer Entstehung aus dem Zellsaft ohne

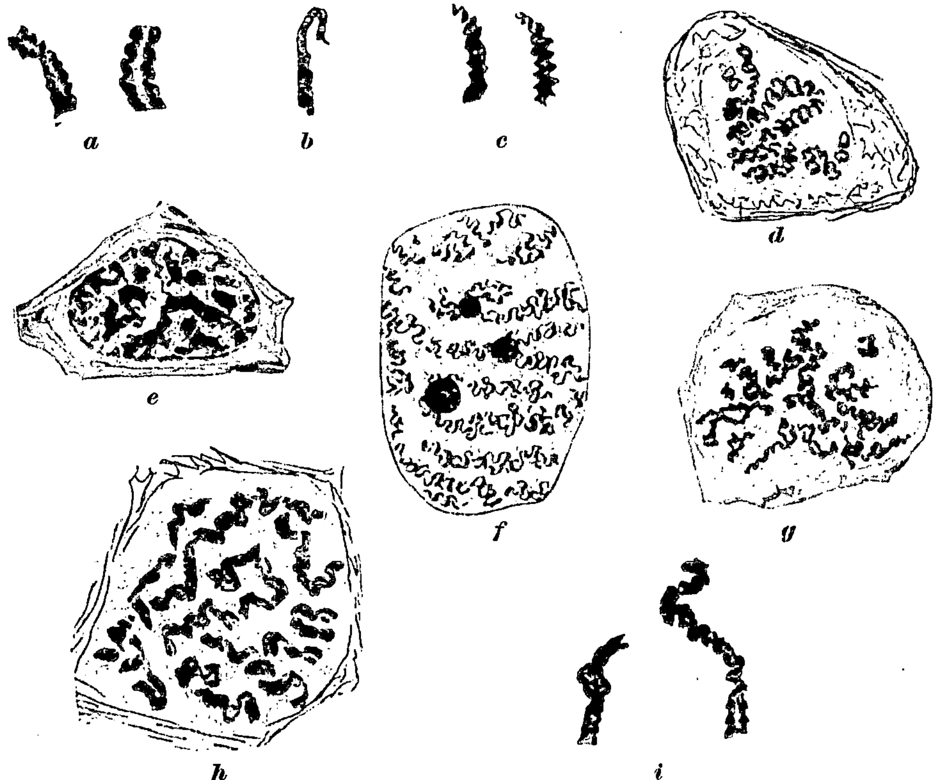

Abb. 7. Chromosomenbildung bei Salamandra maculosa. *a* Stücke von Chromosomen der Äquatorialplatte. *b* Tochterchromosom. *c* Desgleichen, mit verdoppelter Spirale am Abschluß der Zellteilung. *d* Lockerung der Spiralen, bei Übergang ins normale Kerngerüst. *e* Normaler Kern, noch mit Andeutungen der Chromosomen. *f* Kern in Vorbereitung der Prophase. *g*, *h* Prophase (Ausbildung der Chromosomen). *i* Stücke von Chromosomen bei weit vorgeschrittener Prophase.

Vermittlung präexistenter Struktur, was den Urzeugungsgedanken gestatten würde, kann nicht die Rede sein.

Hatschek hat nun die Hypothese aufgestellt, daß aus der generativen Substanz des Kernes alle Arbeitssubstanz des Plasmas durch Auswanderung

---

[1]) Ich betone das mit Nachdruck gegen R. Fick, der immer wieder, mit ganz unzulänglichen Gründen und ohne die Literatur genügend zu kennen, gegen die Individualitätshypothese ankämpft.

von Chromatin in den Zelleib hervorgehe (Hypothese der organischen Vererbung 1905). Das läßt sich zwar nicht bestätigen, denn z. B. die Gewebe der Tiere werden von besonderen Plastiden gebildet, die zum Kern in keiner genetischen Beziehung stehen; indessen wird dadurch die Hatscheksche Hypothese nicht entwertet, weil wir uns vorstellen können, daß es phylogenetisch zu einer Absonderung eines Teils der generativen Substanz vom Chromatin kam. In diesem Sinne reden die tatsächlichen Befunde. Betrachten wir die Beziehungen des Chromatins zum Plasma genauer, so ergibt sich folgender Tatbestand. Ich sehe hierbei ab von rein physiologischen Leistungen des Chromatins, wie sie ja verschiedenfach nachweisbar sind, so z. B. in den Nukleolen der Kerne, und wie sie auch für aus dem Kerne auswanderndes Chromatin angenommen werden, nämlich Anregungen der Zellstrukturen zu ihrer Funktion. Diese interessieren uns hier nicht, nur die genetischen Beziehungen zu den Arbeitssubstanzen des Plasmas. In dieser Hinsicht ist nun anzugeben, daß ganz allgemein ein Teil des Chromatins aus dem Kern ins Plasma auswandert, um hier zum Mutterboden von andersartigen Strukturen zu werden. Besonders bei den Protozoen kennt man ein aus dem Kern hervorgehendes Chromidium (Abb. 8), eine manchmal massenhaft entwickelte, vom Chromatin sich ableitende Struktur, die nachweislich Sekrete und Exkrete, auch Pigmente, aus sich hervorgehen läßt. Bei den Infusorien wird in rhythmisch sich wiederholender Folge vom Kleinkern, der die Vererbungssubstanzen enthält, der Großkern abgesondert (Abb. 9), der

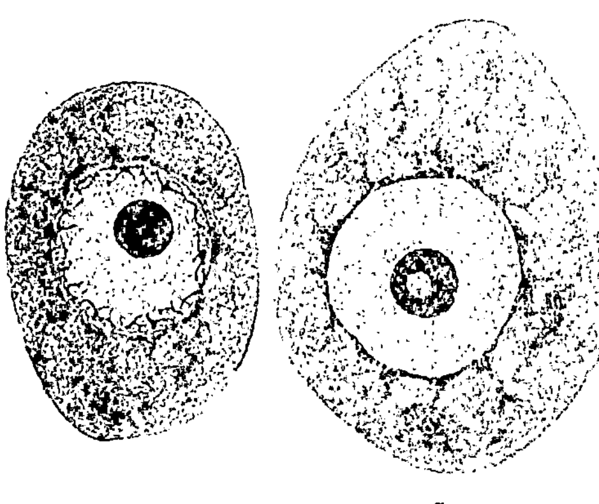

Abb. 8. Junge Eizellen von Coelenteraten mit Chromidien. In *a* liegen die Chromidien innen, in *b* außen an der Kernoberfläche. Nach Schaxel. Aus Handwörterbuch der Naturwissenschaften. Bd. 10.

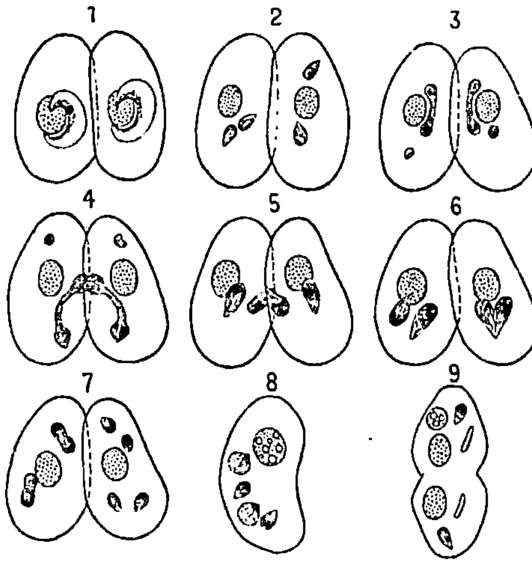

Abb. 9. Konjugation von Paramaezium. In 2—4 Teilungen des Kleinkerns, in 5 Austausch eines Teilungsprodukts (Wanderkern), das mit einem andern Teilprodukt (stationärer Kern) kopuliert (6). Aus dieser Kopula gehen in jedem Individuum 4 Teilprodukte hervor, von denen zwei zu Großkernen, die anderen zu Kleinkernen werden (8). Sie verteilen sich bei der folgenden Zellteilung auf die beiden Tochterzellen (9), während der alte Großkern zugrunde geht. Nach Hamburger. Aus Handwörterbuch der Naturwissenschaften. Bd. 5.

als Wachstumskern zur Entstehung der Plasmastrukturen in allerdings noch nicht genauer analysierter Beziehung steht. Man kann wohl in diesem Chromatin, das man von der Erbsubstanz als Trophochromatin unterscheidet, die generative Substanz katexochen, im Sinne Hatscheks, sehen, doch der sichere Beweis für die genetische Ableitung der Arbeitsstrukturen steht in vielen Fällen noch aus. Entsprechendes gilt auch für die Pflanzen. Hier kennt man sog. Chondriosomen, die im Plasma gelegen sind und aus denen die wichtigsten Arbeitsstrukturen der Zellen abgeleitet werden konnten, die Chromatophoren, die Proteinkörper und die Stärkebildner; diese Chondriosomen werden von manchen Autoren abgeleitet vom Chromidium, doch besteht in dieser Hinsicht noch keine genügende Sicherheit. Was endlich die Tiere anlangt, so liegen die Verhältnisse in der Hauptsache so, daß von einer genetischen Ableitung der

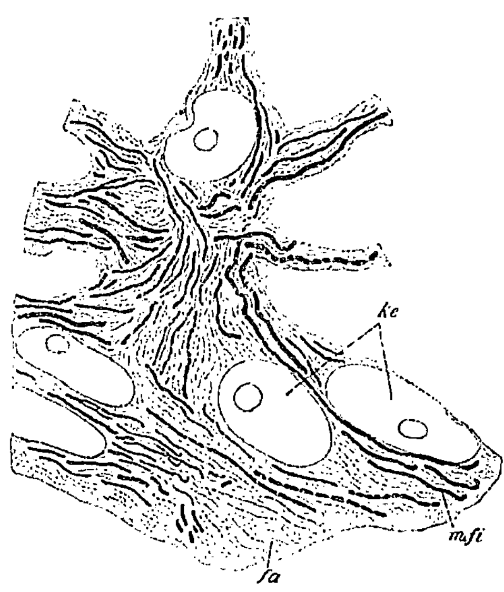

Abb. 10. Bildung von Muskelfibrillen im Herzmuskel von Spinax. *ke* Kerne, *fa* Plasmafäden. *m.fi* Muskelfibrillen. Aus K. C. Schneider, Histologisches Praktikum.

Gewebe vom Chromidium nicht die Rede sein kann. Ein Chromidium dürfte es wohl überall geben, ebenso sog. Plastiden als Ausgangsstrukturen

Abb. 11. Bildung von Nervenfibrillen in jungen Nervenzellen der Ente. Nach Held. Aus Heidenhain, Plasma und Zelle.

der Gewebe, aber daß die Plastiden sich von den Chromidialkörnchen ableiten, kann nirgends als erwiesen gelten. Was wir über die Entstehung

der histologischen Strukturen wissen, ist in aller Kürze etwa folgendes.
Die Muskelfibrillen der jugendlichen Muskelzellen gehen hervor aus
präexistenten gekörnten Fäden des Plasmas, wie Godlewski, Schlater,
ich (Abb. 10) u. a. nachzuweisen vermochten. Die erst zarten Körnchen
werden zu den leicht unterscheidbaren Querstreifen der fertigen Fibrillen,
den eigentlichen funktionellen Gliedern. Für die Neurofibrillen, die
Funktionsstruktur der Nervensubstanz, hat Held (Abb. 11) nachzuweisen vermocht, daß sie entstehen aus fädigen Netzen in der Umgebung
des Kerns des Neuroblasten: von den
Netzen wachsen die Neurofibrillen bei
Entstehung der so mannigfaltig geform-
ten Zellfortsätze aus. Auch für die Bil-

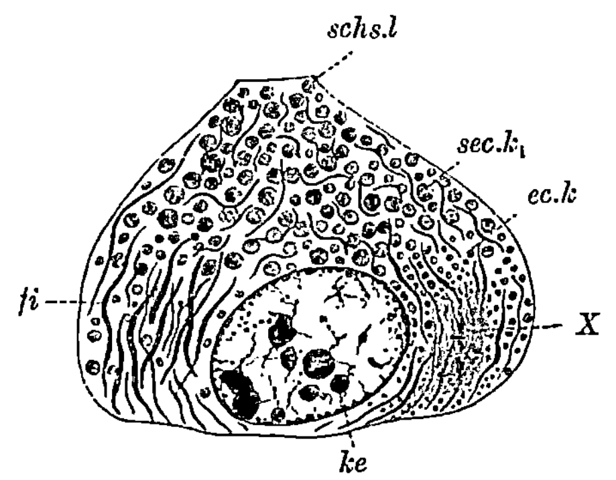

Abb. 12. Pankreaszelle vom Salamander.
fi Sekretfibrillen, *X* Bildungsherd der Sekret-
körner *sec.k*. Reifes Sekretkorn *sec.k₁*. Aus
K. C. Schneider, Histologisches Praktikum.

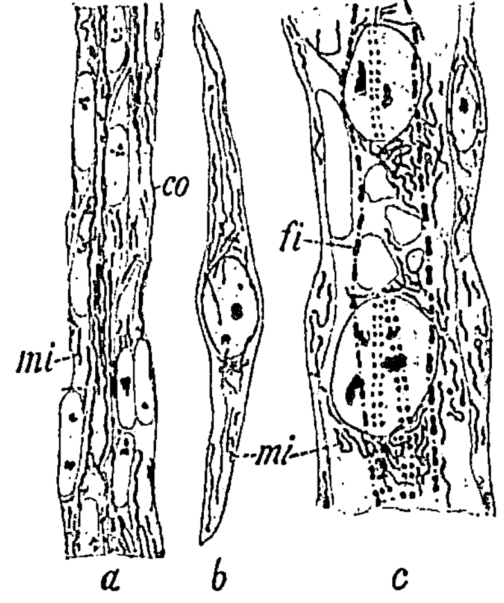

Abb. 13. Entstehung von Bindegewebs-
fibrillen (in *a*) und Muskelfibrillen
(in *b* und *c*) aus Chondriosomen beim
Hühnchen. *mi* Chondriosomen, *co* Binde-
gewebsfibrillen, *fi* Muskelfibrillen.
a nach Meves, *b* und *c* nach Duesberg.
Aus Handwörterbuch der Naturwissenschaften. Bd. 10.

dungszellen des Bindegewebes wurde
entsprechendes dargetan: die Binde-
fibrillen sind Abkömmlinge von Fäden
oder Körnchen. Was die Sekrete und Exkrete anlangt, so ist ihre Genese
nicht minder gebunden an körnige oder fädige Plastiden, im letzteren Falle
Sekretfibrillen genannt, wofür ich selbst mannigfaches Beweismaterial
(Abb. 12) erbringen konnte. Also überall findet man Plastiden des histologischen Materials und für dieses nun gelang Rudolf Meves der bedeutsame Nachweis, daß die von ihm als Chondriosomen oder Chondriokonten
beschriebenen Plastiden (Abb. 13) auch in den Keimzellen neben dem Kern
erweisbar sind und niemals aus Kernmaterial hervorgehen. Meves spricht
hier von einer plasmatischen Erbsubstanz, die für die Vererbung der
Eigenschaften der Organismen von großer Bedeutung sein soll. Diese Bedeutung kommt ihr zweifellos zu. Ich möchte von einer histologischen
Erbsubstanz, die das Plasma charakterisiert, neben der für den Kern
charakteristischen morphologischen Erbsubstanz reden. Diese histologische

Erbsubstanz ist nun vom Kerne unabhängige generative Substanz, die wir trotzdem wohl phylogenetisch vom Chromidium, im Sinne Hatscheks, ableiten dürfen.

Damit nun ist eine einheitliche Vorstellung vom Bau der lebenden Substanz gegeben. Alle lebendige Substanz ist morphologisch charakterisiert durch eine körnig-fädige, ursprünglich wohl rein körnige Grundstruktur, die immer nur aus ihres Gleichen hervorgeht und der Träger aller Lebensleistung ist, die sich ununterbrochen vermehrt und zu den Arbeitsstrukturen des Plasmas differenziert. Das ist ja im Grunde eine weitverbreitete Anschauung. Schon immer hat man das Plasma aufgelöst in elementare, wachstums- und vermehrungsfähige Strukturen, die man als Bioblasten (O. Hertwig), Biophoren (Weismann), Granula (Altmann), Gemmulae (Darwin), Pangene (de Vries), Gene (Johannsen), Plasome (Wiesner), Plastiden (Haeckel), Protomeren (Heidenhain) und Vitüle (A. Meyer) bezeichnete, die man nun aber fast durchwegs als submikroskopische, mit dem Mikroskop überhaupt nicht nachweisbare Strukturen auffaßte. Für sie alle galt die These: omne granulum ex granulo, aber eben diese Strukturen wurden ins Jenseits der mikroskopischen Erfahrung abgeschoben, wodurch sie einen rein hypothetischen Charakter erhielten. Damit kann ich mich nicht einverstanden erklären. Ich bin von je dafür eingetreten, daß die generative Struktur als mikroskopische zu gelten hat und in den fast immer unmittelbar erweisbaren Granulationen des Plasmas und Kerns gegeben ist. Die Plasmastrukturen können allerdings in manchen Fällen submikroskopisch werden, was z. B. gilt für die Bewegungsstruktur gewisser Protisten, aber da handelt es sich um Ausnahmefälle und es sind Übergänge von sichtbarer zu unsichtbarer Struktur nachweisbar; im allgemeinen besteht aber meiner Erfahrung nach der Satz zu recht, daß die beharrende Plasmastruktur mit dem Mikroskop direkt erweisbar ist. Ich betone das ganz besonders gegenüber M. Heidenhain, der für die Fibrillenstruktur der Muskeln das Gegenteil erwiesen zu haben glaubt. Heidenhain findet die Muskelfibrillen sozusagen ins Unendliche spaltbar, bestreitet demgemäß die Herkunft der Fibrillen aus mikroskopisch im Myoblasten erweisbaren Fäden, behauptet vielmehr, daß sie durch Längsspaltung quasi molekularer Fibrillen entstehen. Nun hat aber Schlater gezeigt, daß die Vermehrung der Fibrillen auf folgende Weise sich vollzieht. Die einzelne Fibrille erscheint auf dem Querschnitt als ein einzelnes Granulum, das sich vermehrt zu einem Doppelkorn und dieses in gewissen Fällen wieder zu einem Viererkorn: an Stelle von Monaden treten beim Wachstum des Myoblasten Dyaden und Tetraden. Diese Angaben hat Heidenhain in Frage gezogen, sie entsprechen aber meinen eigenen Erfahrungen und so muß ich die Heidenhainschen Bedenken als belanglose bezeichnen.

Aus den heute vorgetragenen Befunden werden wir nun in den nächsten Stunden überaus wichtige Folgerungen abzuleiten haben.

4. Vorlesung.

Physiovitalismus.

Wir haben in der letzten Vorlesung einen höchst wichtigen Einblick in
den Bau der Zelle gewonnen. Die Zelle erweist sich aufgebaut aus elementaren
Strukturen, die immer nur aus bereits gegebenen hervorgehen; diese Strukturen sind generative, insofern sie neue Strukturen bilden, und sind ergastische
oder Arbeitsstrukturen, insofern sie sich im Plasma zu Gewebselementen
differenzieren, welche Träger der Plasmafunktionen sind. Rein als generative
Struktur erweist sich die Kernsubstanz, das Chromatin, wenigstens solange
es im Kern verweilt; es ist jedenfalls die generative Ursubstanz, aus der
sich die übrigen Substanzen, als Gewebeplastiden, herausdifferenziert haben.
Die generative Substanz, welcher Art auch immer, ist als Träger der Assimilation und Differenzierung die fundamentale Grundlage der Zeugung;
es gilt in Hinsicht auf sie der Satz: omne granulum ex granulo, und dieser
erweist uns die Unhaltbarkeit des Urzeugungsgedankens. Für mich besteht
kein Zweifel, daß es keine Urzeugung gibt, da wir in der generativen Substanz und ihrer Vermehrung den Gegenbeweis klar vor Augen haben.

Auf diesem Nachweis begründet sich mein Vitalismus. In der gesamten
lebenden Substanz erblicke ich eine genetische Einheit, die, weil sie nirgends
unmittelbar genetisch an das Anorgane anknüpft, auch am Beginn nicht
unmittelbar aus dem Anorganen hervorgegangen sein kann. Ich rede deshalb
auch von Substanzvitalismus. So evident mir nun auch die Grund-
tatsache dieses Substanzvitalismus ist, so sind bezeichnenderweise die
Grundlagen der übrigen, heute gegebenen Vitalismen ganz anderer Art.
Mein Vitalismus ist ja nicht der einzige, der in der Gegenwart existiert,
vielmehr gibt es noch eine Reihe anderer Vitalismen, die das Leben vom
Anorganen unterscheiden, sich dabei aber auf ganz andere Grundlagen
stützen. Es ist nun riesig interessant, diesen Differenzen gründlich nachzugehen, weil wir hierbei das Leben von ganz verschiedenen Seiten kennen
und die heutige biologische Mentalität in ihrer Mannigfaltigkeit verstehen
lernen werden. Mit solchem Überblick wollen wir uns heute und in den
nächsten Stunden beschäftigen. Es gibt vier Arten von Vitalismen: den
Psychovitalismus, den Physiovitalismus, den Morphovitalismus und den
von mir vertretenen, bereits einigermaßen gekennzeichneten Substanz-
oder Teleovitalismus. Wir wollen sie der Reihe nach betrachten, wobei
noch besondere Erscheinungen des Zellebens zu berücksichtigen sein werden.

Sehr rasch erledigt sich der Psychovitalismus. Er geht aus vom
Handlungsbegriff als einem psychisch bedingten Geschehen. Jede Handlung
gilt als ein materielles Geschehen am Organismus, das von der individuellen
Psyche gelenkt wird. Indem nun die Psyche den Körperbewegungen ein
Ziel setzt, das den Stoffumsatz in den in Anspruch genommenen Organen
beeinflußt, vermag sie auch die Gestaltung der Organe zu beeinflussen, und
so ergibt sich die Schlußfolgerung, daß die Funktion ganz allgemein die

Organe gestaltet. Da aber die Funktion an psychische Zielsetzungen gebunden ist, so erscheint die Psyche als Gestalter. Die Gestaltung selbst gilt dabei nicht als ein selbständiger, das Leben charakterisierender Prozeß, sondern erscheint nur als eine Nebenwirkung der Handlung, die als die eigentliche Lebensleistung gilt; es gibt im Organismus nur einerseits die gewöhnlichen materiellen Vorgänge, wie wir sie von den Anorganismen kennen, und andererseits die psychischen Leistungen, die Empfindungen, Vorstellungen, Wollungen und Gefühle, die unmittelbar richtung- und quantitätsbestimmend auf das materielle Geschehen Einfluß zu nehmen vermögen. Von einer besonderen lebenden Substanz ist nicht die Rede. Es unterliegt nun ganz gewiß keinem Zweifel, daß unsere sinnliche Psyche durch Vermittlung der Handlungen Wachstum und Form des Körpers verändern kann, was uns ja in den Anpassungen des Körpers deutlich genug entgegentritt, indessen kann doch gar keine Rede davon sein, daß bei den embryonalen Gestaltungen, bei denen keine Handlungen intervenieren, die Entwicklung psychisch — im Sinne des Psychovitalismus — bedingt sei. Ich fasse zwar auch die Ontogenesen als psychisch bedingt auf, verstehe dabei aber unter Psyche etwas ganz anderes, nämlich ein auf gar nichts anderes als auf Wachstum und Gestaltung zielendes Bewußtsein, von dem die Rede sein wird.

Wir wenden uns deshalb gleich dem Physiovitalismus zu. Er wird heute besonders eindringlich vertreten von A. von Tschermak in seiner allgemeinen Physiologie, von der der erste Band erschienen ist. Hier gibt Tschermak Grundlagen der allgemeinen Physiologie und charakterisiert im ersten Teil die wesentlichen Eigenschaften des Lebens. Nach ihm ist das Leben vor allem charakterisiert durch seine doppelte Richtung im Stoffumsatz, während im Anorganischen nur eine einfache Richtung des Geschehens vorliegen soll. Vom Gegebensein einer strukturell besonders charakterisierten Lebenssubstanz hält Tschermak nicht viel, wichtig ist ihm in erster Linie die Doppelsinnigkeit des Energieablaufs im Plasma, das er für eine sehr leicht zersetzliche Kombination von chemischen Substanzen hält. Doch hören wir ihn selbst. Er sagt auf Seite 2—4 folgendes: „Die lebende Substanz ist nicht bloß höchst zersetzlich, sondern zersetzt sich schon von selbst (Pflüger), ja man hat sie geradezu als explosiv bezeichnet. Andererseits ersetzt sie sich aber zugleich selbsttätig. Die Grundeigenschaft des Lebendigen ist das gleichzeitige Abschmelzen und Nachwachsen, die Verbindung von fortschreitendem Abbau und stufenweisem Aufbau, von Werden und Vergehen. Damit ist gleich der wesentliche Zug, nämlich die Doppelsinnigkeit der autonomen Selbstveränderung, welche das Leben ausmacht, gekennzeichnet. Würde sich die lebende Substanz nicht auf der einen Seite nachbauen und selbst ergänzen, so würde sie durch Abbau und Zerfall sich selbst verzehren und dem Tode anheimfallen. Halten sich Abbau und Nachbau gerade das Gleichgewicht, so erscheint die lebende Substanz, äußerlich betrachtet, stationär. In diesem Falle kann man sagen, daß sich im Doppelsinn des Lebens ein Streben nach Erhaltung eines bestimmten Zustandes kundgibt, indem der Nachbau der Beseitigung der Störung dient, die im Abbau gelegen ist. Überwiegt der Nachbau, so vermehrt sich die lebende Substanz

selbsttätig, so wächst sie. Ein Vorwiegen des Abbaues führt zum Schwund,
zur Reduktion und Atrophie, endlich durch einen längeren oder kürzeren
Absterbeprozeß zum Tode. Kein Leben ist jedoch ohne aktiven Selbstersatz,
gleichgültig, ob sich dieser nach außen hin durch ein Überwiegen des Nach-
baues gegenüber dem Abbau, also durch einen sinnfälligen Zuwachs äußert
oder nicht. — Die zweifache Richtung des Lebensprozesses wird noch präziser
als organische Selbsterzeugung und Selbstzerstörung als Assimilierung und
Dissimilierung, als fortschreitende oder aufsteigende und rückschreitende oder
absteigende Stoffmetamorphose bezeichnet. Nach der energetischen Seite
handelt es sich um eine Mehrung und Minderung des Gehaltes an Energie,
speziell um Hebung und Senkung des intramolekular-energetischen oder chemischen Potentials; um gleichzeitige Anabolie und Katabolie, Anenergese und
Katenergese; neben Provektion von Energie, neben Ektropie oder Hervor-
bringung minder wahrscheinlicher Zustände aus wahrscheinlicheren geht
der umgekehrte Prozeß vor sich: Entwertung oder Degradation von Energie,
also Entropie. In direkter Bezugnahme auf den Charakter der chemischen
Vorgänge, welche dem Aufbau und Abbau zugrunde liegen, spricht man von
Synthese und Analyse, in Hinblick auf die konsekutiven Veränderungen
der Form von Komplikation, Organisierung, Differenzierung einerseits,
von Reduktion, Desorganisierung, Entdifferenzierung andererseits. Das
Leben erweist sich somit als eine doppelsinnige selbsttätige Veränderung —
als autonome Metabolie, bestehend aus Assimilation und Dissimilation,
vitaler Ektropie und Entropie. Die doppelsinnige vitale Veränderung
besteht in einer Hebung und Senkung des chemischen, des energetischen
und des morphogenetischen Potentials. Ebenso wie die Doppelsinnigkeit
ist die Autonomie oder Eigengesetzlichkeit des Lebensprozesses zu betonen.
Lebende Substanzen seien daher definiert als Naturkörper, welche einerseits
mit Autonomie begabt und entelechisch (d. h. zielstrebig, und zwar das Ziel
in sich selber tragend) veranlagt sind, andererseits zu doppelsinniger Veränderung und damit zur Selbstergänzung und Selbstvermehrung befähigt sind.
Demzufolge ist die lebende Substanz ganz wesentlich durch das Leben,
d. h. durch bestimmte Erscheinungen und Vorgänge, und zwar durch doppelsinnige Veränderung und Autonomie, charakterisiert, nicht so sehr durch
bestimmte physikalische, chemische, morphologische Eigenschaften. Keine
Charakteristik, welche sich allein oder vorwiegend auf solche Eigenschaften
stützt, wäre durchgreifend und erschöpfend. Die bloße physikalische,
chemische, morphologische Beschaffenheit läßt den Unterschied zwischen
Belebtem und Unbelebtem nicht allgemein und scharf genug hervortreten.
Derselbe wird vielmehr ganz wesentlich als ein solcher der Erscheinung,
d. h. der Veränderungsprozesse zu fassen sein."
Sie erkennen den großen Gegensatz dieser Anschauung zu der von mir
vertretenen. Während ich betonen muß, daß nicht die Rede davon sein
kann, daß die lebende Substanz, die funktionellen Strukturen des Plasmas,
bei ihrer Arbeitsleistung sich zersetzen und demgemäß der Stoffwechsel nur
eine Begleiterscheinung des Lebens ist, spricht Tschermak von einer
außerordentlichen Zersetzlichkeit des Plasmas und rückt dementsprechend

den Stoffwechsel ins Zentrum der Betrachtung. Wachstum gilt ihm nur als wichtig zur Beseitigung einer Störung im Stoffwechsel, hat aber für sich keine eigentliche Bedeutung, während es mir gerade als das eigentliche Lebensphänomen erscheint. Für Tschermak ist wesentlich die Doppelsinnigkeit des Energieablaufes, dem ich wieder kein besonderes Gewicht beilegen kann. In dieser Betonung des Stoffwechselgleichgewichts gibt sich uns die Anhängerschaft an den Beharrungsgedanken zu erkennen, aber diese ist sehr gefährlich für den Physiovitalismus, da wir als das eigentliche Wesen des Anorganen die Beharrung erkannten. Wer das Leben als ein Gleichgewicht beurteilt, der bringt es in Beziehung zu den periodischen Erscheinungen der Natur, die nichts anderes sind als Gleichgewichte und denen auch die entropischen Prozesse einzuordnen sind. Es gibt auch im Anorganen Ektropie. Daß das der Fall ist und damit der Tschermaksche Vitalismus als Vitalismus entwertet wird, darauf wollen wir sogleich eingehen.

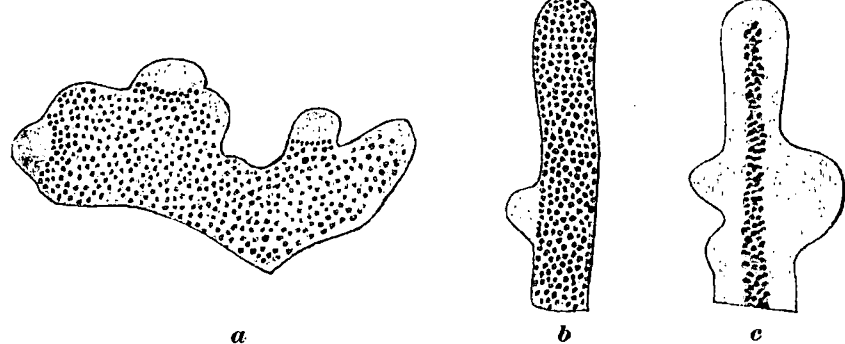

Abb. 14. Pseudopodienbildung einer beschalten Amöbe. Die Scheinfüße entstehen durch Vorquellen des Zellsafts, in dem sich die Körnchen des Ektoplasmas zunächst dichter anordnen, dann dem Strom der flüssigen Substanz folgen. In c wird die Einziehung des Pseudopodiums vorbereitet. Aus K. C. Schneider, Tierpsychologisches Praktikum.

Wenn wir uns nach Beispielen ektropischer Vorgänge im Anorganen umsehen, wäre zunächst auf die Brownsche Molekularbewegung hinzuweisen. Die im flüssigen Plasma, in Vakuolen, nachweisbare Bewegung der eingelagerten Granulationen ist nicht direkt eine Molekularbewegung, doch indirekt Ausdruck einer solchen, da die Granula bewegt werden durch Stöße der in der Flüssigkeit vorhandenen unendlich viel kleineren Moleküle. Das genaue Studium des Granulaverhaltens zeigt nun, daß es sich dabei nicht bloß um entropische Durchmischungen der gegebenen Teilchen handelt, also um Setzung und Vermehrung von Unordnung, sondern daß sich auch von Zeit zu Zeit lokal Entmischungen vollziehen, ektropische Leistungen, bei denen die Ordnung im System gesteigert wird und Körnergruppen entstehen, deren energetisches Potential höher liegt als das der Umgebung. Das ist an, wie ich sagen möchte, funktionell nicht beschäftigten Granulis festzustellen. Hier redet die Natur unmittelbar zu uns, nicht etwa liegt Beeinflussung des natürlichen Verhaltens durch die lebendige Substanz vor, worauf man vielleicht schließen möchte, da die Brownsche Bewegung sich im Plasma abspielt. Aber die echte Plasmabewegung ist von diesem Körnchentanze wesentlich verschieden, obgleich sie zu ihm in engster Beziehung steht. Gerade das Studium der elementaren Plasmabewegung, der Plasmaströmung, z. B. in den Pseudopodien der Amöben, ist ungemein aufklärend über das Verhältnis des Lebens zur Natur. Folgendes möchte ich darüber aussagen. Wenn uns der Brownsche Molekulartanz die unverfälschte Molekularbewegung demonstriert, an der wir Ektropie und Entropie direkt ablesen können, so demonstriert dagegen die Plasmaströmung eine vom Plasma regulierte Molekularbewegung. Sie zeigt ein vollkommen verändertes Bild, zeigt nämlich, daß die Granulationen vor Beginn einer Pseudopodienbildung sich lokal sammeln (Abb. 14) und nun hier den Zellsaft vortreiben, der sich zum Scheinfuß entwickelt, sekundär die Granulationen mit sich reißend. Auf eine ektropische Entmischung folgt wieder eine entropische Durcheinandermischung, wir sehen aber beide Vorgänge gesetzhaft aneinandergebunden, in eine periodische Leistung verwandelt, die teleologische Bedeutung hat, nämlich die Lokomotion der ganzen Zelle vermittelt. Die genaue Analyse der Pseudopodienbildung läßt darüber keinen Zweifel zu. Ich füge hier hinzu, daß auch die Plasmaströmung in den Pflanzenzellen auf die Aktivität von Plasmastrukturen (Granulationen, welche die Abb. 15 zur Darstellung bringt) zurückzuführen ist[1]); auch hier belehrten mich eigene Untersuchungen über die Einflußnahme der Granula auf das Enchylem. Aus dieser Einflußnahme erfließt der kolossale Unterschied der lebendigen Plasmabewegung zur natürlichen Molekularbewegung: die erstere ist final geregelt, die letztere rein zufällig. Aber in den Grundlagen sind beide doch wesensidentisch! Denn aus den Befunden ergibt sich offenkundig, daß es sich in der lebendigen Plasmabewegung nur handelt um Steigerung des natürlichen ektropischen Verhaltens, nicht um Einführung von etwas ganz Neuem. Ektropie zeigt auch der natürliche Wärmetanz der Moleküle; die finale Beanspruchung der Molekülbewegung steigert nur, was bereits vor allem Leben gegeben ist. Darum aber bedeutet die Tschermaksche Charakterisierung des Lebensprozesses als einer doppelsinnigen Energieleistung keine Unterscheidung vom Naturprozeß. Wollten wir auf sie die Eigenart des Lebens begründen, so wäre damit für uns nichts gewonnen, denn doppelsinnig ist auch der Naturprozeß; für das Leben wesentlich wäre dann nur eine Steigerung der ektropischen Komponente des Geschehens.

Es gibt aber auch noch andere ektropische Vorgänge in der Natur, die uns zur Ablehnung des Tschermakschen Gedankenganges drängen. Sie sind gegeben im stellaren Geschehen, wo sie zwar nicht unmittelbar erweisbar, doch mit großer Sicherheit anzunehmen sind. Als erster hat darauf aufmerksam gemacht der große Physiker Boltzmann. Von ihm stammt die Deutung des entropischen Verhaltens der anorganen Körper als eines

---

[1]) Auch der Botaniker Arthur Meyer ist dieser Anschauung, nur zieht er als Verursacher der Strömung nicht die sichtbaren Granulationen, sondern unsichtbare Teilchen (Vitüle) in Betracht.

Strebens nach dem wahrscheinlichsten Zustand. Er meint nun, daß wir auch
für das Verständnis der Situation am Himmel mit dem 2. Hauptsatz der
Physik, der eben dies Streben zum Ausdruck bringt, unser Auskommen
nicht finden, bzw. daß wir bei diesem Hauptsatz mit in Rechnung ziehen

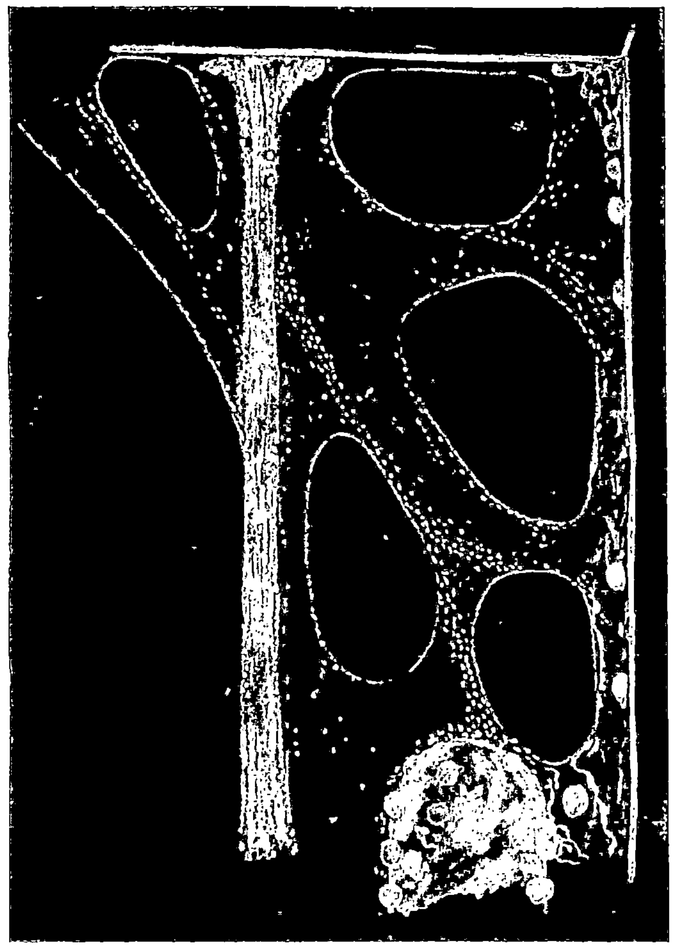

Abb. 15. Teil einer Zelle der Spritzgurke. Im strömenden Plasma (die lichteren Streifen)
erblickt man die Granulationen, welche Ursache der Strömung sind. Nach dem Leben gezeichnet
von M. Heidenhain (in: Plasma und Zelle).

müssen, daß in den Kreis der Wahrscheinlichkeit auch unwahrscheinliches
Geschehen hineingehört. Daß, anders gesagt, neben entropischer Stern-
entwicklung, neben einem Vergehen der Sonnensysteme, auch eine ektropische
Entwicklung, also ein Werden der Systeme, möglich sei. Ich lese Ihnen
aus Boltzmanns populären Vorträgen folgende Stelle von Seite 362 vor.
Es heißt da: „Geordnete Bewegung geht immer mehr in ungeordnete über;

3*

die Mischung der verschiedenen Stoffe, sowie der verschiedenen Temperaturen, der Stellen mehr oder minder lebhafter Molekularbewegung, muß eine immer gleichförmigere werden. Daß diese Mischung nicht schon von Anfang an eine vollständige war, daß die Welt vielmehr von einem sehr unwahrscheinlichen Anfangszustande ausging, das kann man zu den fundamentalen Hypothesen der ganzen Theorie zählen, und man kann sagen, daß der Grund davon ebensowenig bekannt ist, wie überhaupt der Grund, warum die Welt gerade so und nicht anders ist. Aber man kann auch noch einen anderen Standpunkt einnehmen. „Zustände großer Entmischung, respektive großer Temperaturunterschiede, sind nach der Theorie nicht absolut unmöglich, sondern nur äußerst unwahrscheinlich, allerdings in einem geradezu unfaßbar hohen Grade. Wenn wir uns daher die Welt nur als groß genug denken, so werden nach den Gesetzen der Wahrscheinlichkeitsrechnung daselbst bald da, bald dort Stellen von den Dimensionen des Fixsternhimmels mit ganz unwahrscheinlicher Zustandsverteilung auftreten". — Das ist die Boltzmannsche Kosmogenie! Ein wahrhaft genialer Gedanke! Ein Gedanke, der geradezu erlösend wirkt, wenn man sich der Schwierigkeiten, die mit dem kosmogenetischen Problem verbunden sind, klar bewußt ist. Wenn man weiß, wie die Theologie aus diesen Schwierigkeiten Nutzen gezogen hat, indem sie nämlich den entropologischen Gottesbeweis aufstellte, der die Existenz Gottes zu erweisen versuchte aus dem Entropiegesetz. Denn da eine ordnende Kraft am Himmel nicht erweisbar ist, die Unordnung aber, wie Boltzmann erkannte, bei alleiniger Herrschaft des Entropiesatzes längst schon zum Chaos sich gesteigert haben müßte, so schien Hilfe nur gegeben in immer erneuten Eingriffen des Schöpfers ins Weltgetriebe. Welcher Naturforscher möchte dem zustimmen? Da eben offenbart sich die Genialität der Boltzmannschen Hypothese.

Gestatten Sie mir, daß ich auf diese noch ein wenig näher eingehe, um das Ektropie-Entropieproblem, dies Zentralproblem der Physik, das für uns enorm wichtig ist, noch weiter aufzuklären. Boltzmann meint, kurz referiert, daß am Himmel ein Wahrscheinlichkeitszustand besteht, der aus entropischen und ektropischen Vorgängen gemischt ist und der in dieser Hinsicht die Möglichkeit der Selbsterhaltung aufweist. So faßt er den Zustand am Himmel als ein Gleichgewicht auf — denn wenn er das nicht wäre, dann wäre die Chaotisierung eben nicht vermeidbar! Wenn die entropischen Leistungen dominierten, dann müßte das Sternsystem doch einmal, trotz aller Regenerationen, dem Untergang verfallen. Es ist nun aber zu fragen, ob denn der Boltzmannsche Gedanke das leisten kann, was er beabsichtigt. Nach Boltzmann wären Sternerneuerungen von einer geradezu unfaßbaren Unwahrscheinlichkeit, nur denkbar in einem schier unendlichen All; aber in Wahrheit ist das All wohl sehr groß, doch, wie es scheint, bei weitem nicht so groß, daß man es für Spekulationen im Sinne Boltzmanns verwerten könnte. Unser Sternsystem verteilt sich nach neuesten Schätzungen über einen Raum, der einen Durchmesser hat von 30000 Lichtjahren[1]) — das

---

[1]) Nach allerneuesten Schätzungen soll allerdings der Durchmesser des Weltraums fast eine Million Lichtjahre betragen. Trotz alledem genügt das nicht für Boltzmanns Idee.

Lichtjahr gleich $9^1/_2$ Billionen Kilometer gerechnet. Von Unendlichkeit ist das unendlich weit entfernt und für Boltzmanns Idee genügt das bei weitem nicht. Wir müssen doch bedenken, daß die Zahl der juvenilen Sterne, also der Nebel und jugendlichen Sonnen, ungefähr die Hälfte aller bekannten Sterne ausmacht; wie wäre das aber vereinbar mit dem Wahrscheinlichkeitsgedanken? Angesichts solcher Schwierigkeiten kann es nicht wundernehmen, wenn von der Physik Boltzmanns Gedanke gar nicht weiter in Betracht gezogen wurde zum Verständnis der Kosmogenese, und daß z. B. Walter Nernst, der bekannte Thermochemiker, der neuerdings über dies Problem gehandelt hat, die Annahme ektropischer Inseln im Weltall direkt als unwissenschaftlich ablehnt (in: Das Weltgebäude im Lichte der neueren Forschung 1921). Indessen scheint er mir da doch das Kind mit dem Bade auszuschütten. Man vergleiche dagegen die Äußerung Smoluchowskis, der (in seinen Vorträgen über die kinetische Theorie der Materie und der Elektrizität 1914) direkt sagt: „Würden wir unsere Betrachtung unermeßlich lange Zeit hindurch fortsetzen, so würden uns sämtliche Vorgänge (im Weltall) reversibel erscheinen". Das klingt ganz anders, aber wie ist es möglich so zu reden? Diesem Thema müssen wir ein wenig nachsinnen.

Nochmals Kennzeichnung des Dilemmas! Ektropische Erneuerungen der Gestirne muß es geben, sonst verstehen wir nicht die heutige Situation am Himmel. Aber die mathematisch erweisbare Ektropie genügt nur zum Verständnis überaus seltener Erneuerungen: wie begreifen wir da den ganz anders lautenden Tatbestand? Mir scheint nun eine Lösung möglich, wenn wir den Raum ganz anders beurteilen als es heute geschieht, in einer Weise, die später genauer dargelegt werden soll. Wenn wir nämlich den Gedanken aufstellen, daß der Raum nicht sozusagen ein Nichts, nur leere Ausdehnung ist, sondern daß er gebildet wird von Energie, die in ihm einen besonderen, einen absoluten Zustand annimmt, daß er der Mutterboden aller energetischen Leistungen der Welt ist. Machen wir diese Annahme — und ich betone: sie ist zum Verständnis zahlloser Phänomene, der Weltexistenz überhaupt, ganz unentbehrlich —, dann schwinden ohne weiteres alle Bedenken gegen die Boltzmannsche Lehre. Denn dann haben wir nicht zu fragen: wie verhält sich die Menge der in Ordnungsbewegung befindlichen Moleküle (oder Energiequanten überhaupt) zur Menge der in Unordnungsbewegung befindlichen, eine Frage, die der Lehre unbedingt den Garaus machen muß, sondern zu fragen ist: wie verhält sich die Menge der geordneten Energie der Materie zur ungeordneten Energie des Raumes? Der Raum ist dann das vollendete Chaos, als solcher aber ist er die für die Boltzmannsche Lehre genügende Unterlage eines himmlichen Gleichgewichtes, das eben nicht besteht zwischen den verschiedenen materiellen Energiequanten, sondern zwischen diesen und dem energetischen Raume. Alle Materie können wir dann ruhig Kosmos nennen und dieser wird immer noch als winzige Unwahrscheinlichkeit erscheinen gegenüber dem Raume als dem unermeßlichen Chaos. Die wahre Entropie liegt vor im Raume, die wahre Ektropie dagegen in der Materie — doch diese Aussage soll erst später genauer formuliert werden, wenn wir das Verhältnis des Äthers zur Materie werden kennen gelernt haben.

In dieser Weise vermögen wir den Boltzmannschen Gedanken von der Ektropie am Himmel zu retten. Ich wiederhole nochmals: ohne solche Rettung sind wir der Theologie ausgeliefert, d. h. aber in diesem Falle: einem völlig unvorstellbaren Gottesakt, der um so unvorstellbarer ist, als überhaupt die Weltexistenz nicht aus einem Gottesakt heraus zu erklären ist. Dies nur nebenbei. Wenn wir nun aber mit Boltzmann ektropische Vorgänge auch im stellaren Geschehen anerkennen müssen, so wird dadurch die Begründung des Tschermakschen Vitalismus auf den Ektropiegedanken vollkommen ad absurdum geführt. Wir sehen mit Erstaunen, daß sich der Physiovitalismus begründet auf ein Moment, das wir bei genauerem Zusehen geradezu genötigt sind als den Grundcharakter der anorganen Natur hinzustellen. Für alles Naturgeschehen gilt ein als Wechsel von Ektropie und Entropie zu deutender Doppelsinn des Geschehens. Dieser nimmt nun allerdings im Organischen ein besonderes Aussehen an, insofern er hier final gerichtet erscheint im Sinne der Bedürfnisse der organischen Substanz, und es ist ja auch ohne weiteres zuzugeben, daß Tschermak diese Besonderheit nicht übersieht; immerhin spielt sie bei ihm nur eine untergeordnete Rolle, da er die Assimilation nicht ins Zentrum der Betrachtung rückt, sondern den Stoffwechsel, der eine Einrichtung des Wachstums ist, nicht aber mit diesem sich direkt deckt. Werden und vergehen erscheinen bei Tschermak auch als etwas Zufälliges und damit verfehlt er durchaus das Verständnis ihres Gegebenseins. Indem Tschermak von einer lebenden Substanz eigentlich nichts wissen will, gibt es, zu recht besehen, bei ihm überhaupt kein spezifisch vitales Prinzip und sein Vitalismus ist in Wirklichkeit gar keiner.

Das nächste Mal werden wir sehen, daß für den Vitalismus von Driesch dasselbe gilt.

5. Vorlesung.

Formvitalismus.

Damit wir zu einer möglichst klaren Fassung des Lebensbegriffes kämen, hatte ich das letzte Mal begonnen, Ihnen die heute herrschenden vitalistischen Anschauungen näher darzulegen. Ich hatte vom Psychovitalismus und Physiovitalismus gesprochen, hatte gezeigt, daß der erste die in den Handlungen sich äußernde sinnliche Psyche zum Verständnis der Lebensvorgänge in Betracht zieht, während der letztere von einer besonderen Äußerungsform der Energie redet, nämlich meint, daß das organische Geschehen nicht nur entropisch bestimmt ist, also dem 2. Hauptsatz der Physik genügt, sondern neben Entropie auch Ektropie erkennen läßt, so daß sich eine Doppelsinnigkeit des Geschehens ergibt, die in der organen Welt keine Rolle spielt. Das Ungenügende des Psychovitalismus ergab sich uns leicht dahin, daß wir

kein Recht haben, für die elementaren Lebensvorgänge die Handlungs-
psyche in Betracht zu ziehen, und in Hinsicht auf den Physiovitalismus ließ
sich zeigen, daß er als charakteristisch für das Leben ein Moment verwertet,
das sich bei genauerem Zusehen gerade als bezeichnend für die Natur erweist.
Denn einen Wechsel von Entropie und Ektropie beobachten wir nicht nur
z. B. bei der Wärmebewegung der Moleküle, sondern er muß auch als geradezu
grundlegend für das kosmogenetische Geschehen angesehen werden, da wir
sonst gänzlich unvermögend sind, die Erneuerungen der Gestirne zu begreifen.
Das besondere Moment der Doppelsinnigkeit im organischen Stoffwechsel
liegt nur in der finalen Regulation, die ihm von seiten der lebenden Substanz
zuteil wird, aber gerade auf die Existenz einer lebenden Substanz legt
Tschermak kein sonderliches Gewicht und damit wird auch seine Würdigung des finalen Moments, das er ja nicht bestreitet, durchaus entwertet,
da, wie wir noch sehen werden, alle Finalität gerade in der Existenz und
Vermehrung der lebenden Substanz sich verwurzelt. So ergab sich uns der
überraschende Schluß, daß der Tschermaksche physiologische Vitalismus
eigentlich gar kein Vitalismus ist.

Auch für den Formvitalismus von Driesch werden wir eine ähnliche
Schlußfolgerung ziehen müssen. Indem wir uns ihm jetzt zuwenden, werden
wir bekannt gemacht mit einer dritten Art und Weise, das Leben in Unterschied zu stellen zu den Naturvorgängen. Diese Art und Weise ist heute
schon sehr angesehen, während noch vor zwanzig Jahren kaum jemand
etwas davon wissen wollte. Der Formvitalismus betrifft die Probleme der
Individualität und Individuation einerseits, der Organisation und
Mannigfaltigkeit andererseits. Von beiden letzteren Problemen braucht
zunächst nicht gesprochen zu werden, da sie erst bei Berücksichtigung des
Entwicklungskreises zur vollen Geltung kommen, dagegen hat uns die
Frage zu beschäftigen, wie am Organismus sich Individualität und deren
Vermehrung ergibt. Bevor ich aber den vitalistischen Erklärungsversuch
vortrage, muß ich auf gewisse Strukturbefunde eingehen, die zur Indivi-
duation in innigster Beziehung stehen; sie sind für die Würdigung des Formvitalismus von größter Bedeutung.

Bis jetzt war vom Zeugungsbegriff nur in Hinsicht auf die Plasmastrukturen die Rede, die die eigentlichen Träger des Wachstums sind und sich
vermehren. Es vermehren sich aber auch die Zellen selbst durch Teilung und
dieser Vermehrungsvorgang ist es sogar, an den man in erster Linie denkt,
wenn von Zeugung die Rede ist: die Zellen zeugen ununterbrochen neue
Zellen. Dieser Prozeß, obgleich er natürlich die Folge des strukturellen
Wachstums ist, zeigt viele Selbständigkeiten, verharrt doch dabei die
Zelle als selbständiges Individuum von bestimmter Größe, reguliert das
mit der Teilung verbundene Plasmawachstum und bestimmt den mannigfaltigen Gestaltswechsel, der aus der Granularvermehrung durchaus nicht
verständlich wird. In unverkennbarer Beziehung zu solcher Individuali-
tätsprägung steht nun die Existenz einer besonderen Zellstruktur, des
Zentrosoms. Ich habe auf sie eingangs nur kurz hingewiesen, da uns
zunächst das Problem der lebendigen Substanz beschäftigte; jetzt müssen

wir uns ihm genauer zuwenden, da diese Struktur sich geradezu als Repräsentant der ganzen Zelle darstellt, somit für deren Gestaltung und Vermehrung
von außerordentlicher Bedeutung ist. Der sog. Zentralkörper der Zelle,
das Zentrosom, tritt immer nur in der Einzahl auf und wo es sich vermehrt,

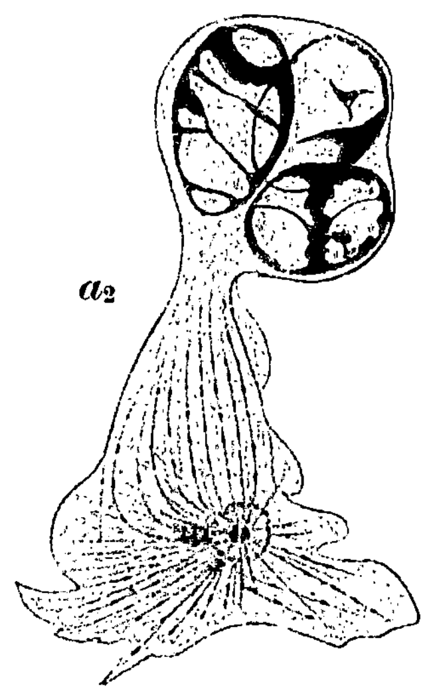

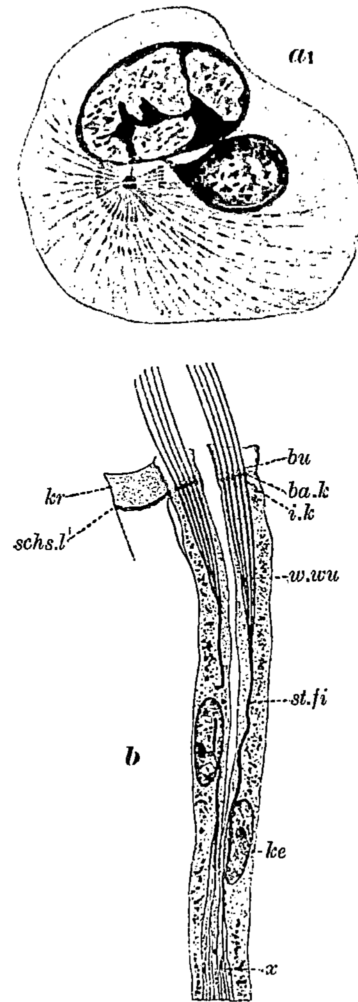

Abb. 16. *a* Leukozyt von Salamandra
ruhend und in Bewegung. *b* Nährzelle
der Teichmuschel. *kr* Kragen, *schs.l* Schluß-
leiste, *bu* Wimperbulbus, *ba.k* Basalkörper, *i.k*
innere Körner, *w.wu* Wimperwurzeln, *st.fi* Stütz-
fibrille, *x* Endigungen dieser, *ke* Kern. *a* nach
M. Heidenhain, *b* aus K. C. Schneider,
Histologie.

da wird durch solchen Vermehrungsprozeß die Zellvermehrung eingeleitet
— von gewissen Anpassungen an das Zelleben, z. B. an die Wimperung, kann
hier abgesehen werden. Bis jetzt ist das Zentrosom überall nachgewiesen
bei den Protisten und bei den Tieren, deren mannigfaltigen Zellarten es
sämtlich eignet; auch bei den Pflanzen kommt es vor, doch ist es hier durchaus
nicht überall gegeben: vielfach· vermißt .man es sowohl in den ruhenden
als auch in den sich teilenden Zellen. Doch wird man immerhin sagen dürfen,

daß es nur in seiner Prägung verwischt ist, nicht aber daß es völlig mangelt, denn sonst bliebe die völlige Übereinstimmung des Teilungsvorganges bei Pflanze und Tier unverständlich. Während es bei den Protisten zumeist innerhalb des Kernes, in Gemeinschaft mit dem Chromatin, gefunden wird, liegt es bei den Tieren (und Pflanzen) im Plasma, aber in Kernnähe. Seine Lage zum Kern bestimmt die Hauptachse der Zelle. Das tritt ganz besonders deutlich hervor bei den einachsigen Protisten und in den Epithelzellen der Tiere, da hier die Hauptachse zugleich die Längsachse des Körpers ist; am schärfsten markiert sich die Achsenbestimmung, wenn zugleich eine Beziehung zur Zellgeißel, bzw. zu den Zellwimpern, gegeben ist, die das eine Ende der Längsachse kennzeichnen, da dann das Zentrosom die Basis des Wimperapparates — in Einzahl oder Mehrzahl — bildet, bzw. den fädigen Stützfortsätzen dieses Apparates ins Zellinnere hinein direkt eingelagert ist (Abb. 16b). Dann ergibt sich ein überaus klares Bild eines einachsigen Zellbaues, aus dem alle anderen Zellgestaltungen sich ohne Schwierigkeit ableiten lassen. Die Beziehung zum Zellgerüst ist auch dann besonders scharf geprägt, wenn die Zelle bei Kugelform eine dauernde radiale Strahlung entwickelt, wie das bei manchen Protisten (Heliozoen z. B.) und bei den weißen Blutkörperchen (Abb. 16a) der Tiere der Fall ist; dann bildet das Zentrosom, seinem Namen genau entsprechend, das Zentrum der Strahlung. An diesen Zustand schließt sich nun der Teilungsbefund innigst an. Bei den Zellteilungen (Abb. 17) kommt es fast allgemein zur Ausbildung von Strahlungen im Plasma, die in Abhängigkeit von der Teilung des Zentrosoms stehen: das zuerst einfache Zentrosom teilt sich, jedes Teilstück entwickelt um sich eine Strahlung und zwischen beiden entwickelt sich, bei gleichzeitiger Auflösung des Kernes, die Spindelfigur, in der die Chromosomen die früher mitgeteilte Lage einnehmen. Nach Vollendung der Teilung verschwinden diese Strahlungen wieder und in jeder Tochterzelle stellt sich der normale Zellzustand mit der angegebenen polaren Struktur her.

Daraus folgt die innige Beziehung der Zentrosomen zur Individualität und Individuation der Zellen; wir können direkt sagen: jedes Zentrosom charakterisiert eine Zelle. Ich nenne es deshalb direkt die individuatorische Substanz der Zelle und unterscheide es von der bereits besprochenen generativen Substanz als der assimilatorischen.

Das Problem der bestimmten Zellgröße und -form, sowie der Zellteilung, ist rein physiologisch nicht zu erledigen. Warum hat die Zelle eine bestimmte Größe und wächst nicht schrankenlos? Man hat versucht, physiologische Antworten auf diese Frage zu geben, aber sie erweisen sich als ungenügend. So hat man zunächst gesagt, daß Zellen ein gewisses Größenmaß nicht überschreiten können, weil sonst ihre Ernährung unmöglich werde. Bei dem bekannten Physiologen Verworn lesen Sie, daß die Zufuhrmöglichkeit von Nahrung und Sauerstoff, sowie die Abfuhr von Sekreten und Exkreten bei zu bedeutender Zellgröße aufgehoben sei. Aber es gibt riesige Zellen, die uns zeigen, wie der Organismus derartige Schwierigkeiten zu bewältigen vermag: wir sehen in die großen Zelleiber der Nerven-, Drüsen- und Geschlechtszellen Saftbahnen, in denen Lymphe zirkuliert, ja sogar Blutgefäße eindringen, sehen die großen kompakten Bindegewebs- und Muskelmassen von solchen durchdrungen, so daß also ernstlich von Zufuhrschwierigkeiten nicht die Rede sein kann. Auch wird in Bindegewebe und Muskulatur nicht selten die zellige Struktur direkt unterdrückt, kommt es ja doch sogar bei den Einzelligen gelegentlich zur Bildung riesiger Zellen durch Unter-

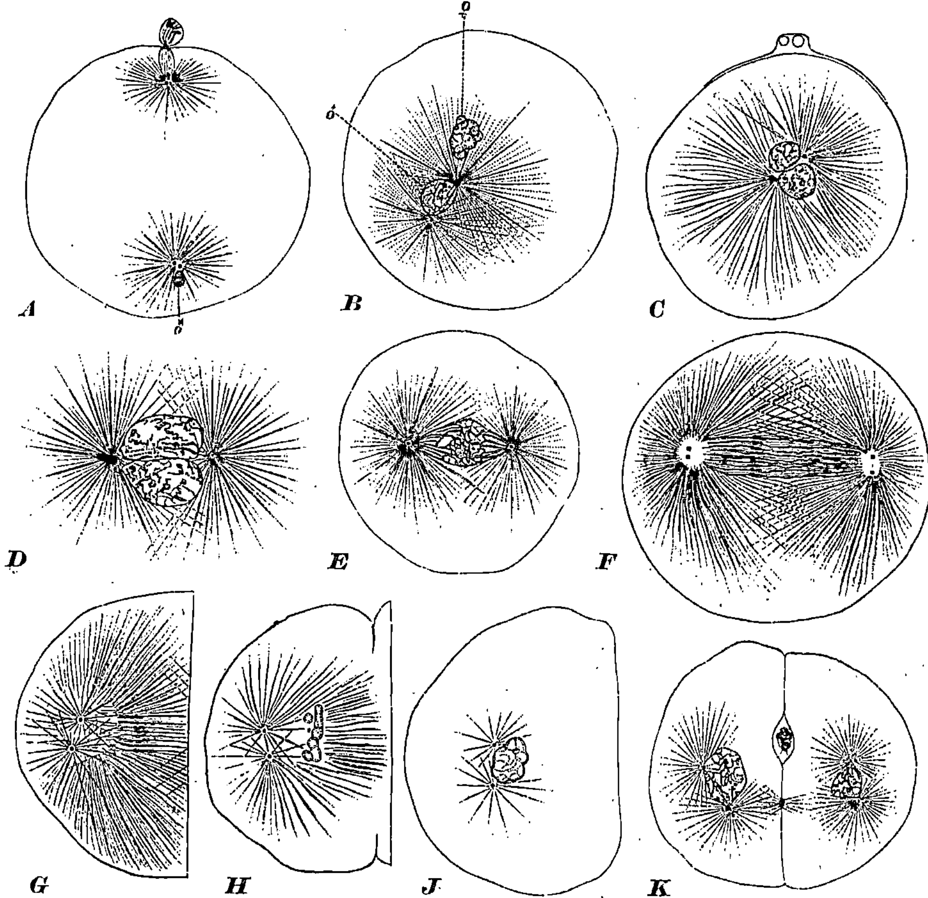

Abb. 17. Befruchtung und Furchung des Eies von Thalassema. In *A* Ausstoßung des zweiten Polkörperchens durch den Eikern, während entgegengesetzt der Same bereits eingedrungen ist. Das Eizentrosom partizipiert ni ch t an der Bildung der Furchungsspindel, nur der Eikern geht in diese ein. Nach Griffin aus M. Heidenhain, Plasma und Zelle.

drückung der Zellgrenzen, ja sogar durch Verschmelzung ursprünglich frei lebender Zellen, so z. B. bei den sog. Fusionsplasmen der Myxomyzeten. So verstehen wir denn, daß es Forscher gibt, die überhaupt gegen die Zellentheorie der Gewebe Stellung nehmen und als das allein wesentlich in den Geweben die Struktur auffassen, die sich selbständig zu vermehren vermöge. Mit solcher Lehre wird nun wieder das Kind mit dem Bade ausgeschüttet, doch liegen zweifellos gewisse Grundlagen zu solchen Argumentationen vor.

Es hat weiterhin Richard Hertwig darauf aufmerksam gemacht, daß zwischen der Größe des Kerns und des Zelleibs eine Abhängigkeit bestehe. Einer bestimmten Zellgröße entspricht im allgemeinen eine bestimmte Größe des Kerns; wenn sich die eine verändert, so verändert sich auch die andere. So ergab sich die Lehre von der Kernplasmarelation und von Spannungen dieser, die, wenn der Kern sich vergrößert, zum Zellwachstum führen, wenn dagegen die Zelle übermäßig wächst, Zellteilungen bewirken sollen. Als ausgezeichnetes Beispiel im letzteren Sinne gilt vor allem die Furchung der meist ja außerordentlich großen Eizelle. Diese teilt sich nach der Befruchtung in ununterbrochener Folge, bis die normale, für die betreffende Art charakteristische Zellgröße erreicht ist. Ferner verweist man zur Bestätigung des Gesetzes auf die Spermatozoen, die des Plasmas fast ganz entbehren und meint, daß sie in die Eier eindringen müssen, um nicht zugrunde zu gehen: sie müssen sich einen Plasmakörper verschaffen, da sie sonst nicht existenzfähig seien. Gegen diese Argumentationen ist manches einzuwenden. Wir haben vor allen Dingen zu fragen: warum entwickeln sich denn überhaupt solche bemerkenswerte Zustände, wenn sie an sich eigentlich nicht möglich sind? Warum wächst das Ei zu so übertriebener Größe heran und vermindert sich der Zelleib des Samens in so widernatürlicher Weise? Ferner fragen wir, warum verschiebt sich das Größenverhältnis zwischen Kern und Plasma nicht kontinuierlich, worin doch eine derartige Kernplasmarelation am klarsten zum Ausdruck käme? Irgend etwas muß doch ganz unabhängig von der Relation die Größe wenigstens eines der beiden Komponenten festlegen, damit es überhaupt zu Regulationen kommen kann. Es besteht ja zweifellos die von Hertwig angegebene Abhängigkeit, wie besonders deutlich dann hervortritt, wenn künstlich bei sich furchenden Eiern die Chromosomenzahl vermehrt oder vermindert wird, wobei die Zellgröße sich dem Wechsel anpaßt; aber was diesen Mechanismus leitet, darüber gibt die Theorie der Kernplasmarelation keinen Aufschluß.

Die Ursache des konstanten Zellbaues, der Zellgröße und der Teilungen liegt zweifellos tiefer. Hier nun setzt der Formvitalismus ein. Er wird heute in erster Linie vertreten von Driesch, der sich bereits viele Anhänger gewonnen hat. Ich kann nicht umhin, auf den Wechsel der Zeiten hier hinzuweisen. Wie wurde erst gegen Driesch geeifert, als er seine vitalistischen Anschauungen zu entwickeln begann! Wie kämpfte man gegen seine Auffassung, daß die Formprozesse im Organismus nur durch Zugrundelegung eines immateriellen Formprinzips, einer Entelechie, begriffen werden können! Doch gab es gegen seine Argumente keine ernstliche Widerlegung, und die Anerkennung dieser Tatsache hatte zur Folge, daß Driesch eine Karriere machte, die man noch vor zwanzig Jahren für ganz unmöglich gehalten hätte; er ist heute Professor der Philosophie in Leipzig. Doch lassen wir das Persönliche und wenden uns seiner Lehre zu. Der Zentralbegriff bei Driesch ist die Entelechie, wie bei Tschermak die Ektropie und bei Pauly die Psyche. Den Entelechiebegriff übernahm er von Aristoteles, allerdings indem er ihn in gewisser wesentlicher Hinsicht modifizierte.

Ich werde auf den Aristotelischen Begriff in der nächsten Stunde einzugehen
haben, halte mich jetzt aber an die Begriffswelt Drieschs. In dieser tritt
die Entelechie auf als ein immaterielles Formprinzip, dessen Gegenwart
die Einheitlichkeit der Zelle, jedes Organismus überhaupt, verbürgt. Bei
den Anorganismen sollen derartige Formprinzipien fehlen, sie entbehren
deshalb nach Driesch auch einer echten Individualität, die sich, genauer
formuliert, darstellt als Einheit an einem Materiale, dessen Teile nicht die
Potenz zur Herstellung solcher Einheit in sich tragen. Einheit in diesem
Sinne gibt es, so meint Driesch, bei Anorganismen nicht. Es gibt hier nur
Kumulationen von Teilchen, deren Größe und Beschaffenheit zufällig
erscheint; in diesem Sinne ist nach Driesch auch der Kristall kein Individuum,
denn, ob er auch in einem Wachstumsprozeß entsteht, der wie beim Organismus eine formale Gesetzlichkeit aufweist, so ist er im Grunde doch nur
eine Häufung, nämlich in jedem Teile das Ganze nicht nur potentiell, sondern
auch in Wirklichkeit gegeben: jeder Teil ist, wie Driesch meint, schon
selbst ein Kristall. Dagegen ist im Organismus der Teil ganz unvergleichbar dem Ganzen, dessen Entstehung aus seinen Potenzen absolut nicht folgt,
sondern als etwas Neues hinzutritt. Driesch meint in seiner hier besonders
wichtigen Schrift: Der Begriff der organischen Form (in Abhandl. zur
theoretischen Biologie. Heft 3, auf S. 39f.), daß man das Ganze eines Regen-
wurmes nicht aus den Eigenschaften seiner Teile ableiten könne. Ich selbst
habe mich in meiner Einführung in die Deszendenztheorie (2. Aufl. 1911)
in ähnlicher Weise ausgesprochen und demgemäß die Systementfaltung, die
es mit der Variation solcher Ganzheiten zu tun hat, als ein Problem für sich
bezeichnet. Aber das ist sie auch bei den Anorganismen! Gerade für den
Kristall ist in letzter Zeit der Nachweis geführt worden, daß seine letzten
Einheiten nicht die Moleküle sind — oder doch nicht zu sein brauchen —,
sondern daß das durch Laue u. a. nachgewiesene Strukturgitter aus Elektronen, Ionen oder Atomen bzw. allerhand Atomkomplexen aufgebaut
wird, demgemäß der Kristall in toto als eine Einheit besonderer Art aufgefaßt werden muß. Für seinen Aufbau gilt eine besondere Kraftleistung,
diese gilt nun aber auch für alle energetischen Systeme, denen wir in der
Natur begegnen, seien es Elektronen, Atome, Moleküle oder Massen aller Art,
das Gravitations- oder überhaupt das gesamte überzeitliche Weltsystem,
wovon ja schon die Rede war. Ohne die Anteilnahme einer Kraft läßt sich
die Existenz keines energetischen Systems, welcher Art auch immer, begreifen. Die Entelechie Drieschs ist nur insofern etwas anderes als eine
Naturkraft, als sie an lebendige Materie gebunden ist und hier einen Entwicklungsgang leitet, der im Anorganen seinesgleichen nicht hat; aber als
Formprinzip repräsentiert sie doch auch nur eine Kraft, die im Prinzip
nicht verschieden gedacht zu werden braucht von den bekannten anorganen
Kräften. Somit kann Drieschs Vitalismus nicht als genügend bezeichnet
werden. Er gewinnt Berechtigung nur bei der grundlegenden Annahme,
daß im lebendigen System ein ganz apartes Energie- oder Stoffsystem vorliegt, das dem natürlichen Formprinzip die Möglichkeit an die Hand gibt,
sich in überraschender Weise zu äußern. Aber bei Leugnung solchen

Stoffsystems wird ihm der Boden entzogen und man kann dann von ihm nur sagen, daß er überhaupt kein Vitalismus ist.

Drieschs Vitalismus hat Verwandtschaft mit den Begriffen E. von Hartmanns, des berühmten Philosophen des Unbewußten. Auch dieser unterscheidet die lebenden Systeme scharf von den toten, indem er einen wesentlichen Unterschied macht zwischen materiierenden Kräften in der Natur und immateriellen Oberkräften im Lebendigen, welche hier als intelligente, rein geistige Formprinzipien auftreten. Diese Unterscheidung trifft insofern unbedingt das Richtige, als wir dem Anorganen irgendwelchen Bewußtseinsgehalt unbedingt absprechen müssen. Alle Intelligenz kennen wir nur gebunden an Bewußtsein, dieses aber eignet nur den Organismen, wie aus der Beschränkung allen teleologischen Geschehens auf sie untrüglich hervorgeht. Aber Form ist nicht Bewußtsein, ist nicht Intelligenz, ist nichts als eine geistige Relation, die im Rahmen von Bewußtsein sich wohl als hochwertige Bewußtseins f o r m entfaltet, die aber auch am bewußtlosen Anorganismus zur Geltung kommt. Doch nicht als materiierendes Prinzip, wie Hartmann meint! Materiierendes Prinzip ist überall nur die Energie, Kraft dagegen materiiert nirgends, sondern gibt nur der Materie bzw. der sie aufbauenden Energie die Form. Kraft ist nichts als ein Regulator der energetischen Leistungen — unter die auch die Setzung der Materie fällt —, das ist sie aber nicht bloß in den Anorganismen, sondern auch in den Organismen, und wenn sie hier auch Gelegenheit findet, auf Grund der Bewußtseinsunterlage der lebendigen Substanz — wovon noch die Rede sein wird — sich unendlich vollkommener auszuwirken als in der toten Substanz, so wird damit doch nur eine höhere Leistungsstufe, nicht aber ein völlig Neues gegenüber den Verhältnissen im Anorganen gesetzt. Das Hauptgewicht ist im Lebendigen zu legen auf die Natur des Plasmas als Bewußtseinsträger, nicht aber auf die Natur des Formprinzips als intelligenter Oberkraft, was es in Wahrheit gar nicht gibt, was überhaupt eine unvollziehbare Vorstellung bedeutet. Somit sind die Hartmannschen Gedanken im gleichen Sinne ungenügend wie die Drieschschen.

Ich werde übrigens auf diese Probleme in der nächsten Stunde noch weiter einzugehen haben.

6. Vorlesung.

Euvitalismus.

Nach Besprechung des Psycho- und Physiovitalismus haben wir den Formvitalismus von Hans Driesch kennen gelernt. Driesch zeigt, daß die Ausbildung der organischen Individualitäten nur verständlich wird durch die Annahme eines Formprinzips in den Organismen, das die materielle vielgliedrige und mannigfaltige Grundlage zur sich entwickelnden und funktionellen Einheit zusammenfaßt. Für die Anorganismen, so meint Driesch, gilt nicht die Entwicklung damit vergleichbarer komplexer Ganzheiten. Hier nun aber trennt sich unser Weg von dem Drieschs. Zwar ist unbedingt zuzugeben die Abhängigkeit der organischen Gestaltung von immateriellen Formprinzipien, die in oft langem Entwicklungsgange komplexeste Gestalten realisieren, aber es muß doch mit Nachdruck gesagt werden, daß Formprinzipien auch im Anorganen sich auswirken, da wir ohne ihre Annahme den Bestand der Natur überhaupt nicht zu begreifen vermöchten. Die Differenz zwischen Totem und Lebendigem liegt nicht im Mangel und Gegebensein solcher Formprinzipien, sondern nur in ihrer verschiedenen Auswirkung, diese aber ist abhängig vom Energiegehalt, vom Stoffe, der im Lebendigen einen ganz besonderen Charakter gewinnt. Über diesen wird bald eingehend zu reden sein, ich betone zunächst nur in Hinsicht auf Driesch, daß er gerade die Existenz einer besonderen lebendigen Substanz in Abrede stellt. Damit gräbt er, wie ich meine, seinem Vitalismus selbst den Boden ab, denn vitale Gestaltung gibt es eben nur an vitaler Substanz.

Doch bevor ich dies Thema, bei dem mein eigener Vitalismus zur Sprache kommt, erörtere, muß ich noch auf das Individuationsproblem als Vermehrungsproblem näher eingehen. Auch damit beschäftigt sich ja der Vitalismus von Driesch. Driesch erklärt nicht nur die Ausbildung der Individualität, sondern auch ihre Vervielfältigung, aus dem Gegebensein der Entelechie bzw. von Entelechien, die als rein geistige Formen aller Vermehrung vorausliegen sollen. Hier stehen wir vor einem eminent schwierigen Problem, an dem sich schon viele Denker die Köpfe zerbrochen haben. Wie haben wir uns das Verhältnis von Einheit und Vielheit an der Entelechie vorzustellen? Driesch vermag es nicht zu bewältigen. Er spricht zwar von einer suprapersonalen Entelechie, die alle Einzelentelechien in sich beschließen soll, aber über das Verhältnis beider, über die Art wie die personalen Entelechien durch die suprapersonale Entelechie in die Welt eingeführt werden, vermag er uns nichts auszusagen. Es erscheint auch in der Tat ausgeschlossen, darüber etwas auszusagen. Denn wir dürfen die Vielheit nicht in Beziehung bringen zur Entelechie, mit der sie nicht das geringste zu tun hat. Ich halte es für unmöglich, die Vermehrung der organischen Individuen aus der Entelechie heraus zu begreifen. Wird die Entelechie als Einheitsprinzip gedacht — und anders kann sie nicht gedacht werden, da sie Ganzheit an einer Vielheit bewirkt —, so kann sie nicht selbst Ursache von Vielheit sein. Rein an sich ist die Entelechie nur als eine zu denken. Überhaupt das Formprinzip ganz im allgemeinen kann nur eines sein, da Form eben nichts anderes als Zusammenhang bedeutet, der nicht zugleich zu trennen vermag. Auch aus dem Wachstum heraus können wir die Zellteilungen nicht begreifen. Sehen wir doch, daß die Zellstrukturen kontinuierlich wachsen können, und nichts steht im Wege, sich die Entwicklung des Lebens als die eines einzigen Organismus vorzustellen, der in Anpassung an die Verhältnisse sich wohl behaupten könnte. Als Häckel seinerzeit im Bathybius den Urorganismus entdeckt zu haben glaubte, handelte es sich anscheinend um eine zusammenhängende Plasmamasse am Boden der Ozeane, und es ist nun nicht einzusehen, warum eine solche nicht unter den dort gegebenen günstigen Bedingungen sich zu einem komplex gebauten ungeheuren Lebewesen hätte sollen differenzieren können. Leider handelte es sich aber beim Bathybius nur um einen anorganen Niederschlag und so wurde alle Spekulation über die Entstehung eines überindividuellen höheren Organismus überflüssig.

Die Ursache der Teilungen muß wo anders liegen als im Leben selbst. Wenn wir nun nicht wissen, wie wir eine naturphilosophische Frage anpacken sollen, so tun wir immer gut, bei den Alten nachzusehen, wie sie über das Thema gedacht haben. Da sehen wir nun, daß ihnen als Individuationsprinzip die Materie galt. Plato setzte identisch Vielheit mit Materie und Raum. Wir identifizieren heute die Materie mit der Energie und so käme diese also in Betracht für das Verständnis der Individuation. In der Tat ist nun auch die Energie ein analytisches, kein synthetisches Prinzip. Alle Materie besteht aus elektromagnetischer Energie, diese aber besteht wieder aus negativen Ladungen, die die Elektronen aufbauen; es ist nun allgemein anerkannt, daß ein Elektron auf Grund seiner Beschaffenheit nicht einen Augenblick als gesondertes Gebilde bestehen könnte, wenn in ihm nicht dem analytischen Prinzip ein synthetisches sich verbände, eine Kohäsionskraft, die der Abstoßung entgegenwirkt. Energetische Abstoßung muß aller Vielheit zugrunde liegen und ihre Einschränkung durch die Kraft, die in sehr verschiedenem Ausmaße zur Geltung kommt, bedeutet Abgrenzung von Einheiten im allgemeinen Energiegehalt. Somit ist aber die Vielheit auch des Lebendigen aus dem Anorganen abzuleiten: Energie ist ja auch in den Organismen gegeben, und sie, nichts anderes, muß es sein, was die an sich einfache Entelechie zerlegt. Was dem synthetischen Prinzip die Vermehrung abringt, die ihm an sich völlig fremd ist; was der Einheit den Anschein, als wäre sie Vielheit, als könnte sie sich in eine Vielheit zerlegen, abnötigt. Denn jedes Einzelwesen ist einzeln auf Grund seines Energiegehalts, nicht aber auf Grundlage seiner Form, in welcher Hinsicht es vielmehr nur einen Zustand an einem Allgemeinorganismus repräsentiert. Doch darüber wird später noch genug auszusagen sein. Führen wir hier das Thema provisorisch zu Ende, so ist noch zu sagen, daß die Form im Lebendigen mit einer besonderen Energieart verbunden ist, die an ihr die Individuation bewirkt. Zur Entelechie gehört als Vermehrungsursache eine spezielle Energie, die Individuationsenergie, die an den Zentrosomen haftet. Das Zentrosom erscheint als der Träger einerseits eines individuierenden, d. h. das entstehende Plasma gliedernden Energiegehalts, anderseits auch als Träger der Entelechie als eines individuierenden, d. h. die abgegliederten Plasmamassen zur Einheit ausgestaltenden Formprinzips. Nicht die Entelechie bedingt die Vermehrung, wohl aber äußert sie sich ganzheitsbildend neben einem die Vermehrung bedingenden Energiegehalt durch Vermittlung der Zentrosomen.

So besteht folgender fundamentale Unterschied des Lebens zur Natur. Im Anorganen liegt die Vielheit als gegebene vor: die Summe aller Elektronen ist von Anfang an gegeben und in alle Ewigkeit konstant auf Grund der gleichzeitigen Auswirkung des Form- und Wirkprinzips in der Natur. Dagegen im Organen entsteht die Vielheit in allmählicher Folge, da hier

durch das Urlebewesen ein Zentrum gesetzt ward, das erst bei fortschreitendem Wachstum dem Individuationsprinzip Gelegenheit zur Entfaltung bot.
Nur durch das Wachstum wird die Individuation ermöglicht und zwar
wieder die Individuation im doppelten Sinne: als Einheitsgestaltung und
als Vielheitssetzung. Somit kann man sagen, daß Teilung eine Grundeigenschaft des Lebens ist, womit aber eigentlich nur zum Ausdrucke kommt,
daß das seit Ewigkeit gegebene Individuationsprinzip sich am Lebendigen
nur in einer Folge äußern kann.

Das wesentliche Moment bleibt immer das Gegebensein der lebenden
Substanz als des Ermöglichers besonderer Leistungen des Energie- und des
Formprinzips. Hier nun setzt mein Vitalismus ein, der auf nichts anderes
zielt als auf das Verständnis der Existenz und des Wachstums der lebendigen
Substanz. Um das Verständnis des Assimilationsprozesses ist es
mir in erster Linie zu tun. In Hinsicht auf dieses trenne ich mich völlig von
Tschermak und von Driesch. Bei Tschermak ist Wachstum und Vermehrung nur eine zufällige Störung des eigentlich wesentlichen Stoffgleich-
gewichtes, herbeigeführt durch zufällig günstige Bedingungen, und bei
Driesch wird überhaupt nichts assimiliert, da er keine Substanz kennt,
an die das Anorgane angeglichen werden könnte. Driesch bestreitet
sowohl, daß es eine lebende Substanz gibt, als daß wirklich Assimilation
stattfinde. In seiner Philosophie des Organischen drückt er sich folgendermaßen aus (Bd. 2, S. 249 und 252). „Wenn die Worte „Assimilation" und
„Dissimilation" irgend etwas Besonderes bezeichnen sollen, d. h. etwas
anderes als das, was die Chemiker Synthese und Analyse nennen, und sobald
sie gleichzeitig überhaupt eine strenge Bedeutung haben sollen, dann können
sie nur meinen, daß es ein Etwas von chemischer Natur gibt, das aufs Intimste
mit dem Leben verknüpft ist und die Fähigkeit besitzt, andere, weniger
komplizierte Stoffe sich selbst gleich zu machen, oder aus sich selbst weniger
komplizierte Stoffe durch einen analytischen Prozeß hervorgehen zu lassen."
Und später: „Die physiologische Chemie lehrt uns ganz offenkundig, daß
wir keine Veranlassung haben, anzunehmen, daß eine „lebende" Substanz,
welche im strengen Sinne des Wortes assimiliert und dissimiliert, die eigentliche Grundlage des Lebens sei. Im Gegenteil: die physiologische Chemie
weiß weder von einer lebenden Substanz etwas, noch von Assimilation und
Dissimilation. Die von dieser Wissenschaft gelehrten Tatsachen beweisen
zwar nicht unmittelbar das Wirken eines autonomen Lebensfaktors, wie
unsere Entelechie es ist, sie sind aber sicherlich mit unserer Iehre leicht
vereinbar". Somit ist bei Driesch das Plasma nur eine Summe physikalisch-
chemischer Substanzen, deren Quantum beim Wachstum sich vermehrt;
diese Vermehrung, sowie die Gestaltung und Teilung, gilt als bedingt durch
die Entelechie. Diese ist das Mädchen für alles bei Driesch. Solcher
Standpunkt nun ist mit Nachdruck als gänzlich ungenügend abzulehnen. Unter lebender Substanz hat man immer eine Struktur verstanden,
die, ob sie sich auch aus chemischen Stoffen aufbaut, doch dadurch als etwas
Besonderes sich zu erkennen gibt, daß ihr eine morphologische Einheit
zugrunde liegt. Morphologisch wurde die lebende Substanz charakterisiert,

als konstante Form, wofür ja ohne weiteres die zahllosen, bereits früher zitierten Ausdrücke wie Bioblast, Protomer, Tagma, Granulum, Gen usw. sprechen, und Assimilation war nicht die Verwandlung der chemischen Stoffe in einen besonderen Lebensstoff — den gibt es allerdings nicht —, sondern man verstand darunter die Einordnung der chemischen Stoffe in ein Strukturelement, wobei die Stoffe das ihnen sonst abgehende Vermögen, andere Stoffe zur gleichen Einordnung zu betähigen, in Anwendung brachten. Dies Vermögen fehlt ihnen in der Natur, wird ihnen aber durch lebendige Substanz zugetragen und macht aus ihnen selbst lebendige Substanz. So können wir sagen, daß Assimilation Erweckung einer Potenz im Stoffe bedeutet, die in der Natur nicht zur Äußerung kommt. Da nun diese Potenz über ihren Träger hinauszielt, so gibt sich die Assimilation zu erkennen als ein zielgerichteter, teleologischer Prozeß. Ein Prozeß, der von einem Ausgangspunkt ausstrahlt in die anorgane Welt hinein und diese immer umfassender in Bann schlägt. Der in letzter Instanz zielt auf Verwandlung der ganzen Welt — denn welche Grenze ließe sich hier wohl abstecken? —, demgemäß auf Organisierung sämtlicher Materie, und da sich mit solcher Organisierung auch Entwicklung verbindet, die Ausbildung immer höherer Individualitäten, so können wir weiterhin sagen, daß der Prozeß auf Setzung einer die ganze Welt in sich beschließenden Individualität, eines Weltsubjekts, zielt. In diesem Sinne aber ist die Assimilation das gerade Gegenstück zum entropischen Naturprozeß. Auch dieser ist ja zielgerichtet, ist final gerichtet auf einen Gleichgewichtszustand im Weltgeschehen, den wir bereits kennen gelernt haben, ist, um es scharf zu charakterisieren, eigentlich ein Zielprozeß, der am Ziel ist, denn das Gleichgewicht erkannten wir als vom Weltanfang an bestehend und bis zum Weltende dauernd — falls ihm nicht eben durch einen anderen Prozeß ein vorzeitiges Ende bereitet wird! Auf solch Ende zielt die Assimilation, zielt das Leben überhaupt. Es ist die wahre Ektropie, die von der Entropie sich befreit hat. Es ist eine Finalität, die wir zum Unterschied von der in der Natur gegebenen die teleologische nennen wollen: **Telos ist das Wesen des Lebens und zielt auf Einheit, Entropie dagegen ist das Wesen der Natur und zielt auf Vielheit.** Entropie ist zugleich Wahrscheinlichkeit, ist Zufall, Telos aber ist — psychische Absicht!

Das ist das wesentliche Moment! **Assimilation ist ein psychischer Akt, Leben ist Bewußtsein, der Kern von beidem ist eine Absicht!** Damit endlich haben wir das Leben ganz in seiner Wesenheit erfaßt und damit vermögen wir die Assimilation aufs schärfste zu unterscheiden von allen chemisch-physikalischen Vorgängen. Damit haben wir dem Vitalismus eine unanfechtbare Basis geschaffen, wie sie weder der Physio- noch der Morphovitalismus zu bieten vermögen. Ich betone nochmals, daß auch der Psychovitalismus sie nicht zu bieten vermag. Denn dieser, wie ja schon früher gesagt, identifiziert wohl Leben mit Bewußtsein, aber er identifiziert auch das Leben mit dem „sinnlichen" Bewußtsein und läßt sich somit die eigentlichen grundlegenden vitalen Leistungen, die in Wachstum und Entwicklung gegeben sind, entgehen. Leben ist, wie wir zu sagen haben, das elementarste Bewußtsein, aus dem alle höheren, das sinnliche nicht nur,

sondern auch das seelische, wissenschaftliche und künstlerische, heraus-
kristallisiert sind. Aber das Wesentliche an unserer Erkenntnis ist, daß das
Leben als Bewußtsein etwas Teleologisches ist, das in seiner Zielgerichtetheit
das gerade Gegenstück zur Natur bedeutet.

Ich möchte sofort darauf hinweisen, daß diese These vom angestrebten
Weltsubjekt engst anklingt an den pantheistischen Standpunkt, den wir
als eine Variante des Beharrungsgedankens kennen gelernt haben. Auch
dieser spricht ja von einem Weltsubjekt, das nach ihm aber schon existieren
soll, während es von meinem vitalistischen Standpunkt aus das Entwicklungsziel, den Zweck des Lebens, bedeutet. Nur als Ziel läßt sich heutzutage
der Weltsubjektgedanke berechtigterweise vertreten, da in der anorganen
Welt offenkundig solch Subjekt nicht gegeben ist. Ich brauche ja nur
nochmals hinzuweisen auf das, was am Schlusse der letzten Stunde über
die Selbständigkeit der Energiegehalte der Elektronen gesagt und was ja
auch in dieser Stunde bei Erörterung des Vielheitsbegriffes vorgetragen ward.
Eine Welt, die substantiell aus einer schier unendlichen Fülle selbständiger
Teilchen besteht, deren Anordnung von Wahrscheinlichkeit beherrscht wird,
kann man kein Subjekt nennen, wenn nicht mit dem Subjektbegriff ein
kindliches Spiel getrieben werden soll. Den Alten konnte man ein solches
Spiel verzeihen, da sie über die wahre Beschaffenheit der Natur nicht
genügend unterrichtet sein konnten, in unserer Zeit aber gibt es in dieser
Hinsicht keinen Dispens mehr und der Pantheismus in der alten Form ist
ein für allemal abgetan. Von Pantheismus läßt sich nur noch reden im Sinne
eines Entwicklungszieles, in diesem Sinne aber mit vollem Nachdruck und
unanfechtbarer Notwendigkeit, da nur eben aus solch pantheistischem Ziel
das Wesen des Lebens ganz begreifbar wird.

Mein Vitalismus erfaßt also das Leben als etwas Psychisches und demnach
als eine besondere Stoffart, bei der das Bewußtsein aus den physikalisch-
chemischen Materialien etwas Neues macht. Hier wird nun für uns wichtig
ein Vergleich der Drieschschen Entelechienlehre mit der Aristotelischen.
Aristoteles verstand unter der Entelechie eigentlich zweierlei: einerseits die
Form als Ziel für den tätigen Stoff im Keime, der durch die Gegenwart der
Form angeregt wird zu Wachstum und Differenzierung, und anderseits
eben diesen Stoff, der die Gegenwart der Form erlebt und sie an sich selbst
zu realisieren sucht. Aber glauben Sie nicht, daß dieser Standpunkt den
Aristotelischen Ausführungen so klar, als ich es hier darzustellen ver-
suchte, ohne weiteres zu entnehmen ist! Der fundamentale Unterschied von
Form und Stoff kommt bei ihm nur versteckt zum Ausdruck und darum
liegt auch unser Verständnis dessen, was Aristoteles mit seiner Entelechie
eigentlich gemeint hat, so sehr im argen. Ich will sie nun mit den Aristotelischen Gedanken direkt selbst bekannt machen, indem ich aus der
Siebeckschen Behandlung der Aristotelischen Philosophie die wichtigsten
Stellen ihnen vortrage. In Siebecks Arbeit (Klassiker der Philosophie
Bd. 8) heißt es auf S. 35ff: Die Form als die wirkende Kraft des Gattungs-
typus ist nicht über oder jenseits, sondern eben innerhalb der Materie, von
der sie selbst aber keineswegs erzeugt oder bedingt ist. Ihr zufolge liegt

im Wesen der Materie immer schon von Haus aus der Zug und Trieb nach
Form und Gestaltung; die Materie hat ihr Wesen darin, für die Wirksamkeit
der Form zugänglich (d. h. bildsam) zu sein. Als die im Innern treibende
und lenkende Ursache ist nun aber die Form zugleich der Zweck (Telos)
des Werdeprozesses. Alles Werden ist zielstrebig, und zwar auf Grund der
inneren Wirksamkeit der Form. — Um das Verhältnis von Form und Stoff
in ein klares Licht zu rücken, vergleicht Aristoteles die Form auch mit der
Idee des Künstlers, die dieser in sein Material bei Gestaltung des Kunstwerks
hineinträgt; es ergibt sich da der wesentliche Unterschied, daß beim künstlerischen Schaffen die Form nicht aus der Materie heraus, sondern von außen
in sie hineinwirkt, dagegen bei der organischen Gestaltung die Form sich
darstellt als der unbewußte, in und mit dem Dasein der Materie selbst
immer schon gegebene Trieb nach bestimmter Ausgestaltung. An diesem
Trieb ist nun auch zu beachten die Bewegung, die den Übergang der Form
aus dem potentiellen in den aktuellen Zustand vermittelt. Die Bewegung
beruht bei Aristoteles letztlich auf der immer bereits im Stoffe vorhandenen
Wirksamkeit der Form, deren Wesen und Inhalt sie aus dem Stadium der
bloßen Möglichkeit in die Wirklichkeit überführt. Der Begriff der Energie
tritt bei Aristoteles im Laufe seiner Untersuchung immer mehr in den
Vordergrund. So definiert er letztlich die Begriffe der Energie und Entelechie
dahin, daß er die Energie bezeichnet als Verwirklichungsprozeß, die Entelechie dagegen als das erreichte Ziel des Prozesses, das als solches den Vorgang
der Bewegung schon hinter sich hat. Was aber so schließlich als fertiges
Resultat im Sinne der Entelechie heraustritt, kann nichts anderes sein als
ein solches, das von vornherein durch die in der Materie wirkende Triebkraft
der Form bereits bestimmt, also der Möglichkeit nach schon da war. So
wird hier ziemlich scharf zwischen Form und Stoff, Entelechie und Energie
unterschieden, doch immerhin noch nicht scharf genug, daß man nicht oft
genug in Zweifel bliebe, ist Aristoteles nicht doch Monist, bei dem letzten
Endes Form und Stoff in eins zusammenfallen, oder ist er echter Dualist,
als welcher er an anderen Stellen unverkennbar erscheint? Im Begriff des
Triebes fließen Form und Stoff schier ununterscheidbar ineinander.

Betrachten wir noch, was Aristoteles über das Verhältnis des organen
Stoffes zum anorganen sagt. Einen scharfen Unterschied macht er selbstverständlich nicht zwischen beiden, da er ja Pantheist ist und Leben in allen
Dingen findet. Doch spricht er in Hinsicht auf die anorganen Dinge von unbewußt zweckmäßig wirkenden Kräften und Formen, von Vorstufen des
Bewußtseins, während bereits den Pflanzen Leben und Seele, in Hinsicht
auf Ernährung und Fortpflanzung, zugesprochen wird; den Tieren eignet
dann auch Empfindung und spontane Ortsveränderung. Das Bewußtsein
äußert sich zunächst als Wille zur Gestaltung. Was ists nun aber eigentlich
in der Entelechie, was direkt als Träger des Bewußtseins bezeichnet werden
kann? Hier besteht meinem Empfinden nach die größte Dunkelheit. Nach
Aristoteles' Darstellungen scheint es ganz selbstverständlich, daß die Bewußtheit gebunden ist an die Form. Das folgt vor allem daraus, daß er eine
reine Form, einen Actus purus, ein stofffreies und doch aktives Bewußtsein

kennt, Gott nämlich, der alle Formen denkt und denkend als Wirklichkeiten setzt. Aber mit dieser Auffassung erscheint unverträglich die andere, daß es auch einen reinen Stoff gebe, eine Materia prima, die sich darstelle als die Möglichkeit, alle Formen anzunehmen. Was ist dieser reine Stoff? Er kann nur gelten als eine unbestimmte Sehnsucht nach der Form, solche Sehnsucht ist aber, wenn auch nicht direkt Bewußtsein, doch Möglichkeit von Bewußtsein, die nur der Auferweckung harrt, damit sie sich aktuell zu äußern vermag. Solche Auferweckung wird ihr im Urorganismus. In diesem erwacht — um mich bildlich auszudrücken — der erst schlummernde Stoff und erwacht zum Leben, zum Bewußtsein, das nun sein neugewonnenes Leben überallhin zu tragen, also immer weiteren Stoff zu erwecken sucht. Von der Form behaupten zu wollen, daß sie der Wecker des Lebens sei, wäre ein unmöglicher Versuch. Denn Bewußtsein ist Aktivität, solche aber nur erweckbar durch gegebene Aktivität, doch die Form ist immer und überall etwas Inaktives, Geistiges, das wohl den Ablauf von Aktionen zu regulieren, nicht aber sie einzuleiten vermag. Darum dachte der alte Hylozoismus, gegen den sich Aristoteles wendet, durchaus konsequent, als er den Stoff direkt belebt und mit Bewußtsein begabt fand, nur ließ er wieder die Form außer acht, die auch für das Verständnis des Weltgeschehens von Bedeutung ist. Er sündigte nach der einen, Aristoteles nach der anderen Seite, beide kamen dabei eben zum Pantheismus, den der moderne Mechanismus ablehnen mußte und den erst der von mir vorgetragene Vitalismus zu rektifizieren vermag.

Driesch hat nun den Entelechiebegriff dahin umgeformt, daß er das Zweckmoment daraus völlig strich. Seine Entelechie ist nichts als Form, ist Eidos im Sinne von Aristoteles, etwas vollkommen Wirkungsloses, Untätiges. Sie ist nichts als Ganzheit und in dieser Beurteilung stimmt die moderne Biologie Driesch zu. Mit einem reinen Formprinzip vermag sie sich allenfalls abzufinden, nicht aber mit einem Zweckprinzip, da die Physik Zwecke in der Natur nicht kennt. Faßt man aber die Entelechie im Drieschschen Sinne und bestreitet überdies ihre Verwandtschaft mit den Naturkräften, distanziert sie also vollkommen von der Natur, so bleibt es durchaus unbegreiflich, wie die Entelechie zur Materie kommt und hier die Bewegung zu beeinflussen vermag. Driesch hat das selbst empfunden. Er stellt in seiner zitierten Arbeit über den Begriff der Form (auf S. 72) folgende Fragen: „Wie kommt Entelechie zur Materie? Warum arbeitet sie an Materie nur in kontinuierlichem Fortlauf? Warum belebt sie nicht ganz uranfänglich aufs neue vor unseren Augen Materie? Und weshalb läßt sich Entelechie überhaupt mit der Materie ein, die ja doch nur ihre Reinheit stört, und bleibt nicht in starrer Reinheit, was sie ist? Das alles sind Fragen ohne mögliche Antwort, welche, wie man wohl sieht, mit dem unlösbaren Problem der Urzeugung zusammenhängen". So ganz unmöglich ist nun die Beantwortung dieser Fragen nicht. Sie ergibt sich bei Beurteilung des Lebens als eines Bewußtseins. Fassen wir das Leben als ein Streben nach der Einheitsform, nach dem Weltsubjekt, das in der anorganen Natur nicht möglich ist, so verstehen wir, daß es zu einer Verbindung des Stoffes

mit der derartig weit gefaßten Form kommen konnte — sie war eben durch
die Schöpfung des Lebensstoffes ermöglicht, wobei wir hier von einer Erklärung dieses Schöpfungsaktes noch ganz absehen — und alle die von
Driesch gestellten Fragen finden ihre Erledigung.

7. Vorlesung.

Der Tod.

Wir haben nun die Übersicht über die Arten des modernen Vitalismus
zu Ende geführt. Ich leugne nicht die hervorragende Bedeutung der Vitalismen von Pauly, Tschermak und Driesch, insofern sie unverkennbar
besondere Lebensleistungen in Betracht ziehen; aber diese Leistungen
werden nicht in ihrer eigentlichen Bedeutung gewürdigt, sondern die Vitalismen begründen ihre Wertschätzung des Lebens auf Erscheinungen, die rein
für sich genommen, gar nichts für den Vitalismus beweisen. Unverkennbar
vermag die individuelle, sinnliche Psyche das Entwicklungsgeschehen zu
beeinflussen, wie wir in den Anpassungen sehen, doch ist sie nicht selbst
der Spiritus rector, der die Organisierung leitet, und läßt sich auch mecha-
nistisch ausdeuten. So erweist sich der Psychovitalismus ungenügend.
Nicht minder betont Tschermak ganz mit Recht die teleologische Regulation des Stoffwechsels, doch ist ja wesentlich für seinen Physiovitalismus
die besondere Ausdeutung der im Organismus tätigen Energien als doppelsinnig orientierter, worin wir nun aber gerade ein echtes Naturcharakte-
ristikum zu erblicken haben, da der Doppelsinn entropischen und ektropischen Geschehens für die Natur grundlegend ist. Und endlich der Formvitalismus hat durchaus recht, wenn er die organische Formbildung, weil
mit einem Entwicklungsgang verbunden, von der anorganischen unterscheidet, doch kann von einem prinzipiellen Unterschied zwischen den
organischen und anorganischen Formentfaltungen keine Rede sein. Alle
diese Vitalismen können zur Klärung wichtigster Begriffe, wie es die Begriffe
der sinnlichen Psyche, der Ektropie und der Kraft sind, beitragen, aber
das Lebensproblem vermögen sie nicht aufzuklären, weil ihnen der eigentliche Zentralbegriff des Lebens mangelt, nämlich der Begriff der Lebenssubstanz als Träger eines elementaren teleologischen Triebes,
eines Weltverwandlungsstrebens, das in der Zeugung sich grundlegend
auswirkt. Gerade die Betonung dieses Strebens kennzeichnet meinen
Vitalismus, den Substanz- oder Teleovitalismus, den ich deshalb
auch 1903 den **Euvitalismus** genannt habe. Ohne die teleologische Grundlage bleiben die anderen Vitalismen Torsos, sind nichts anderes als ver-
steckte Mechanismen. Der Wille zur Weltverwandlung, den wir auch als
Wille zum Subjekt, und zwar zum Weltsubjekt, definieren können, ist
gegeben mit dem ersten Lebewesen und wirkt nun in stets verstärkter Weise
sich aus, indem einerseits immer mehr anorgane Substanz an die vorhandene

lebendige angeglichen wird, was zur Einführung eines immer stärker anwachsenden Ungleichgewichts im Gleichgewicht der·Natur führt, andererseits kleidet sich die entstehende organe Substanz ein in besondere Entwicklungsformen, die sich stetig vervollkommnen und demgemäß immer
erfolgreicher in der Welt zu betätigen vermögen. Nochmals charakterisiere
ich das Leben als ein zielgerichtetes, daher bewußtes Streben mit dem Endziel auf einen Weltorganismus hin. Jede andere Definition erscheint mir
ungenügend, da sie nur untergeordnete Teilphänomene trifft.

Nun werden Sie vielleicht aber in dem Gesagten einen Widerspruch entdecken. Von Tschermak hörten Sie, daß er in die Doppelsinnigkeit des
Stoffwechsels auch das Werden und Vergehen der Organismen einschließt,
also neben dem Leben auch den Tod als charakteristisch für das Leben betrachtet. Die weitaus meisten Biologen denken so, sind also der Meinung,
daß alle Organismen sterben müssen. Ich erwähne sofort, daß manche auch
anders denken, worüber noch auszusagen sein wird;· nehmen wir aber den
Satz als zu Recht bestehend an, so möchte man glauben, daß von einem Weltverwandlungsziel nicht geredet werden dürfe, da, wenn, alles Lebendige
sterben muß, doch eine zunehmende Ausbreitung des Lebens nicht möglich
sei, daß sich dann vielmehr das Leben auch als ein Gleichgewicht entpuppe
und demgemäß in die Natur ohne weiteres hineingehöre. Auf den ersten Blick
hin erscheint das sehr plausibel und eben ganz im Sinne der üblichen Vitalismen, die eigentlich den Beharrungsgedanken vertreten; indessen brauchen
wir doch nur einen Blick auf den gegebenen Tatbestand zu werfen, um uns
von der ungeheuren Vermehrung des Lebens im Laufe der Zeit zu überzeugen.
Gar zu beredt sprechen die Tatsachen gegen den Gleichgewichtsgedanken.
Betrachten wir eine Paramäzienkultur, so macht sie uns mit einer Fruchtbarkeit ohnegleichen bekannt. Man hat aus einem einzelnen Paramäzium
im Laufe von $5^1/_2$ Jahren die 3340. Generation gezogen, ohne daß ein Todesfall die Generationsfolge unterbrochen hätte; natürlich sorgte man dabei
nicht für alle Nachkommen, da das unmöglich gewesen wäre, aber es wurde
doch bei jeder Teilung das eine Tochterindividuum bewahrt und damit
gezeigt, daß prinzipiell die Erhaltung aller Nachkommen möglich ist. Gut
gepflegte Paramäzien sterben überhaupt nicht, dementsprechend muß aber
aus einem einzigen Exemplar im Laufe der angegebenen Zeit eine so ungeheuerliche Menge von Individuen hervorgehen, daß ihr Volumen das Erdvolumen um das 10 000fache übertrifft. Wie gesagt, aus Mangel·an Nahrung
und genügender Pflege ist das nicht möglich, aber die Fähigkeit zu solcher
ungeheuerlichen Vermehrung ist doch Tatsache. Faßt man sie ins Auge,
so sieht die These vom Ungleichgewicht, das im Leben sich darbietet, schon
recht glaubhaft aus, wir müssen nun aber der Frage noch genauer auf den
Grund gehen. Was ist es denn überhaupt mit dem Todesproblem? Besteht
wirklich die Notwendigkeit, daß alle Lebewesen sterben müssen? Früher
galt das als ganz selbstverständlich, doch heute gibt es nicht wenige Forscher,
die es verneinen. Für meine Lebensauffassung ist die Entscheidung über
diese Frage von fundamentaler Bedeutung. Ich sage sogleich, daß sich uns
der Tod als ein durchaus reales Prinzip ergeben wird, das an allem

Lebendigen sich durchzusetzen vermag, daß dies aber in einer Form geschieht, die trotzdem die Weltverwandlung sichert.

Zunächst möchte ich betonen, daß wir den Tod ebensowenig unmittelbar in den Stoffwechsel einbeziehen dürfen wie das Leben. Der Stoffwechsel ist eine Einrichtung des Lebens, damit es seine Assimilationsaufgabe erfüllen kann, wie vergleichsweise auch die Bewegung eine Einrichtung ist, die dem gleichen Zwecke dient; aber sowenig wie die Bewegung ist der Stoffwechsel selbst Assimilation, diese kann vielmehr nur definiert werden als Einfügung von durch den Stoffwechsel präpariertem Stoff in die Lebensstruktur, in der er dem Stoffwechsel entzogen ist, in der er selbst ihn nur mehr regulativ beeinflußt. Die lebende Substanz ist etwas durchaus Beständiges in ihrer Beziehung zum Stoffwechsel, der dagegen ein ewiges Fließen ist und als solches in die Natur hineingehört; nur als zweckmäßige Einrichtung gehört der Stoffwechsel zum Leben, zweckmäßig ist nun aber an ihm nicht bloß das ektropische, aufbauende Geschehen, sondern auch das entropische, abbauende: beide verknüpfen sich im Stoffwechsel, wie sie sich auch in der Plasmabewegung verknüpfen, für die ich gezeigt habe, daß sie ektropisches und entropisches Verhalten in sich schließt. Demgegenüber erweist sich nun der Tod als etwas Unzweckmäßiges, da er die zweckmäßigen Einrichtungen des Stoffwechsels und der Bewegung aufhebt, ganz abgesehen von der Vernichtung lebender Substanz. Der Tod wirkt der Weltverwandlung entgegen, verwandelt Lebendes in Totes zurück, und kann demgemäß nicht als etwas für das Leben Wesentliches gelten. Aber die Sache hat doch ihren Haken und wir sehen, wie schwierig alle diese Fragen zu beurteilen sind. Es gibt Fälle, in denen man das Sterben direkt als ein zweckmäßiges beurteilt. Solche bemerkenswerte Fälle beobachten wir vor allem bei den Metabionten, den Gewebeorganismen, deren Gewebe bei der Differenzierung zu Sekreten und Exkreten, zu Bindegewebs- und Skelettmassen direkt dem Tode, im Dienste des Ganzen, verfallen. Wieviele Zellen sterben in den Pflanzen bei der Holzbildung und wie nützlich ist das der Pflanze, da sie ohne Holz gar nicht auf dem Lande bestehen könnte! Ich verweise weiterhin auf den Kampf der Leukozyten gegen die Bakterien, wobei die Aufopferung einer größeren oder geringeren Menge von Zellen den Organismus vor dem Untergange zu retten vermag. Daneben gibt es aber Erscheinungen des Absterbens von Zellen im Rahmen vielzelliger Organismen, deren Nutzen nicht ohne weiteres einleuchtet. So ist die Abstoßung der Hautzellen als tote, verhornte Gebilde bei Säugern und Reptilien, in Form von Schuppen oder ganzen Häuten, der Haarwechsel der Säuger und die Mauserung der Vögel, ferner der Wechsel in der Belaubung bei den Pflanzen, durchaus nicht als etwas Zweckmäßiges zu bezeichnen, sondern erscheint als periodisches Geschehen ohne teleologische Komponente. Speziell für den Blattwechsel möchte man glauben, er sichere die Bäume vor einer übermäßigen Schneebelastung, doch vollzieht er sich ja auch in den Tropen und ist auch im Norden keine allgemeine Erscheinung. Doch kommt noch folgendes hinzu: ein Efeublatt lebt am Baume 2 Jahre, wird es aber abgelöst und sorgfältig ernährt, so vermag es 7 Jahre auszudauern. Solcher Beispiele gibts genug;

es ist in meinem Periodenkolleg davon die Rede. Alle Gewebselemente haben im Organismus ihre bestimmte Lebensdauer, bei deren Abschluß sie der Verschleimung, Verfettung oder Verkalkung verfallen; werden sie aber aus dem Verband herausgelöst und in Nährflüssigkeiten gehalten, so bleiben sie dauernd frisch. Hierzu nun aber möchte ich die Frage aufwerfen, ob man eigentlich diese Erhaltung als das Normale anzusehen hat und nicht die im Organismus enger begrenzte Lebensdauer? Haben wir ein Recht, das Sterben der Teile nur in Hinsicht auf diese zu beurteilen, ist nicht vielmehr ausschlaggebend die Beurteilung in Hinsicht auf das Ganze, ohne das sie doch überhaupt nicht gegeben wären? Die Beantwortung dieser Frage ist durchaus nicht leicht, da wir anderseits doch auch für das isolierte Gewebe Partei nehmen möchten. Wenn wir anerkennen, daß der Soldat im Felde im Interesse des Staates stirbt, sein Tod also als zweckmäßiger gelten darf, so können wir uns doch auch auf den Standpunkt dieses Soldaten als Einzelwesens stellen und dann erscheint uns sein Tod in einem ganz anderen Lichte. Hier liegen zweifelsohne sehr wichtige und interessante Probleme verborgen, auf die ich aber erst in der morgigen Stunde eingehen möchte; heute wollen wir uns zunächst vergewissern, ob es überhaupt eine Notwendigkeit des Sterbens, einen sog. natürlichen Tod gibt.

Man hat das Problem des natürlichen Todes bei den Einzelligen zu entscheiden gesucht. Bei den Protisten sind ohne Zweifel die Verhältnisse am einfachsten: das Leben und Sterben ist leichter zu überschauen und experimentell zu kontrollieren als bei den Vielzelligen; man denke an die erwähnten Züchtungsversuche bei Paramäzium. Von Weismann, dem berühmten Deszendenztheoretiker, wurde nun 1882 die Idee ausgesprochen, daß alle Vielzelligen sterben müssen, während die Einzelligen als Unsterbliche gelten dürfen. An den Vielzelligen sind prinzipiell unsterblich die Keimzellen, die Somata aber dem Tode verfallen; die Keimzellen nun verglich Weismann mit den Einzelligen und sagte von den letzteren, daß sie eines Somas ganz entbehren, nur eben Keim seien, darum aber auch für sie ein natürliches Sterben entfalle. Aber gegen diese Auffassung wurde sehr bald Stellung genommen und erstens behauptet, daß auch die Einzelligen einen Körper besitzen, und daß demgemäß zweitens auch für sie ein Sterben gelte. Bütschli, Maupas, R. Hertwig u. a. beobachteten an allerhand Protisten, daß in den Kulturen, in denen sie gehalten wurden, allmählich Depressionszustände sich ergaben, an denen die Tiere zugrunde gingen. Aktinosphärien werden trüb und undurchsichtig, sinken zu Boden und sterben ab; Paramäzien verlieren den Fortpflanzungstrieb und machen gleichfalls innere Veränderungen durch, an denen sie zugrunde gehen. Eine Rettung gibt es nur durch Befruchtung oder Enzystierung, wobei die im Körper angehäuften Chromidialstoffe ausgestoßen oder resorbiert werden. Demgemäß erklärten aber die betreffenden Autoren, daß es auch bei Protisten ein natürliches Sterben gäbe und zwar, so meinten sie, solle es für den Zelleib gelten, während der Kern, bei Paramäzium speziell der Kleinkern, potentiell unsterblich sei. Sie verglichen deshalb das Plasma der Einzelligen mit dem Soma der Vielzelligen und den Kern mit der Keimbahn — unter welchem Begriff

Weismann die in den Geschlechtsorganen gegebenen Keimzellen, die eine
Brücke von Individuum zu Individuum schlagen, zusammenfaßte. Da bei
den Teilungen vielkerniger Protisten nicht selten Kern- und Plasmareste abge-
stoßen werden, so sprach Max Hartmann direkt von einer Leiche bei den
Protisten. Aber Weismanns These fand bald Verteidiger: Enriques und
später Woodruff zeigten für Paramäzium, daß man bei genügender Vorsicht die Tiere Tausende von Generationen lang — man vergleiche dazu
das früher Gesagte — halten kann, ohne daß sich Depressionen einstellen.
Die Depressionen erwiesen sich nur als Folge ungünstiger Lebensbedingungen,
herbeigeführt durch Infektion mit Bakterien. So schien Weismann Recht
zu behalten, doch wieder änderte sich das Bild. Derselbe Woodruff, der
Paramäzien bis über 3000 Generationen hinaus gezüchtet hatte, stellte im
Verein mit Erdmann fest, daß in den Individuen sich rhythmisch Abbau-
vorgänge abspielen, die den Depressionen durchaus entsprechen. In bestimmten Intervallen wird der Großkern, dieser Repräsentant des Somas,
abgebaut und vom Kleinkern aus regeneriert. So gibt es also doch ein Sterben
in der Protistenzelle! Dieses erstreckt sich übrigens auch auf die Zellstrukturen, deren Schicksal engst an das des Großkerns gebunden ist. Und hier
nun scheint mir der Kern des Problems gelegen. Das Sterben stellt
sich dar als ein Zugrundegehen der Plasmasubstanzen, das nicht
notwendigerweise mit dem Tode des ganzen Individuums verbunden zu sein braucht; das Trophochromatin und die sich davon ableitende Arbeitsstruktur hat als sterbliche Substanz zu gelten. Auch diese
Einschränkung des Todesproblems scheint immerhin dem Tatbestand nicht
zu genügen, denn von Max Hartmann wurde 1917 für eine Volvocinee
Eudorina elegans gezeigt, daß hier auch kein intrazelluläres Sterben erweisbar
ist, vielmehr der ganze Organismus durch die schier unendliche Folge der
Generationen hindurch sich intakt erhält. Ganz Entsprechendes ist von
Bĕlař 1922 und 1924 für Actinophrys sol angegeben worden. Da möchte ich
mir nun aber den Einwand gestatten, daß durch die letzteren Befunde die
Möglichkeit eines Plasmasterbens bei Protisten nicht einwandfrei widerlegt
ist. Ein Auswandern von Chromidialsubstanz aus dem Kern wird es bei
Eudorina und Actinophrys wohl ganz gewiß geben, dem werden sich aber
auch Absterbe- und Erneuerungserscheinungen im Plasma verbinden, so
daß auch hier von einem natürlichen Sterben wird geredet werden dürfen.
Diese Vorgänge können sich so unauffällig abspielen, daß ihr Nachweis
nur sehr schwierig zu erbringen ist, doch dürften sie überall erweisbar sein
und dann bestünde die Behauptung doch zurecht, daß alles Lebendige in
Form von Körpersubstanz sterben muß. Die Individualität braucht nicht
zu sterben, aber das Arbeitsmaterial ist dem Tode verfallen, wird nur
vom Keimmaterial aus immer regeneriert.

Eine entsprechende Vorstellung vom Leben und Sterben läßt sich nun auch
für die Vielzelligen durchführen. Unstreitig beruht das Sterben des Somas
auf einer Alterung der Arbeitssubstanz, die unabwendbar ist. Trotzdem erscheint es möglich, daß das Individuum erhalten bleibt, wenigstens länger als
es normalerweise der Fall ist. In den letzten Dezennien sind viele Versuche

angestellt worden, welche es sich zur Aufgabe machten, den alternden Organismus zu verjüngen. R. Hertwig und seine Schule haben in dieser Richtung gearbeitet, hier in Wien besonders Steinach, dessen an Ratten gemachte Befunde ja sogar auf den Menschen angewendet wurden und auch hier Bestätigung fanden. Steinach unterbindet den Samengang der Männchen und bringt dadurch die Geschlechtszellen zum Absterben; zugleich aber betätigt sich die in der Gonade gelegene Pubertätsdrüse intensiver als zuvor, und da von ihr Hormone gebildet werden, welche die Körperorgane zur Entfaltung anregen, so kommt es zur Auffrischung des Körperganzen, ja auch zu einer Erneuerung der Geschlechtszellen und der sexuellen Potenz. Durch Radiumbestrahlung, durch Veränderungen in Ernährung und Temperatur, durch Implantation aktiver Gonaden und auf manch andere Art und Weise kann man ähnliche Effekte erzielen, und so eröffnet sich hier ein weites und überaus wichtiges Arbeitsfeld, das wir dahin umgrenzen können, daß wir sagen: wie bei den Protisten ist auch bei den Metabionten, sogar beim Menschen, eine Erneuerung der an sich unbedingt sterblichen Arbeitssubstanz von der unsterblichen Keimsubstanz her möglich, so daß die Lebensdauer des Somas weit, ja vielleicht sogar beliebig weit, verlängert werden kann. Nichts steht dem Gedanken ernstlich im Wege, daß es einer künftigen Medizin gelingen wird, den Menschen unsterblich zu machen. Trotzdem wird er sterben bzw. wird es ununterbrochen in ihm sterben, da die Körpersubstanz zugrunde geht und nur von der Keimbahn aus ein Ersatz statthat.

Soviel wir wissen gibt es keine Rückgängigmachung der Differenzierungen der generativen Substanz: wenn aus ihr Muskel-, Nerven- oder Drüsensubstanz entstanden ist, so ist diese betreffende Substanz für assimilatorische Neubildungen unfähig geworden. Allerdings werden immer wieder Angaben gemacht, die dem widersprechen und erweisen sollen, daß aus differenziertem Gewebe jugendliche Myoblasten usw. entstehen. Aus alten Knorpelzellen sollen junge Knochenbildner, aus Pigmentzellen junge Epithelzellen hervorgehen. Ich möchte diese Angaben nicht ohne weiteres als falsch erklären, halte es vielmehr auch für die Metazoenzelle nicht für ausgeschlossen, daß sie ihre Strukturen rückzubilden und von noch erhaltenem Keimmaterial aus zu regenerieren vermag. Was ich aber für ausgeschlossen halte, ist die Entdifferenzierung der Arbeitsstrukturen und rückläufige Verwandlung in generative Struktur. In dieser Hinsicht dürfte es wohl eine unüberschreitbare Grenze geben. So anerkenne ich also den Tod als natürliches Phänomen.

Was ich zuletzt besprochen habe, sind Schwierigkeiten der Theorie, die aus der Berücksichtigung von Ausnahmefällen erfließen. Im allgemeinen sind die Beweise für die Natürlichkeit des Todes in die Augen springend. Wir brauchen nur daran zu denken, daß den verschiedenen Organismenformen ganz verschiedene Lebensdauern eignen, um daraus entnehmen zu können, daß der Tod nicht aus äußeren und inneren Bedingungen ableitbar ist, sondern seine eigene Gesetzmäßigkeit in sich trägt — wie vergleichsweise die Radioaktivität der chemischen Elemente, die auch von Element zu

Element eine verschieden geschwinde ist! Man hat vielfach gemeint, daß große Tiere eine längere Lebensdauer haben müssen als kleine, weil sie so viel robuster, widerstandsfähiger erscheinen als diese. Das stimmt aber nicht; während ein Pferd oder eine Kuh höchstens 30—40 Jahre alt werden, erreicht der kleine Rabe, der Papagei, der Goldfisch, die griechische Landschildkröte unter günstigen Bedingungen ein Alter von ein paar hundert Jahren. Und während eine Schildkröte nur träge lebt, ist das Leben eines Vogels gerade ein überaus intensives. Mit physiologischen Erklärungen ist hier nicht auszukommen. Dasselbe gilt in Hinsicht auf das Aussterben der Arten. Das plötzliche Verschwinden ganzer Typengruppen, wie etwa der Saurier am Ende der Kreidezeit, der Ammoniten, Rudisten, Trilobiten usw., läßt sich durch die Einflußnahme äußeren Bedingungswechsels in keiner Weise verständlich machen, schon deshalb nicht, weil nicht wenige der ausgestorbenen Formen die ganze Erde bevölkerten.

So hat der Tod als etwas Natürliches zu gelten. Was ist er dann aber? Auf diese Frage werden wir die Antwort das nächste Mal versuchen.

8. Vorlesung.

Sexualität.

Im letzten Kolleg war vom Tod die Rede und wir erkannten ihn als natürlichen, d. h. wir kamen zu der Überzeugung, daß im Tode eine natürliche destruktive Tendenz sich äußert, die unter allen Umständen an der lebendigen Substanz sich durchsetzt. Und zwar setzt sie sich in der Weise durch, daß alle Körpersubstanz sterben muß, während die Keimsubstanz als unsterbliche gelten darf: sie stirbt nicht solange sie Keimsubstanz ist, erst wenn sie sich in Körpersubstanz verwandelt, unterliegt sie der Notwendigkeit des Sterbens. Dieses Ergebnis ist in doppelter Weise interessant. Erstens entnehmen wir ihm die besondere Bedeutung der Keimsubstanz, die zu nichts anderem da ist, als sich zu vermehren. Hierbei gedenken wir der früheren Überlegung, die uns dartat, daß der Vermehrungsprozeß ein analytischer Vorgang ist, zweifellos bedingt durch die Gegenwart einer speziellen Energieart in der individuatorischen Substanz; in der Vermehrung zahlt diese ihren Tribut an die Natur. Es erwächst uns daraus die Vorstellung, daß der Tod der assimilatorischen Substanz auch nichts anderes als solch selbstverständlicher Tribut sein dürfte. Doch davon erst später; sehr bald wird darauf zurückzukommen sein. Betrachten wir zuerst die zweite Seite des Ergebnisses unserer Untersuchung über das Sterben. Da zeigt sich also zweitens, daß der Erweis eines natürlichen Sterbens in keiner Weise unserer Auffassung von der Assimilation als Weltverwandlungsprozeß widerspricht, da, wenngleich auch alles Plasma sterben muß, es doch dieser Notwendigkeit erst gehorcht, wenn es als Keimsubstanz sich vermehrt hat. Die an der Keimsubstanz haftende Vermehrung rettet unsere These von der Verwandlungsaufgabe des Lebens. Alles stirbt, aber vorher hat es hinreichend am eigentlichen Werk des Lebens mitgewirkt. So lösen sich uns die Schwierigkeiten des Todesproblems. Und es erwachsen uns daraus weitere bedeutsame Einsichten, auf die genauer einzugehen ist.

Zuerst möchte ich die Frage der eventuellen Zweckmäßigkeit des Sterbens nochmals berühren. Ich hatte gezeigt, daß das Sterben als etwas Unzweckmäßiges gelten muß, wenn wir es vom Standpunkt der Weltverwandlungsthese aus betrachten. Da es dem Lebenszweck direkt entgegenwirkt, so kann es nichts Zweckmäßiges sein. In gewissen Fällen gilt nun aber der Tod doch als etwas Zweckmäßiges, nämlich vor allem das Sterben von Teilen, das dem Ganzen irgendwie zugute kommt, oder es gilt doch einfach als etwas Neutrales. Ich erinnere nochmals an den Belaubungswechsel: er bedeutet für den Baum weder einen Nutzen, noch einen Schaden, sondern erscheint einfach als ein periodischer Vorgang, durchaus vergleichbar all den periodischen Erscheinungen der Natur. Es taucht bei alledem die Frage auf, ob wir nicht eigentlich zwei Betrachtungsweisen auf das Todesproblem anwenden dürfen, nämlich einerseits den Tod betrachten müssen von der ewig wachsenden und sich vermehrenden Keimbahn aus, anderseits jedoch von dem funktionellen, viel stärker an die Natur gebundenen Körper aus. In Hinsicht auf die Keimbahn ist das Sterben ganz unzweifelhaft etwas Unzweckmäßiges, wofür wohl keine weiteren Beweise erbracht werden müssen: die Verwandlung von Keimsubstanz in Körpersubstanz bedeutet ganz gewiß einen Verlust für die Keimbahn, da sie das Lebenswerk einengt. In Hinsicht jedoch auf den Körper sieht die Sache ganz anders aus, da der individuelle Körper als Naturgebilde sich darstellt, auf das wir die obige Zielbetrachtung nicht anwenden dürfen, weil es etwas Selbständiges ist. Die Natur ist Vielheit und für die Beziehungen innerhalb dieser Vielheit gilt nur Wahrscheinlichkeit; aber das Leben schafft erst Vielheit und dieser schöpferische Prozeß untersteht dem Zweckprinzip, das eben hier ganz ausschließlich zur Geltung kommt. Erst wenn eine organische Vielheit entstanden ist, kann auf sie das Zufallsprinzip Anwendung finden, ward sie ein echtes Stück Natur. Vom Standpunkt des Körpers aus gesehen, drängt sich uns der Zweckgedanke nicht ohne weiteres auf, wenigstens was den Entstehungsprozeß anlangt; da fragen wir naturgemäß nur nach einer Zufallsursache des Sterbens, oder bringen das Periodengesetz in Anwendung. Das ist ja auch die Kausalmethode des Physiovitalismus, der das teleologische Moment nicht in den Vordergrund rückt, sondern mit einer rein energetischen Betrachtung auszukommen sucht. Wir verstehen das eben ohne weiteres in Hinsicht auf die Naturgebundenheit der Körper, die wir den Keimzellen nicht in diesem Ausmaße zuzugestehen brauchen.

Bevor wir diese Gedanken noch weiter verfolgen, wollen wir nun die Frage zu beantworten suchen, was denn das eigentliche Kausalmoment des Todes sein dürfte. Nun ich glaube, die Antwort wird uns durch die angestellte Betrachtung über die Naturgebundenheit des Somas ohne weiteres nahegelegt. Das Soma hat uns zu gelten als an die Natur preisgegebenes Leben,

an dem die Energien in derselben Weise zur Geltung kommen wie in der
Natur, wie die bekannten mechanischen, chemischen und elektromagnetischen
Energien. Dabei kommt auch zur Geltung die Zersprengungstendenz der
Energie, wie wir sie z. B. in der Radioaktivität vor Augen haben, nun und
meiner Meinung nach ist im Tode gar nichts anderes gegeben als eine besondere Form der analytischen Tendenz der Energie, die an jedem Energiesystem mit Notwendigkeit sich durchsetzen muß. Durch das Leben wird
ja die Energie in ihrem Wesen nicht verändert — was selbstverständlich ganz unmöglich ist; das Leben bedeutet eine Steigerung der Kraft,
die in ihm zum Bewußtsein verwandelt erscheint, aber dies Bewußtsein
findet sich ebenso der Energie gegenüber wie die Kraft, und da der Körper
als Natursystem sich darstellt, so kann der Tod nur als etwas völlig Selbstverständliches gelten. Gegenüber dem Zweck muß sich immer der Zufall
behaupten, denn immer steht dem Formprinzip das Tätigkeitsprinzip
gegenüber. So ist der Tod nichts anderes als eine Mitgift der Natur
an das Leben, womit er seiner Rätselhaftigkeit ganz entkleidet erscheint.
Er stellt sich dar, wie wohl am besten zu sagen ist, als der negative Schenkel
einer Periode, deren positiver Schenkel gegeben ist in der Ausbildung des
Körpers. So erscheint er als etwas einfach Kausales, als etwas teleologisch
Neutrales, wie eben auch der radioaktive Zerfall eines chemischen Elements.
Aber auch das Körperwachstum, das den positiven Periodenschenkel bildet,
erscheint derart betrachtet als etwas Neutrales: in Hinsicht auf den Körper
wird Leben und Sterben seiner Teleologie entkleidet. Der Zweckgedanke
ist dann unangebracht, Wachstum wird zur Ektropie und Sterben zur Entropie.
Wir können auch sagen, daß das Körperwachstum dem Tode untergeordnet
ist und sich darum sehr wesentlich unterscheidet vom Keimbahnwachstum.
In Hinsicht auf dieses ist die analytische Naturtendenz dem Leben untergeordnet, stellt sich dar als Vermehrung, die, wie wir ja sahen, den Lebenszweck gestattet. So bedeuten Vermehrung und Sterben Parallel-
erscheinungen, die eine als analytisches Naturgeschehen an der
Keimsubstanz, die andere als ein ebensolches an der Körpersubstanz. Die eine steht im Banne des Lebens, die andere dagegen im
Banne des Todes. Das sind Erkenntnisse, die sich uns noch als überaus
bedeutungsvolle erweisen werden.

Übrigens läßt sich die Zweckmäßigkeitsbetrachtung auch auf den Körper
anwenden. Das ist nun wieder eine Folgerung aus dem Vorgetragenen von
ganz hervorragender Bedeutung. Es war die Rede davon, daß der Tod
der Teile eines Individuums für dieses einen Vorteil beinhalten könne. Ein
solches Urteil ist allerdings möglich, wenn wir dem Leben bei seinem Übergang
von der Keimbahn zum Körper folgen, nur nimmt da der Zweck ein ganz
anderes Gesicht an. Er wird aus einem allgemeinen Zweck, der
Bedeutung für das Weltganze hat, zu einem Individualzweck
mit sehr geringem Radius. Aus einem universellen Telos wird ein indi-
viduelles, aus einem Telismus, wie ich sagen möchte, wird ein Utilitarismus.
Damit jedoch wird der Zweck zu etwas uns recht vertrautem: ist denn nicht
unser ganzes modernes Denken utilitaristisch und individualistisch gefärbt?

Früher war das einmal anders, da dachte man universalistisch und telistisch (wenigstens in gewissem Sinne), heute jedoch liegt derartiges Denken vollkommen fern, und so kann es uns denn auch nicht wundernehmen, daß der Vitalismus, wenn er mit Zwecken rechnet, doch an den eigentlichen Lebenszweck gar nicht denkt. Wir begreifen den Physiovitalismus immer besser. Wir begreifen aber auch die hervorragende Bedeutung des Darwinismus, der mit dem individuellen Zwecke rechnet — für den Lamarckismus gilt übrigens dasselbe —, der somit dem modernen Empfinden durchaus entgegen kommt. Es wird darüber später ausführlich zu reden sein.

So haben wir denn das Todesproblem in seiner Gänze erledigt. Es bot des Interessanten gerade genug und ganz besonders erwies es sich wichtig in Hinsicht auf das volle Verständnis des Physiovitalismus, der sich uns als ein echtes Kind unserer nur auf den Körper hin orientierten Zeit darstellt. Wir werden jetzt aber noch Untersuchungen anstellen müssen, die uns auch den Formvitalismus als echtes Zeitkind zu beurteilen gestatten werden. Dabei werden wir es zu tun haben mit Phänomenen, die anknüpfen an das Individuationsproblem, und zwar mit den Erscheinungen der Sexualität, der Kopulation und des Generationswechsels. Erscheinungen von außerordentlicher biologischer Bedeutung, deren Verständnis auch noch sehr im argen liegt.

Wir haben die Individuation kennen gelernt als Ausbildung der Individualität an der entstehenden lebenden Substanz und als Vermehrung der Individuenzahl. Beides wird vermittelt durch die individuatorische Substanz als Träger des Formprinzips und der individuatorischen Energie. Für die Vermehrung ist nun aber sehr wichtig die Sexualität, nämlich die Tatsache, daß die Organismen auftreten in zweierlei Form, als männliche und als weibliche, die miteinander kopulieren, wodurch eine zweite Art der Individualität, die bisexuelle, entsteht; indem diese Art der Individualität wieder rückgängig gemacht wird, ergibt sich die Aufeinanderfolge zweier Generationen. Mit all diesen Problemen haben wir uns jetzt eingehend zu beschäftigen.

Sexualität ist Differenzierung der Zellen zu Geschlechtszellen, zu Gameten, die wir als Eier und Samen (Spermatozoen) kennen. Sind sie in dieser doppelten Weise leicht unterscheidbar gegeben, so spricht man von Anisogameten; doch braucht auch kein Unterschied sichtbar hervorzutreten und dann redet man von Isogameten, wie sie besonders bei den Protisten weit verbreitet sind. Daß es sich um Gameten handelt, erweist dann nur die Kopulation. Übrigens dürfte es nur Anisogameten geben, denn immer allgemeiner erkennt man die mindestens physiologische Differenz der miteinander kopulierenden Geschlechtszellen. Man darf heutzutage die Aussage riskieren, daß die Sexualität eine allgemeine Eigenschaft der Organismen ist. Auch für die Bakterien kann sie heutigentags auf Grund der Forschungen von Foerster, Fuhrmann und Potthoff als erwiesen gelten. Sexualität kommt an den Zellen der sog. geschlechtlichen Generation zur Ausbildung. Diese Zellen können wir als die ursprünglichen betrachten. Es sind Zellen mit einfacher Chromosomengarnitur, wie man sich ausdrückt; man spricht von haploiden Zellen oder Haplonten, die in der Kopulation

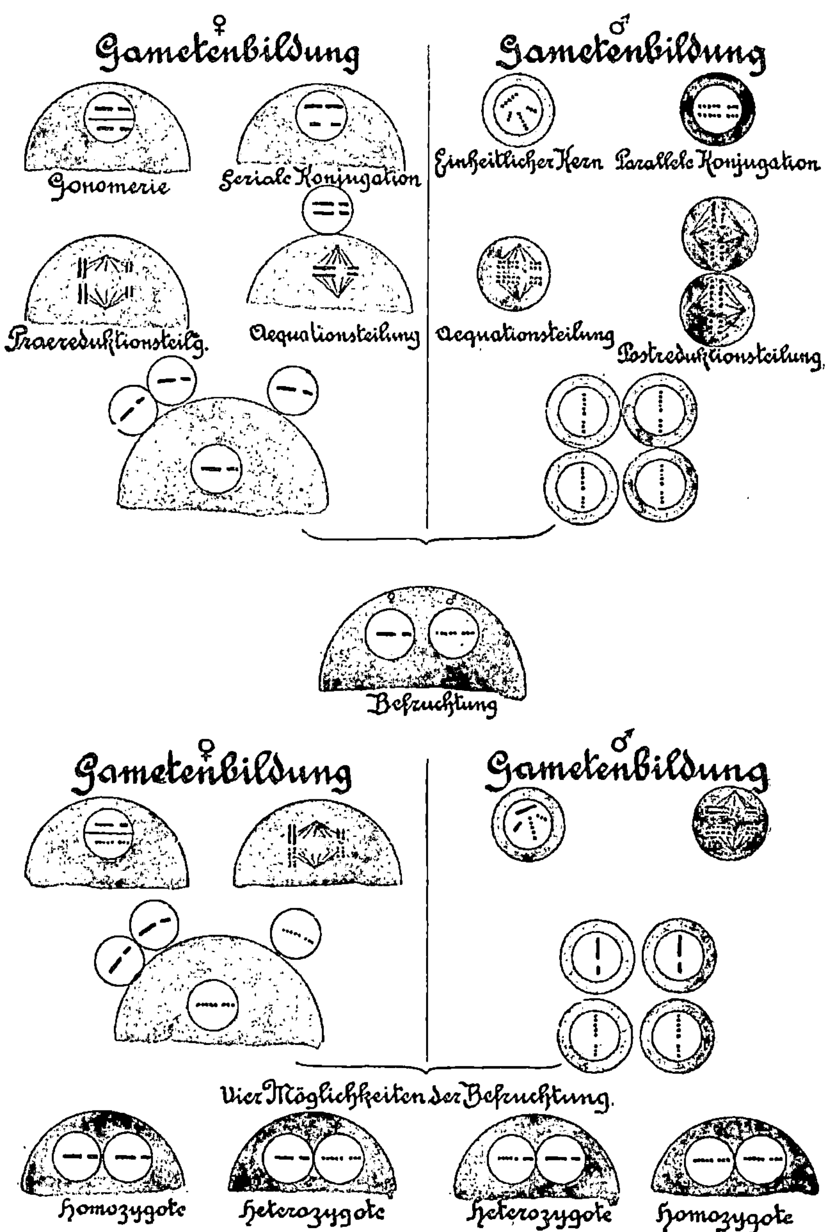

Abb. 18. Darstellung der Reduktionsteilungen vor der Befruchtung und der Bastardierung. Oben zwei Arten von Reduktion des diploiden Chromosomenbestandes: links Reifung des Eies (Gonomerie bedeutet äußere Gliederung des Kerns entsprechend der paarigen Beschaffenheit des Inhalts; seriale Konjugation heißt Nebeneinanderlagerung der entsprechenden Chromosomen vor der Richtungskörperbildung; Präreduktion heißt, daß bei den zwei Reifungsteilungen, aus denen das Ei und die drei Richtungskörper hervorgehen, zuerst die Chromosomenzahl reduziert, dann jedes Chromosom längs gespalten wird wie bei den üblichen Teilungen), rechts Entstehung von vier Samenzellen (hier Kern einheitlich dargestellt, die Chromosomen legen sich parallel aneinander und die Reduktion erfolgt erst nach der Längsspaltung). Unten schematische Darstellung der vier Möglichkeiten der Chromosomenmischung in den Bastardnachkommen. Siehe dazu die 14. Vorlesung.
Aus K. C. Schneider, Deszendenztheorie.

sich mit einer anderen entsprechenden Zelle verbinden zu einer Zelle mit doppelter Chromosomengarnitur, zu einer diploiden Zelle oder einem Diplonten. Das Kopulationsprodukt nennt man auch Kopula oder Zygote. Aus der Kopula geht eine Folge von diploiden Zellen hervor, die man als ungeschlechtliche Generation zusammenfaßt; ihren Abschluß findet sie in Reduktionsteilungen der Zellen (Abb. 18), bei denen der haploide Zustand wieder hergestellt wird. Die Reduktionsteilungen unterscheiden sich von den normalen oder Äquationsteilungen dadurch, daß hier nicht eine Längsspaltung der Chromosomen statthat, sondern eine Reduktion der Chromosomenzahl, indem bei Ausbildung der Äquatorialplatte der Spindel sich immer zwei Chromosomen paarweise zusammenlegen und bei der Teilung auf die Tochtersterne verteilt werden. So entstehen entweder direkt Gameten oder sog. Agameten, welche auch nur die halbe Chromosomengarnitur der ungeschlechtlichen Generation haben, aber noch nicht sexuell differenziert sind. Durch Vermehrung liefern sie die sog. geschlechtliche Generation, die zuletzt die Geschlechtszellen entwickelt. Der Generationswechsel bedeutet also einen Wechsel von Haplonten und Diplonten und die geschlechtliche Generation ist dadurch ausgezeichnet, daß ihre haploiden Zellen den Wert von Geschlechtszellen haben, bzw. direkt selbst sind, während die ungeschlechtliche Generation, die mit einer Kopula beginnt, aus diploiden Zellen besteht und in Reifeteilungen ausklingt, die den haploiden Zustand erneuern.

Überaus interessant ist ein Überblick über die Entwicklung des Generationswechsels bei den Organismen. Zunächst ist zu bemerken, daß man unter Generationswechsel bei den Tieren etwas ganz anderes versteht als bei den Pflanzen. Nur für die letzteren gilt der Terminus im oben angewendeten Sinne, bei den Tieren versteht man jedoch darunter eine Folge differenter Individuen innerhalb der ungeschlechtlichen Generation. Man spricht von Generationswechsel z. B. bei den Hydroidpolypen und meint damit den Wechsel von Polypen, welche keine Geschlechtszellen entwickeln, und von Medusen, für welche solches gilt. Die geschlechtliche Generation im Sinne der Botaniker ist bei den Hydroiden, wie bei allen Tieren, allein gegeben in den Geschlechtszellen. Wir halten uns hier an die Nomenklatur der Botaniker. Überblicken wir in diesem Sinne das gesamte Organismenreich, so sehen wir bei den Protisten beide Generationen im allgemeinen ziemlich gleichmäßig ausgebildet. Vielfach begegnen uns, z.B. bei Rhizopoden (Abb. 19), in beiden Generationen große vielkernige Zellen, sog. Gamonten und Agamonten, die einerseits in zahlreiche einkernige Gameten, die miteinander oder mit den Abkömmlingen anderer Gamonten kopulieren, zerfallen, andererseits in einkernige Agameten sich auflösen. Bei den Blutparasiten unter den Sporozoen sind es die Kopulae, die allein als Dauersporen die Infektion neuer Wirte bewirken. Eine ganz außerordentlich weitgehende Reduktion der geschlechtlichen Generation beobachten wir bei den Infusorien. Das bereits mehrfach erwähnte Paramäzium (vgl. dazu Abb. 9 in der 3. Vorlesung) ist die ungeschlechtliche Generation, selbständige Individuen einer geschlechtlichen Generation gibt es überhaupt nicht; auf eine solche zweite Generation zu beziehen sind nur die Teilungsprodukte der Kleinkerne, die zum Teil bei der Konjugation Verwendung finden, zum Teil zugrunde gehen. Wenden wir uns nun den Pflanzen zu, so zeigen uns die niedersten Formen, die Algen, entsprechendes wie die Protisten. Auch hier gibt es Formen mit gleichmäßig entwickelten Generationen, so z. B. die Rotalgen oder Florideen, bei denen man sogar dreierlei Arten von Individuen beobachten kann. Man findet da Individuen

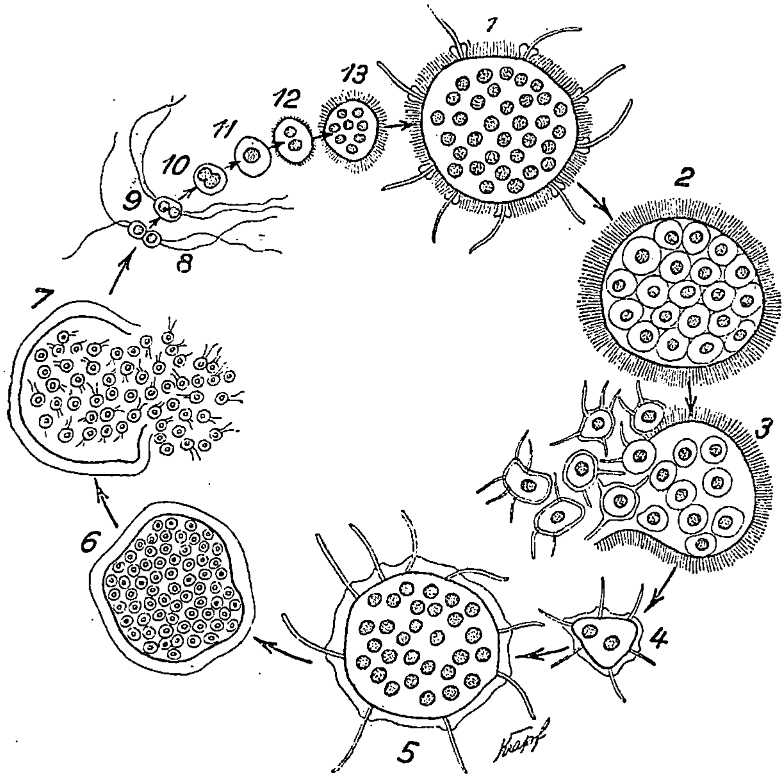

Abb. 19. Generationswechsel von Trichosphaerium sieboldi. *1—3* Agamont, welcher die Agameten bildet, *5—7* Gamont, welcher die Gameten bildet. *8—10* Kopulation dieser. Nach Schaudinn, aus Handwörterbuch der Naturwissenschaften.

als ungeschlechtliche Generation mit diploiden Zellen, an denen sich lokal die Reduktionsteilungen abspielen, und daneben zweierlei Arten von geschlechtlichen Generationen, von denen die eine Eier, die andere Samen liefert. Dabei sehen alle drei Arten von Individuen ganz gleich aus und sind nur an ihren Endprodukten, den Geschlechtszellen, den bei der Reduktionsteilung entstehenden Tetrasporen, zu unterscheiden. Eine starke Rückbildung der geschlechtlichen Generation zeigen die Grünalgen oder Fukoideen, die darin ganz mit den Tieren übereinstimmen. Höchst auffällig sind unter den Pflanzen die Moose (Abb. 20 II). Bei ihnen ist nämlich die ungeschlechtliche

Generation stark unterdrückt. Die Moospflanze ist geschlechtliche Generation und die ungeschlechtliche kommt zur Geltung nur in den Sporenkapseln, deren Elemente die Reduktion durchmachen. Dagegen ist bei den Farnen

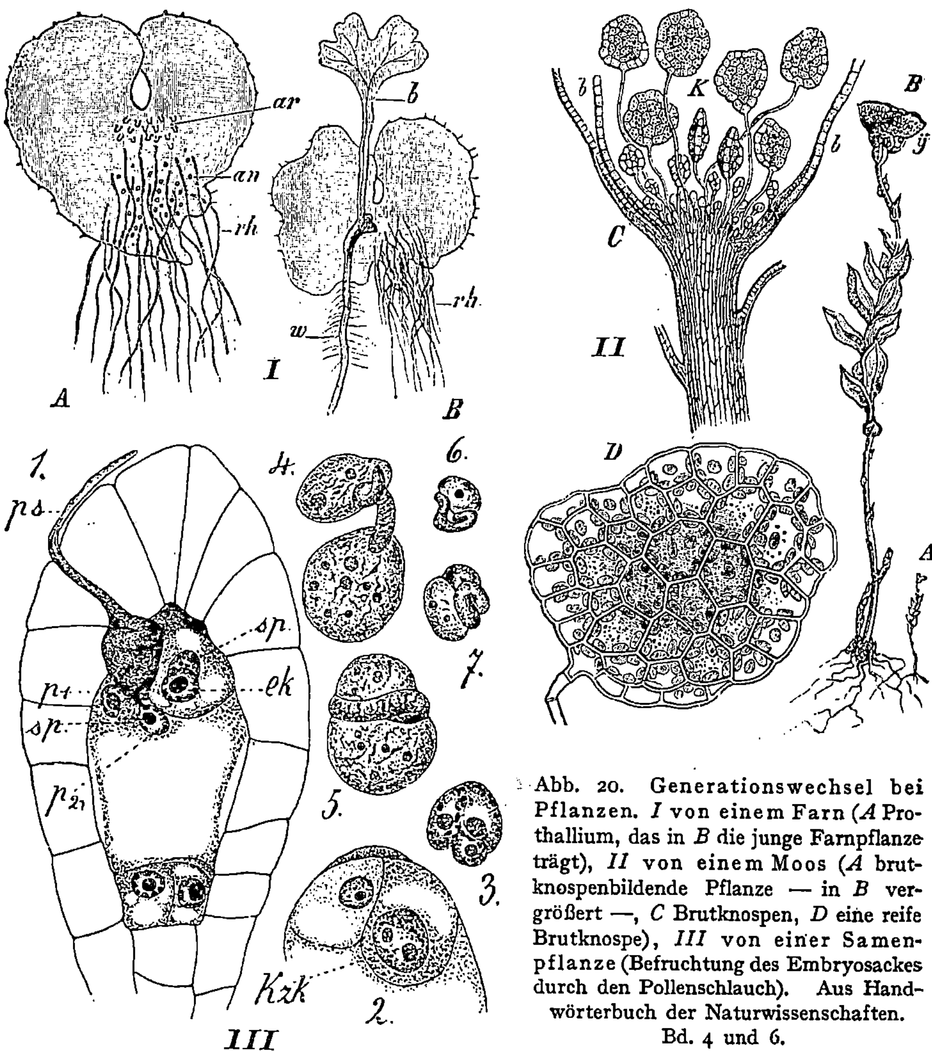

Abb. 20. Generationswechsel bei Pflanzen. *I* von einem Farn (*A* Prothallium, das in *B* die junge Farnpflanze trägt), *II* von einem Moos (*A* brutknospenbildende Pflanze — in *B* vergrößert —, *C* Brutknospen, *D* eine reife Brutknospe), *III* von einer Samenpflanze (Befruchtung des Embryosackes durch den Pollenschlauch). Aus Handwörterbuch der Naturwissenschaften. Bd. 4 und 6.

(Abb. 20 I) die Farnpflanze ungeschlechtliche Generation und darin erweisen sich die Farne offenkundig als direkte Vorläufer der Blütenpflanzen. Während für sie aber noch deutliche Entfaltung der geschlechtlichen Generation gilt, da aus den haploiden Sporen umfangreiche Vorkeime, sog. Prothallien, hervorgehen, sehen wir bei den Anthophyten (Abb. 20 III) die geschlechtliche Generation fast ganz reduziert, nämlich außer auf die Gameten eingeschränkt auf Hilfszellen der Befruchtung, auf die Pollenschläuche im männlichen und auf die Embryosäcke im weiblichen Geschlecht. Was schließlich die Tiere anlangt, so wurde von ihnen bereits ausgesagt, daß hier die geschlechtliche Generation bis auf die Geschlechtszellen völlig unterdrückt ist. Das gilt für sämtliche Tiere, in deren so mannigfaltigen Stämmen also keine Differenzierung in Hinsicht auf den Generationswechsel statthat.

In Hinsicht auf Sexualität, Kopulation und Generationswechsel gibt es nun eine Fülle von Theorien, von denen in der nächsten Stunde die Rede sein wird.

9. Vorlesung.

Theorien der Sexualität.

Nach Erledigung des Todesproblems, das uns über die Bedeutung des Physiovitalismus für unsere Kultur weitere Auskunft gab, waren wir übergegangen zur Besprechung des Sexualproblems, des Problems der Kopulation und des Generationswechsels, die für die volle Würdigung des Formvitalismus Bedeutung haben, und hatten uns mit dem Tatsächlichen auf diesen Gebieten vertraut zu machen gesucht. Ich hatte dargetan, was Sexualität ist, dann von der Kopulation der haploiden Geschlechtszellen gesprochen, von der diploiden Generation und den Reduktionsteilungen, in die sie ausläuft, schließlich einen Überblick über die Verbreitung und Ausbildung des Generationswechsels im ganzen Organismenreiche gegeben. Heute wollen wir uns nun mit den anknüpfenden Theorien beschäftigen und zuerst die Theorien der Sexualität und der Kopulation erörtern.

Was hat es mit dem Geschlecht und der Kopulation auf sich? Eine erste wissenschaftliche Erklärung suchte Bütschli im Jahre 1876 zu geben, indem er darauf hinwies, daß die Depressionszustände der Protisten durch Kopulation überwunden werden können. Eine der Depression verfallene Zucht von Aktinosphärien oder von Paramäzien vermag sich wieder zu erholen, wenn es zu Kopulationen bzw. zu Enzystierungen und damit verbundenen Befruchtungsvorgängen kommt. Paramäzien zeigen die uns bereits bekannten Degenerationen des Großkernes, die mit Depressionserscheinungen sich verbinden und die nun bei Befruchtung durch Ersatz des Großkerns vom befruchteten Kleinkern aus behoben werden können. Aber diese Erneuerung erfolgt, wie wir gleichfalls sahen, auch ohne Konjugation und so kann letztere nicht als Ursache der Verjüngung angesehen werden. Was Aktinosphärium anlangt, so steht allerdings die Erholung von den Depressionen — die durch massenhafte Entwicklung der Chromidialsubstanzen im Plasma zustande kommen — zu Befruchtungsvorgängen in Beziehung, aber diese letzteren folgen einer bereits vollzogenen Erholung nach: zuerst kommt es zur Resorption und Ausstoßung des Chromidialmaterials, ferner zur Enzystierung und dann erst zu Befruchtungen am zurückgebliebenen Kernmaterial, das somit in seiner Gänze vom erkrankten Individuum stammt; Kopulation von Individuen spielt bei der Verjüngung gar keine Rolle.

5*

Dies letztere wußte auch Bütschli und so stellte er gleich noch eine zweite Theorie der Sexualität auf, die man gewöhnlich die Sexualitätstheorie nennt. Er meinte, daß die sexuelle Differenz der Zellen die natürliche Folge sei der fortgesetzten Zellteilungen, bei denen sich Differenzen in der Kernstruktur ergeben müßten. Es sollten sich chromatinarme und chromatinreiche Kerne entwickeln, von denen die ersteren charakteristisch seien für die männlichen Sexualzellen, die letzteren für die weiblichen. Daß in der Tat auf den Kern bezügliche Strukturdifferenzen in den Sexualzellen vorliegen, werden wir noch zu erörtern haben; so meinte nun Bütschli, daß diese Differenzen zur Vermischung der ungleich gewordenen Zellen drängen, und eben in dieser Ausgleichstendenz glaubte er die Ursache der Sexualität vor Augen zu haben. Indessen wird diese Auffassung schon durch die eine Tatsache widerlegt, daß sexuelle Differenz auch vorliegt bei kopulierenden Zellen, die, wie bei Aktinosphärium, von einem Mutterindividuum, oder gar, was für manche Fälle von Autogamie gilt, bei kopulierenden Kernen, die, wie bei Entamöba vom diploiden Kern eines Individuums abstammen. Die Strukturdifferenzen treten also auf bei den Abkömmlingen eines einzelnen Individuums und die Kopulation bedeutet hier keinerlei Veränderung des gegebenen Tatbestandes; es erweist sich also die Theorie ganz ungenügend zur Erklärung der Kopulation.

Heutzutage nimmt man dem Sexualproblem gegenüber meist eine ganz andere Stellung ein. Man bestreitet überhaupt seine Selbständigkeit und erkennt in ihm nur ein Teilproblem der Mannigfaltigkeitsentwicklung bei den Organismen. Man kann hier von einer Qualitätstheorie reden. Mannigfaltigkeit begegnet uns nicht nur in den Artgruppen des Systems, sondern auch innerhalb der Arten, bei denen wir einen Dimorphismus oder Polymorphismus nicht selten beobachten. Dimorph sind die Falter mancher Schmetterlingsarten, die zu verschiedenen Jahreszeiten ausfliegen; Polymorphie liegt vor bei den Ameisen und Termiten, die sehr verschiedene funktionelle Typen (Arbeiter, Soldaten) entwickeln. Bemerkenswert ist die Mimikry mancher Schwalbenschwanzarten, deren Weibchen in verschiedenen Regionen ganz verschiedene geschützte Vorbilder nachahmen. Man stellte nun die Behauptung auf, daß auch die sexuelle Differenz nichts anderes sei als ein Dimorphismus im Rahmen der Art, der nur im Laufe der Zeit besondere Bedeutung gewonnen habe. Zur Stütze dieser Anschauung wird angeführt, daß die Sexualcharaktere ebenso an die Chromosomen gebunden sind wie die typischen morphologischen Charaktere. Über die Beziehung der Eigenschaften zu den Chromosomen wird noch genauer zu reden sein, ich erwähne hier nur, daß es gelang, sog. Geschlechtschromosomen nachzuweisen, deren Gegenwart sich als notwendig für die Entfaltung des männlichen oder weiblichen Geschlechts erwies. Zumeist liegt der Tatbestand so, daß bei den Individuen weiblichen Geschlechts die Geschlechtschromosomen allen Eiern eignen, während beim männlichen Geschlecht sie nur der Hälfte der gebildeten Samen zukommen. Die Hälfte der Samen nun, die mit einem Geschlechtschromosom ausgestattet ist, liefert bei der Befruchtung der Eier weibliche Nachkommen, die andere Hälfte dagegen, die des Chromosoms entbehrt, liefert männliche Nachkommen; man unterscheidet daher unter den Samen, je nach der Gegenwart oder dem Mangel eines Geschlechtschromosoms, Weibchen- und Männchenbestimmer (wie die später in Vorlesung 13 zu gebende Darstellung der Verhältnisse bei Drosophila zeigt, kann die Männchenbestimmung auch durch ein besonders geartetes Geschlechtschromosom erfolgen). In seltenen Fällen haftet die Geschlechtsbestimmung auch an den Eiern und die Samen sind einer Art. Gegen die Einordnung der Sexualität unter die systematischen Charaktere wurden aber im Laufe der Zeit viele Einwände erhoben und heute kann die Qualitätstheorie nicht mehr genügen. Sie wird ganz einfach dadurch widerlegt, daß wir die Fähigkeit, beide Geschlechter zu produzieren, auch der haploiden Zelle zuschreiben müssen, für die das Gegebensein oder der Mangel der Geschlechtschromosomen ganz gleichgültig ist. Solche Beweise wurden durch das Studium der geschlechtlichen Generationen der niederen Pflanzen erbracht. So bildet die aus haploiden Zellen bestehende geschlechtliche Generation der Alge Vaucheria sowohl Eier als auch Samen, und das gleiche gilt auch für die Moose (Funaria z. B.), deren Pflanzen, wie wir sahen, die geschlechtliche Generation darstellen und die nun an den verschiedenen Zweigen weibliche oder männliche Sexualzellen entwickeln können. Auch für die Blütenpflanzen hat Correns das Vermögen der haploiden Zellen, beiderlei Geschlecht zu liefern, erwiesen. Die Geschlechtschromosomen sind daher seiner Meinung nach nur Realisatoren der sexuellen Eigenschaften, nicht aber deren eigentliche Ursache, für die wir wohl auch eine strukturelle Grundlage in den Zellen werden annehmen müssen, die aber noch unbekannt ist. Man ist heutzutage geneigt, die Ursache speziell des weiblichen Geschlechts im Plasma zu suchen, in welcher Hinsicht vor allem Goldschmidt sich ausgesprochen hat. Daß den Geschlechtschromosomen keine entscheidende Rolle für die Geschlechtsbestimmung zukommen kann, dafür sprach schon immer, daß sich die letztere vielfach als eine phänotypische Leistung erwies, daß, mit anderen Worten, das Geschlecht durch äußere Bedingungen beeinflußt werden kann. Doch müssen für die gelegentlich erweisbare große Mannigfaltigkeit differenter sexueller Zwischenstufen innere Faktoren als Ursache angenommen werden, und so erweist sich das Sexualproblem als ein überaus komplexes, von dem als allgemeine Grundlage nur angeführt werden kann, daß es noch unbekannte Anlagen für beide Geschlechter geben muß, von denen die das weibliche Geschlecht bestimmenden vermutlich im Plasma gelegen sein dürften.

Damit nun werden wir übergeleitet zur Bisexualitätstheorie. Diese behauptete schon seit längerer Zeit, aber aus ganz anderen Gründen, das Gegebensein zweier sexueller Substanzen in den Zellen, und zwar in allen Zellen, und suchte zugleich den Nachweis zu führen, daß die weibliche Substanz dem Plasma, die männliche dem Kerne eignet. Die Bisexualitätstheorie wurde vor allem von dem Berliner Arzt Wilhelm Fließ und dem Wiener Otto Weininger (in seinem so bekannt gewordenen Buche: Geschlecht und Charakter) ausgearbeitet. Während sich der letztere vor allem auf rein theoretische Gründe stützte, versuchte Fließ die Existenz der beiden sexuellen Substanzen abzuleiten aus dem Nachweise zweier sexueller Perioden, einer 23 tägigen männlichen und einer 28 tägigen weiblichen. Ich handle darüber eingehend in meinem Periodenkolleg und will hier nur bemerken, daß die von Fließ gewählte mathematische Behandlung des Themas nicht zur Begründung genügt; von einem exakten Nachweis zweier Substanzen, die man mit irgendwelcher Sicherheit auf die beiden Geschlechter beziehen könne, kann keine Rede sein. Ein solcher Nachweis ist erst von mir erbracht worden. Nachdem ich bereits 1917 in meinem großen Werke: Die Welt, wie sie jetzt ist und wie sie sein wird, sowie in meiner Zeitschrift: Mitteleuropa als Kulturbegriff, die männliche Substanz auf die im Kern gelegene Erbsubstanz und die weibliche auf die im Plasma gelegene Arbeitssubstanz bezogen hatte, habe ich dann später in meinen Kollegs genauer dargestellt, daß wir als weibliche Substanz die uns nun zur Genüge bekannte assimilatorische, als männliche aber die individuatorische aufzufassen haben. Beide sind primär Kernsubstanzen; wir werden daher bei unserem Vergleiche erinnert an die von Bütschli gemachte Unterscheidung chromatinarmer und chromatinreicher Kerne, von denen die ersteren als für das männliche Geschlecht, die letzteren als für das weibliche Geschlecht charakteristisch gelten. In der Tat: betrachten wir Ei und Samen, als die charakteristischen Träger der Sexualität, genauer, so sehen wir ganz offenkundig, daß sie im Sinne Bütschlis und von mir differieren. Das Wesentliche am Samen ist das Gegebensein des Zentrosoms — mitsamt dem zugeordneten Bewegungsapparat — und der Kern ist nur wichtig als Träger der Erbsubstanz, des Idiochromatins — nicht des Trophochromatins! —, also kommen hier nur in Betracht die individuatorische und die ihr engst zuzuordnende morphologische Substanz. Während das Wesentliche am Ei das Trophochromatin ist, das ja das Zellwachstum vermittelt, ferner die Anlagen der Arbeitssubstanz, die wir vom Trophochromatin abzuleiten vermochten, also die assimilatorische und die histologische Substanz. In Hinsicht auf letztere Behauptungen ist noch anzugeben, daß bei den Furchungen des befruchteten Eies die Teilungen nicht bewirkt werden durch das Zentrosom des Eies, dieses vielmehr verschwindet und durch das Zentrosom des Samens ersetzt wird (Abb. 17 in Vorlesung 5); daß ferner der Eikern für die Entwicklung überflüssig ist, da bei seiner Zerstörung der Samenkern genügt, um ein normales Artindividuum entstehen zu lassen. Die Gegenwart zweier Erbsubstanzen ist nur wichtig in Hinsicht auf die Vermischung der väterlichen und mütterlichen Charaktere.

Damit durchschauen wir nun aber tief die Bedeutung der sexuellen Differenzen und ihre Zuordnung zu verschiedenen Zellstrukturen. Wir erkennen, daß das Ei ausgezeichnet ist durch seinen Plasmagehalt, während für den Samen in erster Linie wesentlich ist sein Kerngehalt — wobei wieder in erster Linie das Idiochromatin in Betracht zu ziehen ist, doch steht ja auch das Zentrosom dauernd in engster Beziehung zum Kern, aus dem es phylogenetisch hervorgegangen ist. Somit begründet sich, genauer bestimmt, der Geschlechterunterschied auf der Betonung des Formprinzips in den männlichen und des Stoffprinzips in den weiblichen Zellen. Aber jeder Zelle eignen männliche und weibliche Substanz, nur ihre quantitative Entfaltung unterliegt Schwankungen. Was nun diese Schwankungen anlangt, dafür ward die Ursache mit dem Gesagten nicht aufgezeigt, darüber wird erst später näher auszusagen sein. Es unterliegt aber keinem Zweifel, daß die sexuelle Differenz mit der artlichen Qualifizierung nichts zu tun hat, sondern ein Problem für sich bedeutet. Die artliche Mannigfaltigkeit haftet, wie ich hier sofort betonen möchte, rein an der männlichen Substanz, während die Sexualität ihre Ursache hat wahrscheinlich in der weiblichen Substanz. Darüber aber, wie bemerkt, erst später.

Wir wenden uns nun den Fragen zu: warum gibt es eine Kopulation und warum einen Generationswechsel? Lassen Sie mich hier anknüpfen an die Tatsache der Vermehrung. Die Vermehrung begann an einem ersten Lebewesen und schritt im Laufe der Zeit fort bis zur Entstehung aller heute existierenden Organismen, von denen sich wieder alle Lebewesen der Zukunft ableiten. Das ergibt eine Vielheit mit genetischem Zusammenhang: wir sehen einen Ausgang der Vermehrung, in dem alle Individuen genetisch aufeinander bezogen sind. Die Keimbahn ist Grundlage dieses Zusammenhanges; in ihr erscheint die Vielheit zur Einheit bezogen. Etwas Derartiges nun gibt es in der Natur nicht. Wie ich schon früher zu betonen Gelegenheit hatte, ist die Vielheit in der Natur als urewige zu beurteilen, denn wir können von den Elektronen, den elementaren Bausteinen der Materie, nur aussagen, daß sie immer als gesonderte, selbständige, auch im Äther — wo sie im gebundenen Zustand vorliegen — gegeben sind; in Hinsicht auf sie gibt es keine genetische Beziehung, sondern nur wechselnde ektropische Verknüpfungen und entropische Trennungen, wovon ja bei Besprechung des Tschermakschen Physiovitalismus die Rede war. Die genetische Ableitung, die so charakteristisch für die Organismen ist, ist eine übernatürliche Beziehung, von der nun in erster Linie betont werden muß, daß sie streng gesetzlich ist, während allen Beziehungen der Naturkörper ein Zufallsmoment innewohnt. In der Keimbahn ist der Ort und die Nachbarschaft jeder Zelle fest bestimmt und unwandelbar, während in der Natur jedem Körper jede Stelle zugeschrieben werden kann, ohne daß dadurch am Begriff der Natur etwas geändert würde; wo der Naturkörper heute nicht ist, da kann er doch morgen sein, was dagegen im Rahmen der Keimbahn ganz ausgeschlossen ist. Ich charakterisiere darum auch die Keimbahn als eine Absolutbeziehung, solche ist aber in der Natur nicht möglich, wie ja die moderne Physik mit Evidenz erwiesen hat; hier gibt es nur Relativbeziehungen. Nun sind aber auch Relativbeziehungen für das Leben nicht ausgeschlossen, im Gegenteil: wir müssen sie hier geradezu fordern. Denn wenn auch alle Individuen in der Keimbahn gesetzhaft zusammenhängen, so sind sie nach ihrer Fertigstellung doch als gesonderte, selbständige gegeben, in diesem Sinne aber echte Bausteine der Natur und deren Bedingungen unterworfen. Sie sind dann echte Vielheit im Natursinne und es müssen darum auch Zufallsrelationen für sie gelten. Sie müssen die Tendenz nach Durchmischung, nach Berührung und Trennung in sich tragen, die sich natürlich entsprechend

ihrem besonderen Wesen in besonderer Form darbieten muß. Diese natur-
entsprungene Tendenz finde ich nun bei den Organismen in der Kopulation,
sowie in den damit mehr oder weniger eng verknüpften Reduktionstrennungen
gegeben. Ganz zweifellos ist die Kopulation eine Zufallsrelation, die sich als
etwas Sekundäres der Vermehrung zuordnet. Eine Ursache von Vermehrung
ist die Kopulation nicht, wenigstens sind wir zu solcher Annahme keineswegs
genötigt; die Vermehrung als organisches Grundphänomen läuft ruhig weiter,
ob es sich nun um haploide oder diploide Individuen handelt; doch muß
die Kopulation der Vermehrung zugeordnet sein, weil sie eben das Gegebensein von Individuen zur Voraussetzung hat. Sie steht als Zufallsbeziehung
der Ursprungsbeziehung direkt gegenüber. Und wir können schließlich noch
darüber sagen, daß die in ihr gegebenen Individualverbindungen ein ganz
anderes Material setzen als es durch die Vermehrungen entsteht, nämlich
diploide Zellen statt haploider Zellen, die das Material der Ursprungsbeziehung ausmachen. Die haploiden Zellen — und auch die haploiden Anteile
der diploiden — sind durch die Ursprungsbeziehung auf ein Zentrum bezogen
und in diesem Sinne als Einheit (Keimbahn) zu beurteilen, die diploiden
Zellen aber entstehen durch eine Zufallsbeziehung (Kopulation) und erscheinen
nun zugleich als etwas Selbständiges: in der Zygote gewinnen die Individuen
eine Selbständigkeit, die ihnen als haploiden eigentlich nicht zukommt; sie
werden, wie man sagen kann, erst ganz zu echten Individuen.

Mit der Kopulation begreifen wir zugleich, daß es einen Generationen-
wechsel geben muß, der ja nur einfach Ausdruck der auch bei der Kopulation
fortlaufenden Vermehrung ist. Aber es tritt uns hier als interessantes Problem
die von uns bereits konstatierte Reduktion der geschlechtlichen Generation
im Laufe der organischen Entwicklung entgegen. Sahen wir doch, daß bei
den niederen Formen die Generationen ungefähr gleich ausgebildet sind,
dagegen von den Farnen an die ungeschlechtliche Generation zu immer
stärkerer Entfaltung gelangt, bis zuletzt von der geschlechtlichen nur die
Gameten übrig bleiben. Warum gibt es diese Verkümmerung der geschlechtlichen Generation? Wettstein hat für die Pflanzen die Antwort auf diese
Frage zu geben versucht. Er meint, daß allein die ungeschlechtliche Generation befähigt war, den Übergang vom Leben im Wasser zum Leben auf
dem Lande zu vollziehen, da die diploide Zelle besser geeignet erscheint,
leistungsfähige Gewebe zu liefern, als die haploide. Sie konnte deshalb, so
meint Wettstein, Wassergefäße ausbilden, die die Pflanzen vom freien,
fließenden Wasser — an das auch die Moose noch gebunden sind — unabhängig machen. Dagegen ist nun allerdings einzuwenden, daß es Beispiele
gibt, in denen hochstehende Organismen auf parthenogenetischem Wege
gebildet werden, ohne daß die Gewebe eine unvollkommene Beschaffenheit
zeigten. Die männlichen Bienen, z. B. die Drohnen, entstehen partheno-
genetisch aus unbefruchteten Eiern, und da es zu keiner immerhin möglichen
Verstärkung des Chromosomenbestandes kommt, so sind sie aufgebaut aus
haploiden Zellen. Auch hat man auf künstliche Weise aus unbefruchteten
Eiern Seeigel, Insekten (Mantis) und sogar Frösche aufgezogen, wobei
allerdings ein normaler Ablauf der Ontogenese eine Seltenheit bedeutet.

Immerhin fragt es sich, ob diese Fälle genügen, die Wettsteinsche Hypothese abzulehnen. Vielleicht wird auf eine uns noch unbekannte Weise die ursprüngliche gewebliche Potenz gewahrt. Jedenfalls erklärt aber die Hypothese nicht den Ursprung der Diploidie, die ja schon bei den Protisten gegeben ist. Einen interessanten Gedanken hat der Italiener Mackenzie in Hinsicht auf unser Thema geäußert. Auch er meint, daß Diploidie die Ausbildung kräftiger, leistungsfähiger Individuen gestatte. Da nun aber Persönlichkeit als das Ziel der Entwicklung anzusehen sei, so mußte, das ist seine Meinung, die ungeschlechtliche Generation allmählich die Oberhand gewinnen. Das ist zweifellos ein guter Gesichtspunkt, denn wir sehen ja in der Tat die Persönlichkeit als das Ideal der heutigen Zeit; je kräftiger, unabhängiger, freier ein Individuum, um so mehr imponiert es uns, es ist nun aber klar, daß das diploide Individuum über einen größeren Energiegehalt verfügt als das haploide, darum weit mehr als Individuum sich darstellen muß als jenes. Auch die Sexualität verstehen wir von diesem Gesichtspunkt aus. Denn indem in den Sexualzellen die wesentlichen Substanzen der Zelle, einerseits die assimilatorische, anderseits die individuatorische, zur besonderen Entfaltung kamen, wurden die Qualitäten der aus den Gameten hervorgehenden Zygoten zweifellos gesteigert. So bedeuten Sexualität, Kopulation und Diploidie unstreitig eine Verbesserung des Materials, die die Entwicklung der Individualität unterstützte und demgemäß eine Bevorzugung der ungeschlechtlichen Generation ermöglichte.

Damit haben wir diese Themen zu einem gewissen Abschluß gebracht und überhaupt den Themengehalt des Zeugungskreises erschöpft. Es wird nun in der nächsten Stunde meine Aufgabe sein, eine Übersicht über die erzielten Resultate zu geben und noch gebliebene Lücken der Betrachtung auszufüllen.

10. Vorlesung.

Übersicht über den Zeugungskreis. Entwicklung.

Wir haben in der letzten Stunde unsere Übersicht über die im Zeugungskreis gegebenen Leistungen abgeschlossen. Das Ergebnis war ein überaus bemerkenswertes, vermochten wir doch sämtliche wesentliche Erscheinungen des elementaren Lebens in ihrer Kausalität und in ihrem Zusammenhang zu durchschauen, ausgehend von einer Grundvoraussetzung, die abzulehnen eigentlich ganz unmöglich ist. Diese Grundvoraussetzung ist die Einschätzung des Wachstums als der eigentlich charakteristischen Lebenseigenschaft. Die Assimilation ist die Grundlage des Lebens, nicht der Stoffwechsel, wie der Physiovitalismus, oder die Gestaltung, wie der Formvitalismus behauptet. Die Assimilation ist Ausdruck eines Weltverwandlungstriebes des Plasmas, eines Strebens nach Verwandlung der anorganen Substanzen in organe, eines Zwecks, der auf die Setzung eines Weltsubjektes zielt, eines Weltorganismus, der in sich alles Stoffliche vereinigt.

Nicht geringer können wir das Lebenswollen einschätzen, sobald wir eben
überhaupt das Leben als Verwandlungsstreben erkannt haben, denn diesem
Streben lassen sich keine anderen Grenzen als die im All gesteckten zumessen.
Und da wir die Vermehrung der Individuenzahl als Naturäußerung innerhalb
der formativen Kraft des Lebens beurteilen lernten, so kann nur Einheit das
Ziel des Lebens sein, derart aber ergibt sich eben die These vom Streben
auf ein Weltsubjekt als etwas ganz Selbstverständliches. Als Träger solchen
Zwecks fällt das Leben aus dem Rahmen der Natur: in der Natur gibt es
keinen Zweck, sondern nur Zufall: alles Naturgeschehen steht im Banne der
Wahrscheinlichkeit. An der lebenden Substanz vermag nun aber die Natur
sich geltend zu machen. Ich betonte schon früher, daß das Leben ja am
Wesen der Energie nichts ändert, da es als synthetisches Prinzip zu ihr,
als einem analytischen Prinzip, überhaupt nicht in Wesensbeziehung steht;
wir können das Leben nur mit der Kraft vergleichen und zu dieser in eine
vorderhand noch dunkle Wesensbeziehung bringen, der Energie ist es aber
durchaus wesensfremd, daraus folgt aber ganz selbstverständlich, daß uns an
der lebenden Substanz Erscheinungen begegnen müssen, in denen die Energie
sich dominant erweist über das Leben. Dabei handelt es sich um dissoziative und entropische Leistungen entsprechend denen, die wir an den
anorganen Substanzen beobachten, also vergleichbar den Durchmischungen
der Moleküle bei Erwärmung, dem radioaktiven Zerfall der Atome und der
Ausschleuderung der Lichtquanten durch die Elektronen. Solche dissoziative Leistungen sind an der lebendigen Substanz in zweierlei Form gegeben:
einerseits als Vermehrung der Keimbahnelemente, wodurch eine
Vielheit von Zellen entsteht, und andererseits als Tod der individuellen
Körper, durch den die lebende Substanz zurückverwandelt wird in tote.
Die Vermehrung trägt Naturvielheit in die lebendige Einheit und der Tod
erneuert direkt den anorganen Zustand am Plasma. Diese doppelte Verwandlung, deren volle Bedeutung wir erst später werden ganz würdigen
können, führt zur Unterscheidung von Keimbahn und Körper, damit
aber zu einem äußerst wichtigen Tatbestand, dessen Bedeutung uns bei
Diskussion des Todesproblems entgegengetreten ist. Echt lebendig, d. h.
unsterblich, ist eigentlich nur die Keimbahn als Träger des Verwandlungs-
ziels und deshalb steht sie in gewissem Sinne außerhalb der Natur, bedeutet
ein großes, immer zunehmendes Ungleichgewicht in dieser, während die
Körper als sterbliche in die Natur hineingehören, in dieser wohl sehr eigentümliche, aber nicht unmittelbar aus dem Ganzen herausfallende Systeme
bedeuten, Systeme, auf die die allgemeine Zweckbetrachtung nicht anwendbar ist, bei denen der Zweck nur als Selbstzweck auftritt. Nur der
Körper ist darum auch echte Individualität, während die Keimbahnelemente
nur vom Standpunkt des Entwicklungsganzen aus zu bewerten sind. Allsubjekt und Einzelsubjekt stehen sich in Keimbahn und Körper
gegenüber. An beiden wird auch der Gegensatz des Entwicklungs- und
Beharrungsgedankens offenbar: Der Entwicklungsgedanke zielt auf ein
Weltsubjekt, findet demgemäß eine geeignete Grundlage nur in der Keimbahn, dagegen der Beharrungsgedanke begründet sich auf dem Naturwesen,

und demgemäß beachtet er nur die Körper, die eben in die Natur direkt hineingerechnet werden können. Da der Physiovitalismus das Einzelsubjekt mit seinem Stoffwechselgleichgewicht betont, so gehört er zum Beharrungsgedanken und ist eigentlich überhaupt kein Vitalismus, sondern Materialismus, weil er über Naturhaftem das wahrhaft Lebendige ganz übersieht; er wird nur dem Körper gerecht, nicht der Keimbahn, dem Individualzweck, nicht dem Allzweck. Auch der Formvitalismus vermag nur das somatische Individuum zu würdigen, indem er allein Individuation und Ontogenese ins Auge faßt; für die Bedeutung der Keimbahn fehlt ihm sozusagen das Sinnesorgan. Darum ist auch er nur Materialismus, nicht aber echter Vitalismus.

Also zuerst drängt sich uns der Gegensatz von Leben und Tod, Einheit und Vielheit, finalem Wachstum und zufälligem Wachstum, Allsubjekt und Einzelsubjekt, Keimbahn und Körper auf. Eine zweite Erscheinung des Zeugungskreises ist nun aber gegeben in der Individuation. Diese stellt sich genau formuliert dar als eine Beziehung zwischen individuatorischer und assimilatorischer Substanz: die der ersteren zugeordnete Einheit der Form geht ein in den Wachstumstrieb, und so ergibt sich die Zelle als morphologische Einheit (die natürlich Einzelheit ist, weil ja die Vermehrung zugrunde liegt). Hier bewährt sich uns der Begriff der Entelechie, wie ihn Aristoteles aufgestellt hat. Driesch betont an der Entelechie nur das Formmoment, damit wird er aber dem Gestaltungsproblem bei weitem nicht gerecht, da wir eine Auswirkung immaterieller Formen an der Materie nicht zugestehen können. An der Materie wirken sich gestaltend nur Kräfte aus, aber die organischen Formprinzipien sind, obwohl aus den Kräften abzuleiten, doch nicht unmittelbar wegen ihrer Komplexität auf die Materie projizierbar, sondern es bedarf zu ihrer Einführung in die Welt der organischen Substanz mit ihrem wunderbaren Einheitstrieb. Organische Individuen können nur entstehen auf Grund der Zuordnung der Form zu einem Wachstumstrieb, der direkt auf nichts anderes zielt als auf die Realisation einer allgemeinen Form. Die Individuation nun ist echte Lebensleistung, insofern sie von der Entelechie beherrscht wird, von Form und Bewußtsein, die aufeinander angelegt sind und sich eins im anderen auswirken. Aber wir dürfen nicht aus dem Auge lassen, daß der individuatorischen und assimilatorischen Substanz Energien zugeordnet sind, die wir ja bereits für Vermehrung und Sterben maßgebend erkannten, in welcher Hinsicht sie als Antagonisten des Wachstums auftreten, die nun aber auch beim Individuationsprozeß notwendigerweise zur Geltung kommen müssen. Daß sie zur Geltung kommen, habe ich bei Erörterung des Sexualitätsproblems dargetan: die Ausbildung der Sexualzellen ist solche Äußerung der im Rahmen jeder Individualität gegebenen, der Entelechie innigst verbundenen Energie. Hier möchte ich mir nun eine das früher Gesagte ergänzende Betrachtung gestatten.

Fragen wir, was man aus der Beschaffenheit der Natur auf die Ausbildung der Individuen unter Berücksichtigung der Energiedominanz zu schließen vermöchte, so ist meiner Meinung nach nur folgende Antwort möglich. Als Individuen hat man in der Natur vor allem die Elektronen aufzufassen, deren Formgehalt gerade auf nichts anderes zielt als auf die Konstitution der Elektronenindividualität. Darüber habe ich in meinem Periodenkolleg eingehend gehandelt und werde auch Gelegenheit haben, hier später diese Frage genauer zu diskutieren. Wir kennen nun zwei Arten von Elektronen: die negativen und die positiven, erkennen also als charakteristisch für die Naturindividualitäten einen polaren Gegensatz, dessen Ausbildung grundlegend für die Beschaffenheit der Natur, für die Mannigfaltigkeit in ihr ist. Auch der Gegensatz der Geschlechter ist grundlegend für die Mannigfaltigkeit des Organischen; wenn auch nicht zuzugeben ist, daß die Sexualität ein Spezialfall der systematischen Mannigfaltigkeit ist, so ist sie doch zweifellos die Grundlage dieser, denn sie ist eben der elementarste Fall einer Mannigfaltigkeit im Organischen. Sie ist nun ebenso zweifellos ein polarer Gegensatz, und darum ja auch immer der elektrischen und magnetischen Polarität verglichen worden; die Anziehungskräfte zwischen den Sexualzellen galten von je als verwandt den Anziehungskräften im Chemischen und diese sind wieder nichts anderes als elektrische Kräfte. Somit scheint mir in der Sexualität gar nichts anderes als ein Naturphänomen vorzuliegen. Dabei entdecken wir nun aber sofort eine Besonderheit der polaren Wirkung im Organischen gegenüber der anorganischen. Ich habe ihnen dargelegt, daß jede elementare haploide Zelle gebildet wird von individuatorischer und assimilatorischer Substanz, d. h. von männlicher und weiblicher Substanz, daß sie also eigentlich bisexuell ist. Die Sexualität tritt uns demgemäß in zweierlei Form entgegen, nämlich im Rahmen jeder individuellen Zelle, die innerlich bisexuell ist, ob sie auch äußerlich asexuell erscheint, und in den speziellen Sexualzellen, den Samen und Eiern, deren jede unisexuell, und darum eben überhaupt erst richtig sexuell differenziert ist. In der Natur gibt es nur Individuen, die wir mit den Sexualzellen vergleichen können, dagegen fehlt es vollständig an Individuen, die sich den bisexuellen, bzw. asexuellen Agameten vergleichen ließen. Es gibt keine Elektronen, die positiv und negativ zugleich wären. Wir sehen auch hier wieder, wie die lebende Substanz aus dem Naturrahmen herausfällt, wie sie aber gerade durch das Geschlechtsphänomen in die Natur eingeordnet wird. Die vollkommene Vereinigung und Durchdringung der Geschlechtssubstanzen in den Agameten ist ein reines Vitalphänomen, das zum Urphänomen des Lebens, zu seiner Weltverwandlungstendenz in innigster Beziehung steht, dagegen die einseitig sexuelle Differenzierung dieser asexuellen Agameten zu den sexuellen Gameten läßt sich deuten als Vorbereitung für Herstellung eines Gleichgewichts, wie es die Natur kennzeichnet. Mit anderen Worten: in der Sexualität meldet sich im Organen die Natur zum Wort, dominiert über das Leben.

Solche Betrachtung zeigt uns also auch die Individuation als doppelte, wie vergleichsweise die Assimilation (in Keimbahn und Körper). Wenn wir uns nun einer dritten Leistung im Zeugungskreis, der funktionellen

Betätigung der individuellen Zellen zuwenden, so wird uns zum drittenmal dieser Dualismus begegnen. In der energetischen Arbeitsleistung der Zellen, in ihrer Stoffwechsel- und Bewegungsfunktion, in denen sie sich als Glied im Naturganzen erweist, nämlich in Wechselbeziehung zu den anderen Naturkörpern tritt, gibt es auch einen Dualismus und zwar der Kausalität, dementsprechend die Funktion einmal verursacht erscheint durch Anregungen, die in der lebenden Substanz, in ihrem assimilatorischen Verhalten sich verwurzeln, und andererseits durch Reize, die von den Naturkörpern der Umgebung ausgehen. Der Zweck- oder Finalfunktion steht die Reizfunktion gegenüber, und während die erstere autonom ist, da sie aus dem Lebenszweck erfließt, ist die letztere unverkennbar heteronom, denn es kommt in ihr eine übermächtige Natur zur Geltung. Es handelt sich bei der Reizfunktion um etwas sehr Bekanntes, so sehr Bekanntes, daß man darüber meist ganz die Finalfunktion vergißt. Das hat seinen Grund darin, daß man alles funktionelle Verhalten nach Art des Handlungsgeschehens beurteilt, bei dem in der Tat, wie wir später sehen werden, die Reize eine quasi obligatorische Bedeutung gewinnen; für die Funktion der elementaren Zelle ist dagegen das Gebundensein an Reize durchaus nicht so selbstverständlich, sondern bedeutet einen besonderen Fall, der unverkennbar zum Sterben in innigster Beziehung steht und daher auf die Körpersubstanz beschränkt erscheint.

Es bleibt mir nun noch ein vierter Dualismus zu besprechen übrig, der sich auf die Relationen der Zellen zueinander, auf ihre Zusammenhänge bezieht. Wir erkennen einerseits eine genetische Beziehung, sehen nämlich, daß das Gegebensein der späteren Zellen abhängt vom Gegebensein früherer, daß letzten Endes alle Zellen genetisch sich ableiten von einer ersten, der Urzelle. Das ist eine durchaus gesetzhafte Beziehung, durch welche sich ein Ordnungsgebäude ergibt, in dem jede Zelle ihre ganz bestimmte Lage aufweist: die Position jeder Zelle zu den übrigen ist im genealogischen Zusammenhang ein für allemal fixiert und unveränderlich. Nun gibt es aber auch Beziehungen der Zellen zueinander, die sich als zufällige darstellen, die also nicht mit innerer Notwendigkeit erfließen, sondern das Resultat zufälliger Durchmischungen und Berührungen sind. Das sind die Kopulationen, die ich den Begegnungen der anorganen Körper verglichen habe. In der Kopulation begegnen sich zwei organische Körper, bleiben eine Zeitlang in Berührung und trennen sich dann wieder in den Reduktionsteilungen der ungeschlechtlichen Generation. Daß derweilen die Vermehrung weiterläuft, ist von nebensächlicher Bedeutung, ergibt sich aus der Besonderheit der organischen Körper, deren Vermehrung ja den Naturkörpern völlig abgeht. Wir müssen überhaupt bei Beurteilungen der heteronomen Leistungen im Auge behalten, daß sie an lebenden Systemen sich abspielen, darum aber, ob auch in ihnen die Natur zur Dominanz kommt, einen besonderen Charakter aufweisen, der sie von den reinen Naturphänomenen zu unterscheiden gestattet. Der Tod, die Sexualität, die Reizfunktion und auch die Kopulation sind zwar naturbedingt, aber weil an Organismen gebunden, doch eigner Art; das ist ja aber etwas ganz Selbstverständliches, denn auch in der

Natur nehmen die Erscheinungen je nach dem in Frage stehenden Material ein besonderes Gesicht an. Ich möchte nur nochmals zum Schlusse dieser Betrachtung betonen, daß wir in der genetischen Beziehung der Zellen eine Absolutbeziehung, die für die Natur ja von der modernen Naturwissenschaft durchaus mit Recht abgelehnt wird, vor Augen haben. Die Kopulation dagegen ist eine echte Relativbeziehung, wie sie für die Natur einzig und allein charakteristisch ist.

Ich fasse die Ergebnisse unserer Übersicht in beistehender Tabelle zusammen.

Tabelle des Zeugungskreises.

Autonome Leistungen: Wachstum	Individua-	Final-	Ursprungs-
Heteronome Leistungen:	tion	funktion	beziehung
Vermehrung und Tod	Sexuation	Reizfunktion	Kopulation

Nun wenden wir uns einem neuen Leistungskreise des Lebens zu. An den Zeugungskreis schließt aufs engste an der Entwicklungskreis, der es nicht mit Wachstum und Vermehrung, sondern mit Differenzierung der Gewebe und Ausbildung komplexer·Organisationen zu tun hat. Hier tritt uns das Gestaltungsproblem, das Problem des Werdens aller Mannigfaltigkeit, das systematische Problem, entgegen. Es findet ja seine Vorbereitung in der Individuation, die, indem sie fest umrissene individuelle Gestalten setzt, eine erste Qualifikation des Organischen bewirkt; doch erscheint diese nicht als Hauptzweck im Zeugungskreise, wo vielmehr ganz ausgesprochen das Wachstum, die Vermehrung der lebenden Substanz, dominiert und Gestaltung nur insoweit zur Geltung kommt, als alle Substanz irgendwie geformt sein muß auf Grund der Allgegenwart des Formprinzips. Im Entwicklungskreise ist dagegen das substantiierende Prinzip von geringerer Bedeutung — nur in den Differenzierungen des Plasmas gegeben —, dafür aber kommt nun das Gestaltungsprinzip zu voller Geltung, wird zum Selbstzweck des Lebens und gibt dem organischen Verwandlungswillen die genauere Form. In diesem Sinne übergreift es auch die Zeugungsleistung, sehen wir doch die Protisten, diese charakteristischen Vertreter des Zeugungskreises, auch von mannigfaltiger Gestalt, doch versteht es sich von selbst, daß Mannigfaltigkeit erst an einem vielzelligen Materiale ganz zur Entfaltung kommen kann, einfach aus quantitativen Rücksichten. Also die Vielzelligen, die Gewebeorganismen, die Metabionten, wie wir sie auch nannten, sind die Träger der Gestaltung. Unter ihnen wieder sind in erster Linie die Pflanzen zu nennen. Sie tun ihr ganzes Leben lang nichts weiter als sich entwickeln, während die Tiere nach einer einleitenden Entwicklungsperiode noch über eine Handlungsperiode verfügen, in der sie nicht mehr wachsen und sich entwickeln. Die Tiere sind, wie ich schon früher definierte, Handlungsorganismen, dagegen die Pflanzen Entwicklungsorganismen und die Protisten Wachstumsorganismen. Natürlich müssen wir bei unserer Analyse des Entwicklungskreises auch die Tiere in Betracht ziehen, wie wir ja auch die Wachstumsleistungen nicht nur an den Protisten studierten; aber es ist doch von Wichtigkeit, sich über die besondere Bedeutung der Pflanzen für die Entwicklung ganz klar zu werden, da daraus die prinzipielle Unabhängigkeit der Entwicklung von der Handlung sich ohne weiteres ergibt. Davon wird übrigens bei Erörterung des Anpassungsproblems zu reden sein.

Hier interessiert zunächst nur das Verhältnis der Entwicklung zur Zeugung. In dieser Hinsicht ist nun vor allem zu sagen, daß Entwicklung alle Leistungen des Zeugungskreises in sich beschließt, auf ihnen sich aufbaut. Sie hat zur Voraussetzung nicht nur das Wachstum und die individuelle Ausgestaltung des Plasmas in Form von Zellen, ferner die finale Funktion und die genetische Beziehung der in jeder Ontogenese zur Verwendung kommenden Zellen, also die autonomen Leistungen, sondern auch die heteronomen Leistungen kommen als grundlegende in Betracht, also Vermehrung und Tod — in letzterer Hinsicht habe ich ja schon nicht nur auf das Sterben der Metabionten, sondern auch auf die Verwertung absterbenden Zellmateriales für die Gewebebildung hingewiesen —, weiterhin die Sexuation — an den Metabionten kommen die sexuellen Differenzen gerade erst zur vollen Entfaltung, was sich ohne weiteres aus ihrer engen Beziehung zur Gestaltung ergibt —, die Kopulation — jede Zelle eines Metabionten, wenn wir von den Moosen absehen, geht aus einer Zygote hervor, dankt also ihre Existenz einer Kopulation und repräsentiert einen diploiden Zustand —, und schließlich ist auch die Reizfunktion in den Metabionten erweisbar, da die Differenzierung der Gewebe erfolgt unter dem Eingreifen der übrigen Zellen, welche sog. Hormone absondern, also Reizstoffe, die der Gestaltung dienen. Man redet daher auch bei den Protisten von offenen Zeugungsformen, dagegen bei den Pflanzen — und Tieren — von geschlossenen Zeugungsformen, womit eben zum Ausdruck gebracht wird, daß die Zeugung sich hier einfügt in geschlossene, komplexe Gestalten, innerhalb deren sie sich anderen Zwecken unterordnet. Dieser Gegensatz von offenen und geschlossenen Leistungen ist ein überaus wichtiger und wird uns immer wieder bei unseren Untersuchungen der Lebewesen entgegentreten.

Wenn ich nun eine genauere Besprechung des Entwicklungskreises versuche, gedenke ich in anderer Weise vorzugehen als bei Besprechung des Zeugungskreises. Nicht an die einzelnen Entwicklungserscheinungen will ich mich halten, sondern vielmehr an die gegebenen Entwicklungstheorien, die zum Verständnis jener aufgestellt wurden. Das bedeutet insofern einen großen Unterschied, als die Theorien immer auf Erklärung aller, oder doch der meisten, Entwicklungsleistungen zielen; jedoch wird uns eine genaue Analyse zeigen, daß im Grunde bedeutungsvoll für jede Entwicklungslehre nur eine Erscheinung ist, für die sie dann aber auch den letzten Grund anzugeben vermag. Man muß nur den Theorien ganz auf den Grund gehen, um diese Spezifität zu entdecken, und so gestaltet sich unsere Unternehmung doppelt interessant, da sie nicht nur Einsicht bietet in das Entwicklungsthema selbst, sondern auch in die Denkarbeit der Wissenschaftler, die, wie wir vorgreifend ersehen, die gleiche Mannigfaltigkeit in sich beschließt wie die elementaren Lebensleistungen. Wir lernen die Theorienbildung der Wissenschaft begreifen und arbeiten demgemäß Künftigem vor. Gerade nun aber beim Entwicklungskreise empfiehlt sich ein derartiges Vorgehen, da hier theoretisch außerordentlich viel geleistet ward. Während es mit den Zeugungstheorien nicht weit her ist, was man ja aus der Schwierigkeit des Themas leicht versteht, haben die viel leichter zugänglichen Entwicklungserscheinungen von jeher das Interesse der Forscher, bzw. Denker überhaupt, auf sich gezogen und eine Fülle von Theorien gezeugt, die, das kann man wohl sagen, allen Seiten des Problems gerecht werden. So üppig aber auch hier das Material uns zuströmt, so ist doch eine kritische Sichtung durchaus nicht leicht, weil, wie gesagt, jede Theorie alles erklären möchte, und demgemäß oft auf Erscheinungen und Gründe Gewicht legt, die hinter ihrem wesentlichen Motiv ganz zurücktreten.

Die erste Theorie, die wir in Betracht ziehen wollen, ist die S c h ö p f u n g s - t h e o r i e , die von der Theologie vertreten wird. Sie ist vermutlich nicht die älteste Vorstellung von den Ursachen des Gegebenseins der organischen Mannigfaltigkeit, aber sie birg in sich einen Kern, der das Verständnis der grundlegenden Entwicklungsleistung ermöglicht. Früher war sie auf christlichem Kulturgebiet die wichtigste Theorie: noch im 18. Jahrhundert formulierte der berühmte Systematiker L i n n é den bekannten Satz: tot numeramus species, quot ab initio creavit infinitum ens. Man glaubte die Entstehung der Arten durch Schöpfungsakte erklären zu müssen, eine Entwicklung aus gegebenen Anlagen heraus wurde im Anschluß an Aristoteles nur für die Ontogenese zugestanden. Die großen Erfolge der Entwicklungsforschung im letzten Jahrhundert nötigten aber zu einer Anpassung des kirchlichen Standpunkts. Der erste, der hier vorwärtsführend eingriff, war der Jesuit A l b e r t W i g a n d , der größte Gegner D a r w i n s , der, ob er auch die D a r w i n - schen Vorstellungen von den Entwicklungsursachen verwerfen mußte — worin ihm heutzutage viele Forscher zustimmen —, doch der Wucht der Entwicklungstatsachen Rechnung trug und darum den Schöpfungsgedanken wesentlich einschränkte, sozusagen für das moderne Denken zugänglich zu machen versuchte. An Stelle der These von den vielen Schöpfungsakten, bzw. verschiedenen Schöpfungstagen, setzte er die Lehre von der G e n e a l o g i e d e r U r z e l l e n , die sich mit einem einmaligen Schöpfungsakte, mit der Setzung einer Primordialzelle begnügte. Nach W i g a n d schuf Gott eine erste Urzelle und legte in sie die Potenz, aus sich sukzessive im Laufe der Zeit weitere Urzellen hervorzubringen, die die Grundlage aller Artbildung bedeuteten. Nicht die Arten sollen direkt auseinander hervorgegangen sein, sondern erste Keimzellen, deren ontogenetische Entfaltung an die Umstände gebunden war. Zu solcher Stellungnahme kam W i g a n d , weil, wie er meinte, eine Umbildung der Arten ineinander ganz unvorstellbar sei, aber auch für die besondere Schöpfung der fertigen Arten Beweise nicht erbracht werden können. Er verlegte die Neubildung in die Keimbahn, wie wir heutzutage sagen, nur ließ er diese Keimbahn nicht in den bereits gegebenen Arten gelegen sein, sondern dachte sie sich im Wasser befindlich in Gestalt freilebender Zellen. Wäre sie nämlich, so schreibt er, in den Organismen gegeben, so müßten deren Qualitäten die der Urzellen beeinflussen. Von solcher Notwendigkeit können wir hier ganz absehen; wir kennen ja die Selbständigkeit der verschieden veranlagten Gewebszellen und der durch Bastardierung entstandenen mannigfaltigen Keimzellen der Bastardnachkommen, auch sind ja im Wasser freilebende Urzellen, im Sinne Wigands, niemals aufgefunden worden. Aber Recht hatte Wigand zweifellos, als er den Artbildungsprozeß in die Keimbahn verlegte, weil diese sich als Träger der Erbsubstanz erwiesen hat, etwas , worum Wigand noch nicht wissen konnte (sein Buch ist 1872 erschienen, der Keimplasmabegriff wurde aber erst 1884 von Nägeli geschaffen). Einigermaßen von seinen Mängeln befreit hat später der Jesuit und bekannte Ameisenforscher Erich Wasmann die Urzellenlehre. Wasmann ging noch weiter in Zugeständnissen an die Forschung als Wigand, da er selbst auf seinem speziellen Forschungsgebiet den Nachweis unbestreitbarer Entwicklungserscheinungen erbringen konnte. Er entdeckte sehr bemerkenswerte Mimikryformen unter den Ameisengästen, weitgehende Nachahmungen der Wirte durch die Gäste, und wurde dadurch genötigt, Artbildung durch Anpassung zuzugestehen. So stellte er denn die Hypothese auf, daß es zweierlei Arten der Artbildung gebe: einerseits durch autonome Differenzierung in der Keimsubstanz, wodurch sog. natürliche Arten entstehen sollen, und andererseits durch Anpassung, die aus den natürlichen Arten die systematischen hervorgehen läßt. Eine natürliche Art ist nach ihm z. B. das Urpferd, das im Tertiär auftrat, und systematische Arten sind die heute existierenden Formen der Pferde, Esel, Quaggas und Zebras. Uns interessiert hier allein seine Auffassung von der Entstehung der Urarten. Er spricht nicht direkt von Schöpfungsakten, sondern meint, daß in der Keimsubstanz der für die Entstehung des Lebens wesentliche Schöpfungsakt fortwirke: mit Setzung des ersten Lebewesens habe Gott die Potenz zur sukzessiven Differenzierung in die Keimsubstanz eingelegt. Wasmann vermag übrigens auch, wie ich bereits früher erwähnt habe, den theologischen Standpunkt mit dem Urzeugungsgedanken zu verknüpfen, indem er meint, daß Gott ja auch direkt in die Materie die Lebenspotenz eingelegt und ihre Aktuierung nur eben vom Eintritt bestimmter Bedingungen abhängig gemacht haben könne. Er geht also weiter als unseren Erkenntnissen entsprechend statthaft ist, jedenfalls aber erweist er sich als ein durchaus moderner Denker in seiner Würdigung der Keimbahn für die Entwicklung.

Wir werden in der nächsten Stunde dies Thema weiter zu verfolgen haben.

II. Vorlesung.

Entwicklungstheorien.

Wir waren fortgeschritten zur Betrachtung des Entwicklungskreises, der sich über dem Zeugungskreis aufbaut und es mit den Entwicklungserscheinungen, d. h. mit der Ausbildung komplexer, vielzelliger Gestalten, als Trägern aller Mannigfaltigkeit, zu tun hat. Ich wollte versuchen, Ihnen an

der Hand der bestehenden Entwicklungstheorien einen Einblick in die
wesentlichen Leistungen zu geben, und hatte zu diesem Zwecke bereits begonnen, den Gedankengehalt der theologischen oder Schöpfungstheorie
darzulegen. Die modernen Modifikationen des alten Schöpfungsgedankens,
wie sie von Wigand und Wasmann vorgetragen werden, haben Sie kennengelernt. Dabei wurde ersichtlich, daß man die Entstehung der Arten — nach
Wasmann der natürlichen Arten, der Typen, wie man gewöhnlich sagt —
zu erklären versucht durch geheimnisvolle Differenzierungsschritte in der
Keimbahn, in denen der Schöpfungsakt Gottes nachklingen soll. In dieser
Form stellt sich die Schöpfungslehre dar als eine Differenzierungslehre. Sie gewinnt damit aber Anschluß an Entwicklungslehren anderer
Forscher, die von einem Schöpfungsakt völlig absehen, so vor allem an
die Abstammungslehre von Nägeli, die dieser 1884 in seiner mechanisch-physiolo-
gischen Abstammungslehre vorgetragen hat. Nägeli stellte als erster den Begriff
der Erbsubstanz, des Idioplasmas, auf, das der Träger der erblichen Eigenschaften der Organismenarten sein soll. Dieser Begriff hat sich rasch eingebürgert, auch reinigte man ihn bald von der irrtümlichen An

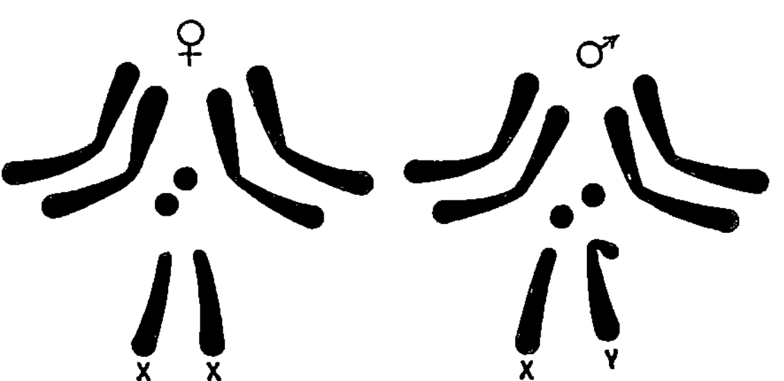

Abb. 21. Chromosomengarnitur von Drosophila
ampelophila bei ♂ und ♀. x und y die Geschlechtschromosomen, y ist das männchenbestimmende. Nach
Morgan, aus Nachtsheim.

schauung Nägelis, der das Idioplasma ins Plasma verlegte, da die Forschung den Nachweis zu führen vermochte, daß als Sitz der Erbsubstanz
in erster Linie der Kern zu denken ist. Das Idioplasma bezieht man
heutzutage auf die Chromosomen, genauer bestimmt auf jene Teile der
Chromosomen, die dauernd im Kern verbleiben und bei den Reifeteilungen
eine so überaus sorgfältige Behandlung erfahren, wie wir sie bereits kennen
gelernt haben. Das übrige Chromatin, das zum Plasmaleben in unmittelbarer
Beziehung steht, wird als Trophochromatin vom Idiochromatin unterschieden.

Daß nun in der Tat das Idiochromatin Träger der qualitativen Artver-
anlagung ist, daran ist heute ein Zweifel nicht mehr möglich. Zuerst erbrachte Boveri den Beweis, indem er bei Überbefruchtungen der Eier von
Echinodermen zeigen konnte, daß eine Vermehrung oder Verminderung
der Chromosomenzahl Unregelmäßigkeiten der Gestaltung nach sich zieht,
die einzig und allein eben aus dieser Ursache abzuleiten sind. Vor allem sind
hier aber die Untersuchungen T. H. Morgans und seiner Schule an der
Taufliege (Drosophila ampelophila) zu erwähnen, die sogar eine eingehende
Analyse des Gehaltes der Erbsubstanz an einzelnen Qualitätsträgern zu
bieten vermochten. Die Taufliege ist ein hervorragend günstiges Untersuchungsobjekt, da sie einerseits wenige und große Chromosomen (Abb. 21)
besitzt, die unter dem Mikroskop gut studiert werden können, andererseits

sich leicht in Kulturen züchten und bastardieren läßt, drittens zu Mutationen, d. h. zu spontaner Bildung neuer Varietäten, neigt. Hier gelang es,
die einzelnen Gene, wie man heute die Qualitätsträger nennt, in den Chromosomen genau zu lokalisieren (Abb. 22), so daß unsere Einsicht in den Bau
der Erbsubstanz als weit fortgeschrittene bezeichnet werden kann. Wichtig
für uns ist vor allem der Nachweis, daß bei der Artneubildung das Idioplasma

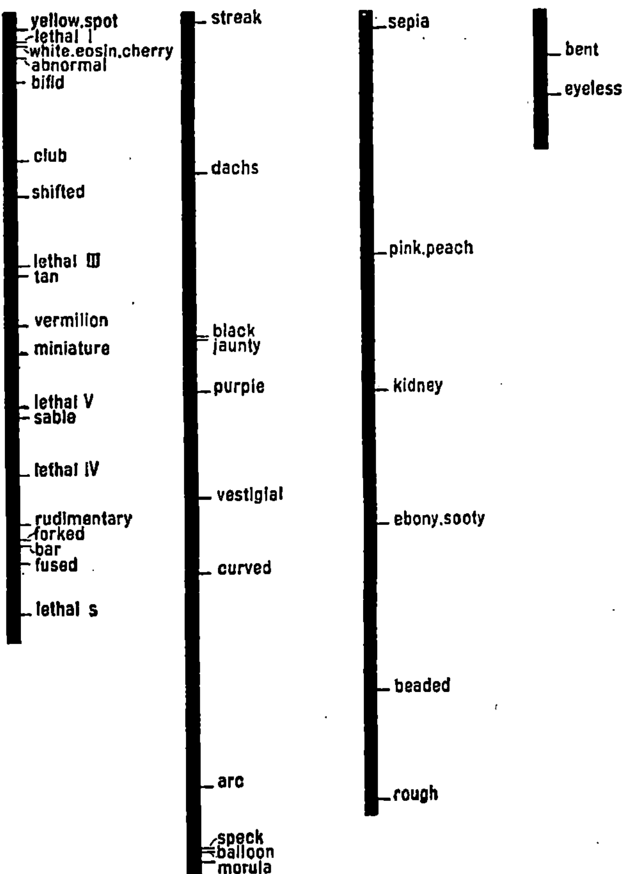

Abb. 22. „Topographische Karte" der Chromosomen von Drosophila mit den ihrer
Lage nach bis jetzt bekannten Erbfaktoren. Nach Morgan, aus Nachtsheim.

sich verändert; jeder Mutation geht eine Prämutation an der Keimsubstanz
voraus, so wie es der Begründer der später zu besprechenden Mutationstheorie, de Vries, behauptet hatte.

Fragen wir nun nach den Anschauungen über die Verursachung solcher
Prämutationen, so lautet die Antwort verschieden. Nach Nägeli sollte
es sich um selbständige Veränderungen handeln — wir werden auf seine
Anschauungen noch zurückzukommen haben —, nach anderen dagegen

sind äußere Ursachen, die direkt auf die Keimzellen wirken, zum Verständnis in Betracht zu ziehen. Der letztere Gedanke ist meiner Meinung nach unbedingt abzulehnen. Sehen wir doch bei einem Überblick über das Organismenreich, daß dessen Entfaltung in den Hauptzügen als planmäßige sich darstellt, wovon in der nächsten Stunde die Rede sein wird. Das System zeigt so ausgesprochene Gesetzmäßigkeit, daß keine Rede sein kann von zufälliger Verursachung. Fassen wir das aber scharf ins Auge, so erhellt die außerordentliche Bedeutung der Schöpfungstheorie. Denn wenn nicht der Naturzufall die Ursache der Typenbildung ist, was für eine andere Ursache sollen wir dann in Betracht ziehen? Ich möchte hier sogleich einschränkend noch sagen, daß wir für die Bildung der systematischen Arten in gewisser Hinsicht doch mit der Natur und ihren Kräften zu rechnen haben, aber für die Einführung des ganz Neuen genügt diese Kausalität nicht, vielmehr ist ohne die Lebenskraft nicht auszukommen. So wenig wie wir die Urzeugung zugestehen können, so wenig auch die Vervollkommnung der Organisationen aus Naturursachen. Was bleibt uns da aber anderes übrig, als einen übernatürlichen Akt, ein Wunder, als Ursache in Betracht zu ziehen? Dasselbe Wunder, das das Leben entstehen ließ, ist auch als Ursache der Fortschritte in der Organisationsentwicklung anzusehen: die Lebenssetzung wirkt in den Entwicklungsschritten nach. Die Lebenssetzung wird nun von der Schöpfungslehre als Schöpfungsakt gedeutet und dieser Deutung muß ich beipflichten, denn eine andere Ursache bleibt ganz unerfindlich: Entwicklung ist wie das Wachstum letzten Endes nur begreifbar aus einem Schöpfungsakt, d. h. aus einem Eingriff des Transzendenten in die Welt. So sicher erscheint mir das, daß ich darin sogar einen Beweis der Existenz Gottes, ja, wie ich vorgreifend sagen möchte: den einzigen stichhaltigen, unwiderleglichen Beweis erblicke. Der Differenzierungstrieb des Lebendigen, die Triebfeder aller Entwicklung, stammt von Gott. So wird uns die ungeheure Bedeutung der Schöpfungstheorie offenbar.

Gestatten Sie mir hier die Bemerkung, daß ich auch ohne die Unmöglichkeit, den Differenzierungsvorgang in der Keimsubstanz aus Naturkräften zu verstehen, an der Berechtigung der Schöpfungstheorie nicht zweifeln würde. Denn ich kann mir überhaupt nicht vorstellen, daß eine Theorie möglich ist ohne eine berechtigte Grundlage. Was in uns denkt, das ist doch nur die Welt selbst, die sich in unserem Wesen äußert; wir können nichts denken, was in der Welt unmöglich ist, weil eben die Welt sich in uns selber denkt. Es gibt keinen größeren Gedanken, als daß die anorgane Welt durch das Leben zur Gottheit zu werden vermag; bin ich aber genötigt, diesen Gedanken aufzustellen, um die Existenz des Lebens begreifen zu können, so vermag ich von keinem anderen Gedanken strikte zu behaupten, er wäre ein Unsinn, besage etwas Unmögliches, denn alles weitere ist doch nur Spezifikation in diesem Hauptgedanken. Von Anfang an vermutete ich daher eine richtige Grundlage in der theologischen Lehre von der Entstehung der Arten, und dies Richtige haben wir nun meiner Meinung nach auch entdeckt. Entwicklung zu begreifen geht nicht an ohne Inanspruchnahme eines Differenzierungstriebes, der unmittelbar aus dem Wachstumstrieb, diesem elementaren Lebensgeheimnis, erfließt. Vielen wird diese Art, Entwicklung zu erklären, unwissenschaftlich erscheinen, weil für sie nur die Natur existiert mit ihrem Wahrscheinlichkeitsgehalt; wer sich aber darüber ganz klar wurde, daß Wahrscheinlichkeit nur den Beharrungsgedanken gestattet, das Leben aber Träger einer echten Entwicklung ist, der muß sich sagen, daß alle Versuche, Entwicklung aus Naturprinzipien heraus zu begreifen, mit Notwendigkeit scheitern müssen. Die Naturprinzipien spielen im Entwicklungskreise zweifellos eine große, ja eine größere Rolle als im Zeugungskreise, wie wir noch sehen werden, aber die elementare Differenzierungsleistung vermögen sie nicht zu begründen. Da äußert sich das Transzendente als Ursache, aber schließlich ist das Transzendente ja auch ein Weltbestandteil, der irgendwie im Immanenten zur Geltung kommen muß. Das wird uns im Laufe unserer Untersuchungen immer verständlicher werden.

Nun bleibt uns bei Erörterung des Differenzierungsproblems noch ein höchst wichtiges Thema zu besprechen übrig. Es sind zwei Arten der Differenzierung zu unterscheiden entsprechend dem Gegebensein zweier Keimsubstanzen. Neben dem im Kern gelegenen Idioplasma, das der Träger der morphologischen Eigenschaften der Organismen ist, gibt es noch, wie wir ja bereits wissen, die histologische Anlagensubstanz im Plasma, die der Träger der geweblichen Entfaltung ist. Von Meves wird, wie auch bereits erwähnt, das Histioplasma — welchen Ausdruck ich zur Kennzeichnung dieser Anlagensubstanz am geeignetsten finde — als eine besondere Erbsubstanz gedeutet, ohne daß es diesem Autor doch gelungen wäre, die spezielle Bedeutung dieser Erbsubstanz genauer zu präzisieren. Von anderer Seite wird sie überhaupt nicht gewürdigt, doch hat neuerdings der Botaniker Winkler den Gedanken ausgesprochen, daß der Kern nur der Träger der kleinen systematischen Charaktere sein dürfte, dagegen alle umfassenderen Organisationszüge, die ganzen Typenkreisen gemeinsam sind, an das Plasma in ihrer Entfaltung gebunden seien. Das läßt sich zur Hypothese einer im Plasma gegebenen Erbsubstanz unschwer in Beziehung setzen. Ich selbst habe bereits in meiner Histologie (1902) folgenden Gedanken ausgesprochen. Mir schien es unmöglich, die Entstehung größerer systematischer Differenzen abzuleiten aus den kleinen Entwicklungsschritten, die man als Mutationen bezeichnet (näheres darüber wird später ausgesagt werden), und führte deshalb die Bezeichnung Deszension ein für die Entfaltung neuer Organkomplexe, in denen der Organismus wesentlich umgestaltet wird. Als Beispiele solcher bedeutsamen Entwicklungen führe ich hier an die Chordabildung bei den ersten Chordaten, mit der sich zugleich die Bildung sog. Episomfalten an der Cölomanlage, eine ganz neue Entstehungsform der Muskulatur, verbindet. Weiterhin sei hingewiesen auf die Einführung der Kiemenspalten bei den Enteropneusten, der Cölartaschen bei den Echinodermen, des Hautmuskelschlauchs bei den niederen Würmern, der Keimstreifen bei den höheren Würmern (Anneliden) usw.: alles durchgreifende Veränderungen, über deren Entstehung ich nun heute noch aussagen möchte.

daß sie mir bedingt erscheint durch fortschreitende Differenzierung in der histologischen Keimsubstanz, welche das Hervortreten neuer histologischer S rukturen gestattet. Vervollkommnungen in der Gewebsanlage sind z. B. zu erblicken in dem Auftreten des Chordagewebes, des Knorpels und Knochens, der quergestreiften und doppelt quergestreiften Muskulatur, besonderer Arten des Sekret- und Exkretgewebes, des Nervengewebes und Bindegewebes, des Atmungsgewebes usw. Das alles bedeutet Entwicklungsschritte höchst wichtiger Art, die man heutzutage viel zu wenig würdigt, weil man überhaupt den Geweben nicht das nötige Augenmerk widmet, sie über dem Morphologischen vernachlässigt. Doch gibt es immerhin Forscher, die sich anders verhalten. So möchte ich an Wettstein gemahnen, von dem ich früher zu erwähnen Gelegenheit hatte, daß er den Fortschritt der Pflanzen vom Wasserleben zum Landleben begründet auf Einführung neuer Gewebe, entsprechend der Betonung des diploiden Zellbaues. Ich meine nun nicht, daß an die histologische Substanz direkt Morphologisches gebunden sein dürfte, wie Winkler es sich vorstellt, aber es scheint mir nicht bezweifelbar, daß die Vervollkommnung der morphologischen Anlage Differenzierungsschritte an der histologischen Anlage zur Voraussetzung hat. Damit gewinnt nun die histologische Substanz eine ganz außerordentliche Wichtigkeit für die Phylogenese. Sie ist der eigentliche Träger des in der Differenzierung sich auswirkenden Schöpfungsaktes und damit an Wert der Wachstumssubstanz verwandt, aus der sie sich ja auch unmittelbar ableitet.

In der Schöpfungstheorie spielt neben der Differenzierung auch die Formbildung und Formanpassung eine gewisse Rolle. Darauf brauchen wir hier nicht einzugehen, da beide Themen eigentlich bezeichnend sind für andere Theorien, so die Anpassung für den später zu berücksichtigenden Lamarckismus und die Formbildung für die gleich zu erörternde naturphilosophische Entwicklungstheorie. Von letzterer hat die theologische Theorie das Formmoment übernommen, da sie in den Fußspuren von Aristoteles wandelte und Aristoteles ein echter Naturphilosoph war. Wir werden ihm sogleich begegnen, wenn wir uns jetzt der eben genannten Theorie zuwenden, die sich aufs engste der theologischen anschließt.

Entwicklung im Sinne der Naturphilosophie bedeutet Auswirkung der Idee an der Materie. Die naturphilosophische Entwicklungstheorie ist eigentlich die Entwicklungstheorie katexochen, da sie direkt auf Erklärung der Vervollkommnung in der Phylogenese zielt und Vervollkommnung doch das Zentralproblem der Entwicklung ist. Aber sie gilt durchaus nicht als echte Entwicklungstheorie, da sie im allgemeinen das Formmoment zu sehr, als das allein Bedeutungsvolle, in den Vordergrund rückt, damit aber ein Beharrungsmoment, wovon wir uns ja schon früher überzeugt haben. Sie ist Pantheismus, ihr erscheint also die Welt als etwas Fertiges und demgemäß die Entwicklung abgeschlossen. Sogleich bei Aristoteles tritt uns das entgegen. Nach Aristoteles ist das Organismenreich ein Stufenbau, der auf ein letztes Ziel hin orientiert ist. Dies Ziel ist die Gottheit, die oberste Entelechie, der höchste Wert, auf dessen Auswirkung in der Welt sich alle Werte begründen; auf diesen höchsten Wert hin sind alle niederen Entelechien eingestellt, sie streben nach dem Guten, nach Gott, aber dies Streben ist keine Entwicklungstendenz, sondern nur ein Eingehörigkeitsbewußtsein, das alle Weltinhalte mit der Gottheit verbindet: die Gottheit erhält die Welt durch ihre Gegenwart. Somit ist die Welt etwas Vollendetes und Entwicklung spielt in ihr keine wesentliche Rolle. Bei Plato, dem Lehrer von Aristoteles, tritt das noch viel stärker hervor. Nach ihm sind die Ideen, die geistigen Formen, das wahrhaft Wirkliche in der Welt, nicht die materiellen Individuen, wie bei Aristoteles; sie sind als zeitlos ewige immer gegenwärtig, darum aber ist die Welt ein Beharrendes und Veränderung in ihr eigentlich unmöglich. Der Idealist Plato wurde gedanklich weder des Veränderungs- noch des Entwicklungsproblems Herr. Und entsprechendes gilt eigentlich auch für die deutsche Naturphilosophie, die für uns besonders wichtig ist, da durch sie der Entwicklungsgedanke in das moderne Denken hineingetragen wurde. Es scheint wie ein Widerspruch und ist doch so, daß jene philosophische Strömung, die sich eigentlich ganz auf dem Entwicklungsgedanken aufbaut, gerade genug getan hat, ihn zu untergraben. Muß es nicht derart wirken, wenn Goethe, dieser große Biologe, dessen ungeheuere Bedeutung für das Verständnis des Lebens endlich der Wissenschaft aufzudämmern beginnt, den Urformbegriff, den wir ihm verdanken, in pantheistischem Sinne faßt, also das Formprinzip in vollem Ausmaße in der Welt gegenwärtig sein läßt? Und bei Hegel, dem größten deutschen Naturphilosophen, heißt es, daß die in die Natur umgeschlagene Idee im Rahmen des Lebens zum Bewußtsein kommt und zu sich selbst als bewußte zurückkehrt, aber dieser eminente Entwicklungsgedanke wird nur für den Menschen genauer ausgebaut: nur für die Geschichte der Menschheit entwirft Hegel ein Schema der Bewußtseinssteigerung, während die Organismen als Natur gelten und für sie ein Entwicklungsziel nicht aufgestellt wird. Schelling bekennt sich gar zur Identitätstheorie, der auch Fichte nicht fern steht, darin tritt aber der Beharrungsgedanke beherrschend in den Vordergrund. Es kann uns daher nicht wundern, wenn die modernen Geschichtsphilosophen Windelband, Rickert, Kroner u. a. die Menschheitsgeschichte ganz unvergleichbar finden der organischen Geschichte, ja bei dieser überhaupt von einer Geschichte, von einer Wertsteigerung, nichts wissen wollen. Daß sie damit auch den Entwicklungsgedanken in der Menschheitsgeschichte untergraben, dessen sind sie sich allerdings nicht bewußt.

So sehr nun auch die Naturphilosophie — und die von ihr ganz unabtrennbare Geschichtsphilosophie: eigentlich sollte man die Bezeichnung Naturphilosophie besser ganz vermeiden und von Lebensphilosophie in beiderlei Hinsicht reden —, so sehr also nun auch diese Lebensphilosophie gegen sich selber sündigt, so ist sie doch innerlich so vollständig auf dem Entwicklungsgedanken aufgebaut, daß sie sogar ein Schema des Werdens ausgearbeitet hat, das als das einzig berechtigte gelten muß. Schon von Plato ward es aufgestellt. Es ist die sog. dialektische Methode des Denkens, die aber nicht nur Geltung haben soll für den menschlichen Verstand, sondern auch für den Weltgeist, dessen Denken zugleich als ein Setzen, ein Schaffen gilt. Es handelt sich um ein Denken in Gegensätzen, durch Widersprüche hindurch, ein Denken, das Synthese mit Analyse verbindet, Intuition, also Ganzheitsschau, mit diskursivem Verhalten, also mit Betonung der Einzelheiten. Bei Fichte, dem großen Deutschen, nahm diese Methode die Form an: These — Antithese — Synthese, d. h. ein Ich setzt sich selbst, setzt sich dann ein Nichtich, an dem es sich betätigen kann, und dieser Betätigungsprozeß ist die Synthese beider, die sich im Philosophen vollendet. Ähnlich dachten Schelling und Hegel, und auch Goethe dachte so, indem er von Einatmung und Ausatmung, von Systole und Diastole, von Integrierung und Differenzierung sprach und zwar auch in Hinsicht auf die Organismen, für die er dementsprechend eine Vervollkommnungstendenz vertrat, einen spiralen Aufstieg, welche Idee in der damaligen Zeit immerhin einigen Beifall fand. Was die Menschheitsentwicklung anlangt, so betonte auch hier Goethe den Fortschritt in origineller Weise, indem er vom Werden eines Übermenschen sprach, welchen Gedanken dann Nietzsche weiter ausgeführt hat. Aber all diese glänzenden Anläufe blieben im Keime stecken, da von den Naturphilosophen die Idee, das Formmoment, gar zu sehr in den Vordergrund gerückt wurde, damit aber eben der Beharrungsgedanke zum Siege kam und den Entwicklungsgedanken untergrub. So sehr wir auch heute gleichsam im Entwicklungsgedanken zu leben scheinen — geredet darüber wird wenigstens gerade genug —, so vermögen wir doch nicht das geniale Schema sinnentsprechend anzuwenden. Und doch ist die Anwendung sehr einfach, wenn wir nur die Bedeutung der theologischen Theorie im früher vorgetragenen Sinne zu würdigen vermögen. Ohne weiteres leuchtet ein, daß im Differenzierungsmoment, in dessen Anerkennung die Schöpfungslehre ihren wahren Inhalt findet, das synthetische Moment des dialektischen Schemas sich begründet, nämlich die Grundlage für Entfaltung immer vollkommenerer Gestalten, an denen dann eine Analyse, d. h. eine Spezifizierung — von der bald die Rede sein wird — sich vollzieht. Die erwähnten Differenzierungsschritte an der histologischen Keimsubstanz bewirken die Aszendenz der Phylogenese, die zugleich eine morphologische Neuschöpfung, das Auftreten neuer Gestaltstypen, bedeutet. Erst wenn wir die Differenzierungslehre mit der Ideenlehre verbinden, ergibt sich die Möglichkeit eines vollen Verständnisses der Phylogenese. Die Schöpfungslehre denkt epigenetisch, indem sie von sukzessiven Differenzierungen in der Keimbahn redet, dagegen die Ideenlehre denkt evolutionistisch, indem sie die Formenfülle aus einem präexistenten Formgehalt ableitet. Beide Theorien ergänzen sich harmonisch, denn die Formen können nur in der Welt realisiert werden an einem geeigneten Stoff.

Der Formbegriff ist heute siegreich in der Biologie, leider noch nicht der Stoffbegriff. Das sahen wir ja schon bei Besprechung des Drieschschen Formvitalismus. Von diesem muß jetzt nochmals die Rede sein, da es Driesch ist, dem wir eine modern kritische Beweisführung für die Existenz des Formprinzips im Organischen und für seine Bedeutung für die Entwicklung, allerdings nur im Rahmen der Ontogenese, verdanken. E sist hier der Ort, von den Drieschschen Beweisen des Vitalismus zu reden, auf die ich

Sie früher verwiesen habe, die aber als Entwicklungsbeweise in den Entwicklungskreis, nicht in den Zeugungskreis, gehören. Driesch hat die Wirksamkeit der Entelechie — die er, wie dargestellt, rein als Formprinzip, als Ganzheitsbeziehung, als intensive Mannigfaltigkeit, deutet — auf zweierlei Weise zu stützen versucht. Sein erster Beweis der Autonomie der ontogenetischen Gestaltung bezieht sich auf die im Entwicklungsgange sich vollziehenden Regulationen. Zerlegt man Eier bei der Furchung in die entstehenden Tochterzellen oder isoliert auf späteren Furchungsstadien einzelne Furchungszellen, so erweisen sich diese isolierten Elemente meist — nicht immer! — befähigt, aus sich normale Imagines von geringerer Größe hervorgehen zu lassen. Auch an älteren Larvenstadien erweisen sich die Zellen manchmal noch omnipotent, und die Regeneration der Erwachsenen zeigt wenigstens Rudimente solchen Regulationsvermögens. Driesch beurteilt seinen experimentellen Befunden gemäß den Keim als ein harmonisch-äquipotentielles System, d. h. als ein System mit gleichveranlagten Teilen, die sich in Harmonie zueinander in verschiedener Weise entwickeln, wie der Ausbildung eines komplexen, mannigfaltigen Ganzen entspricht, und diese Entwicklung scheint ihm nur begreifbar durch das Vorweggegebensein des Ganzen, das als immaterielle Entelechie das Verschiedenwerden der Zellen beherrscht. Nach Weismann und anderen sollte es sich dabei um die Auswirkung einer materiellen Keimsubstanz, von Determinanten, handeln, denen selbst während der Ontogenese eine Veränderung, eine Aufteilung ihrer Potenzen in durchaus gesetzmäßiger, maschinell präformierter Weise zugesprochen ward. Nach Driesch ist das aber ganz ausgeschlossen, wie gerade die Experimente erweisen. Denn diesen entsprechend kann von einer sukzessiven Aufteilung der Potenzen keine Rede sein, weil unter Umständen, wenn es die Situation erfordert, jede Zelle der Keime alles zu leisten vermag; ihre prospektive Potenz — welchen Ausdruck Driesch auch eingeführt hat — kann demgemäß nicht an materiellen Strukturen hängen, sondern nur an einer immateriellen Form, die als Ganzes hinter jeder Zelle steht. Weismann hat der Schwierigkeit zu begegnen versucht durch die Annahme von Reservedeterminanten, die jeder Furchungszelle mitgegeben seien, aber ganz mit Recht wendet Driesch dagegen ein, daß dann wieder das Inkrafttreten der Reservedeterminanten eine Übermaschine erfordere zur Regulation des Verhaltens der Einzelmaschinen. Solche Übermaschine können wir uns doch nur als etwas Geistiges vorstellen und so ist es eigentlich viel einfacher, gleich dem normalen Entwicklungsgeschehen ein geistiges Prinzip zugrunde zu legen.

Der zweite Beweis bezieht sich auf das Zellteilungsproblem in seiner Beziehung zur Mannigfaltigkeit. Stellen wir uns vor, daß die organische Mannigfaltigkeit allein sich begründe auf einer Mannigfaltigkeit der Keimsubstanz, so erscheint eine Gleichteilung dieser bei den Zellteilungen ganz unvorstellbar. Es ist keine Maschine ausdenkbar, die bei Vermehrung und Teilung immer gleich bliebe, wenn sie einen derart hohen Komplikationsgrad besitzt, wie wir ihn notwendigerweise auch der einfachsten Erbsubstanz zuschreiben müssen. Bei der Teilung ganz zu bleiben vermag nur eine intensive, nicht aber eine extensive Mannigfaltigkeit. — Wenn wir uns erinnern an das, was früher an der Drieschschen Lehre getadelt werden mußte, so ist damit doch seinen hier angeführten Argumenten kein Abbruch getan, denn ich bestritt ja nicht das Gegebensein des immateriellen Formprinzips, sondern nur die Vernachlässigung der Vitalität des Stoffes. Für mich sind die Drieschschen Beweise der Existenz von Formen durchaus richtig und alle Versuche, sie zu entkräften, ungenügend. So haben wir Ursache genug, Driesch für seine Beweisführungen in Hinsicht auf die Formbegründung der Ontogenese dankbar zu sein. Anders steht es allerdings in Hinsicht auf die Drieschschen phylogenetischen Anschauungen. Diese sind völlig ungenügend, wovon wir uns das nächste Mal überzeugen werden.

12. Vorlesung.

Entwicklungstheorien.

Nach Erledigung der theologischen Theorie waren wir fortgeschritten zur Betrachtung der naturphilosophischen Theorie. Dabei hatte sich gezeigt, daß beide engst zusammengehören. Das Entwicklungsschema der naturphilosophischen Theorie, das der dialektischen Methode Platos entnommen ist, spricht von einem Wechsel von Synthese und Analyse in der Entwicklung, von Aszendenz und Deszendenz, die Aszendenz aber erkannten wir bedingt durch Differenzierungsschritte der histologischen Keimsubstanz, somit durch Vorgänge, die als an sich wunderbare die Grundlage bilden eben der theologischen Theorie. Hier ist nun sofort noch zu erwähnen, daß auch die Deszendenz an Vorgänge geknüpft ist, die von anderer Seite theoretisch verwertet werden und zwar verwertet gleich von zwei Theorien, die sich begründen auf Betonung zweier bedeutsamer Momente in der phylogenetischen Analyse. Wir sehen demgemäß, daß die naturphilosophische Theorie einen außerordentlichen Umfang besitzt, worin sie sich eben als Entwicklungstheorie katexochen erweist. Und vielleicht dürfte Ihnen bei dieser Betrachtung die Frage kommen, wozu man überhaupt eine naturphilosophische Theorie unterscheidet, wenn die von ihr betonten Momente der Aszendenz und Deszendenz auch den wesentlichen Inhalt anderer Theorien bilden! Aber erfahrungsgemäß existieren diese anderen Theorien neben der naturphilosophischen und das hat auch seine volle Berechtigung, weil die letztere die betreffenden Themen ganz anders behandelt als die ersteren. Sie behandelt sie dualistisch, indem für sie Hauptsache ist das Verhältnis der Form zum Stoffe, der Idee zur Materie, als welche man den lebendigen Stoff gemeinhin deutet, während die anderen Theorien die Themen monistisch behandeln, nämlich nur entweder unter Berücksichtigung des Stoffes oder unter Berücksichtigung der Form. Daß die theologische Theorie nur den Stoff berücksichtigt, habe ich bereits gezeigt, und für die später zu besprechenden Theorien werden wir eine ähnliche Beschränkung erweisen können; sie gilt nun aber nicht für die naturphilosophische Theorie, die in jeder Hinsicht, in ontogenetischer sowohl als auch in phylogenetischer, das Verhältnis von Form und Stoff zueinander in den Vordergrund rückt. Wie sie das tut, haben wir bereits das letzte Mal bei Berücksichtigung der vitalistischen Beweise von Hans Driesch kennen gelernt. Über Drieschs Anschauungen sind nun noch ein paar weitere Worte zu sagen.

Für Driesch wesentlich ist die Analyse der Ontogenese, deren Gestaltungsprozesse er bedingt findet durch Auswirkung der immateriellen Form (Entelechie) an der Materie. Das ist echte Naturphilosophie, die nur darin fehlt, daß sie den organischen Stoff nicht als lebendigen, sondern als toten beurteilt und Leben nur der Form zugesteht. Fragen wir nun, wie sich Drieschs Vitalismus zur Phylogenese verhält, so muß leider gesagt werden, daß er uns hier gänzlich in Stich läßt. Driesch kennt keine allgemeine Form, die in der Phylogenese sukzessive am Stoffe zur Entfaltung käme; die Stammesgeschichte ist ihm nicht die Sache einer planmäßigen, sondern einer zufälligen Entwicklung. Er stellt sich auf den Standpunkt des französischen Philosophen Bergson, der von freier schöpferischer Entfaltung in der Phylogenese redet: nicht einem bestimmten Ziele soll sie entgegenstreben, sondern die schöpferischen Lebenskräfte werfen aus freien Stücken oder in Abhängigkeit von den Bedingungen ihren oft sonderbar anmutenden Formenreichtum auf. In dieser Hinsicht dachte die deutsche Naturphilosophie vor hundert Jahren anders, indem sie ein Ziel der Phylogenese annahm, so z. B. Hegel, der der Meinung war, daß der geniale Mensch, der Philosoph und Künstler, am Ende der Entwicklung stehe, da er das All gedanklich und künstlerisch zu spiegeln vermöge. Der Mensch als Mikrokosmos reflektiert den Makrokosmos: das schien jenen Philosophen ein vom Leben angestrebtes Entwicklungsziel. Wir werden dies Ziel als ein viel zu bescheidenes beurteilen müssen, doch ist es immerhin ein Ziel und damit die Phylogenese auf ganz anderen Grund und Boden gestellt als bei Driesch und Bergson.

Wir wollen uns nun der Aufgabe unterziehen, nachzusehen, ob aus der Beschaffenheit des Systems nicht auf ein Ziel geschlossen werden kann. Ich habe ja bereits immer von einem Verwandlungsziel geredet, aber das galt in Berücksichtigung des Wachstums, das wir ohne Beziehung auf ein Ziel nicht zu begreifen vermögen, wir wollen jetzt aber die Formentfaltung des Organismenreiches auf dies Thema hin uns anschauen und zusehen, ob sie uns keine echt naturphilosophische Antwort auf unsere teleologische Frage gibt. Mit dem Stammbaum der Organismen wollen wir uns beschäftigen und zwar mit seiner aufsteigenden Hälfte, mit seiner Aszendenz, dagegen die absteigende, die Deszendenz vorderhand unberücksichtigt lassen. Der Stamm interessiert uns, nicht seine Verzweigung. In Hinsicht auf jenen kann ich nun recht weitgehende Auskunft geben. Seit den alten Herrn Naturphilosophen ist die Systemerkenntnis außerordentlich weit fortgeschritten und ich selbst habe mich am Systemausbau sehr stark beteiligt und zwar in Hinsicht auf das phylogenetische Verständnis, vor allem in meiner vergleichenden Histologie der Tiere, die 1902 erschienen ist. Auch die hiesigen Ordinarii, Hatschek und Grobben, huldigen entsprechenden

Anschauungen, die Hatschek 1911 in dem Schriftchen: Das neue zoologische System, Grobben 1908 in seinem Vortrag: Die systematische Einteilung des Tierreiches, zur Darstellung brachte. Wenn ich noch darauf hinweise, daß auch unser Botaniker Wettstein in Hinsicht auf Systematik und

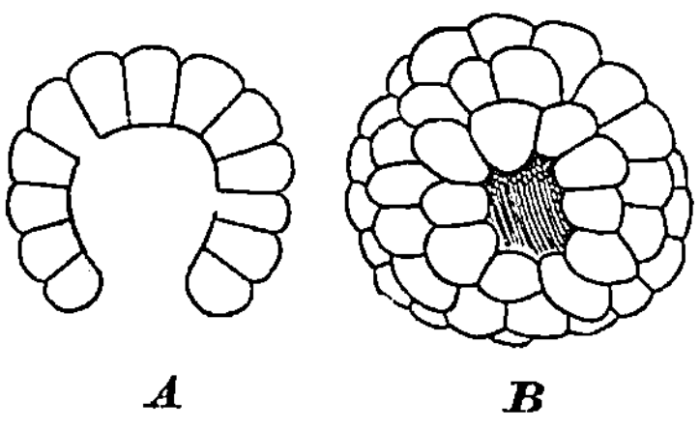

Phylogenie der Pflanzen modernsten Anschauungen huldigt, bzw. sie selbst geschaffen hat, so erscheint Wien wie ein Zentrum phylogenetischer Systembildung, dessen Auswirkung in die Ferne allerdings noch manches zu wünschen übrig läßt.

Das System der Organismen bedeutet ganz im allgemeinen einen Stufenbau, an dem wir vier Stufen unterscheiden können. Zu unterst finden wir die einzelligen Protisten, von denen als bedeutsamsten Trägern des Zeugungskreises bereits die Rede

A   B

Abb. 23. Entwicklungsstadien von Volvox. *A* Durchschnitt, *B* Oberflächenansicht. Nach Kirchner, aus Kultur der Gegenwart.

war. Alle Protisten zeigen die gleiche einfachste Organisation, stehen alle im gleichen Niveau, eben wegen ihrer Einzelligkeit, die die für einfache Zeugung geeignete Organisationsform ist. Von der Mannigfaltig

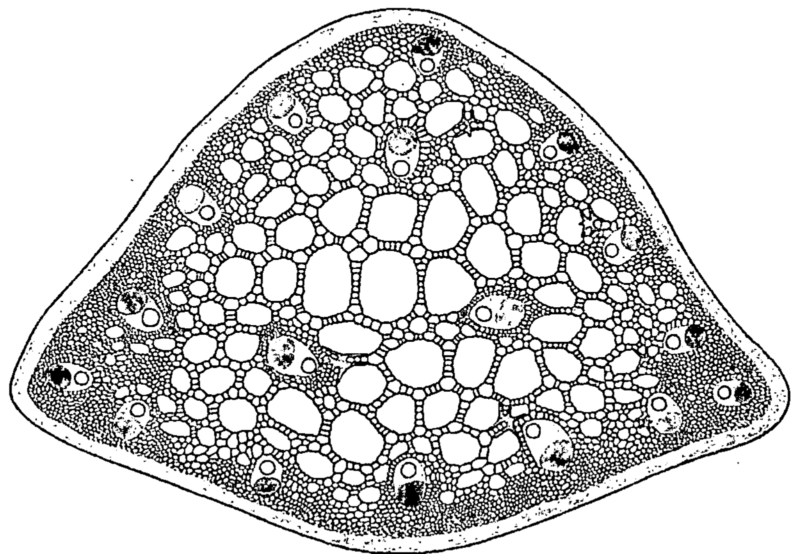

Abb. 24.   Querschnitt eines Pflanzenstiels (Nuphar luteum). Nach Rothert, aus Handwörterbuch der Naturwissenschaften.

keit in diesem Niveau sehe ich ganz ab, da sie nur zum Thema Deszendenz, nicht Aszendenz, in Beziehung steht. Über den Einzelligen gibt es das Niveau der Vielzelligen, das nun eigentlich nicht nur ein, sondern mehrere Niveaus repräsentiert. Zu unterst stehen die Pflanzen, die insgesamt ein Hauptniveau repräsentieren, das wir charakterisieren können als

das einer einschichtigen, äußerlichen Organisation. Rein sche-
matisch ist sie bei den einfachen Vol-
vocineen gegeben (Abb. 23), doch
liegt sie auch allen anderen Typen
zugrunde. Besonders Karl Fritsch
in Graz hat auf diese Besonderheit
der pflanzlichen Morphologie gegenüber der tierischen hingewiesen: es
verbindet sich hier ein einschichtiger Bau mit extensiver Organent-
faltung: die Pflanze wendet alle ihre
Organe nach außen, hat innerlich
nur Gewebe (Abb. 24), nicht scharf
gesonderte Organe, was dagegen für
die Tiere gilt. Sie zeigt dementsprechend auch nur radiäre Symmetrie, die sich darstellt als Betonung von Nebenachsen, was
äußerlicher Gestaltung entspricht.
Ganz anders beschaffen sind die
Tiere, für die die Ausbildung

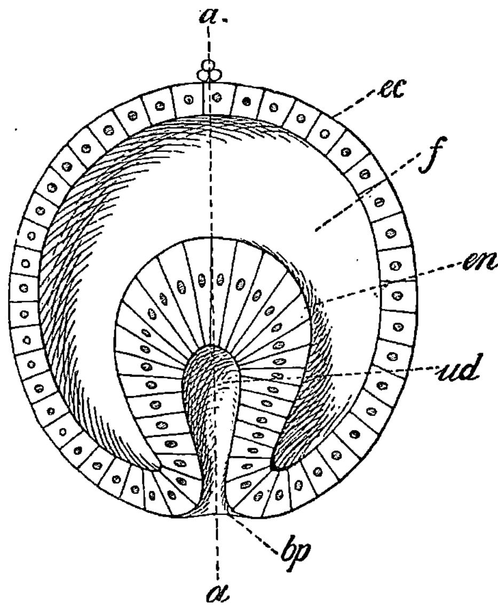

Abb. 25. Gastrula eines Tiers, schematischer Durchschnitt. *a—a* Hauptachse, *bp* Urmund, *ud* Urdarm, *ec* Ektoderm, *en* Entoderm, *f* primäre Leibeshöhle. Nach Heider, aus Kultur der Gegenwart.

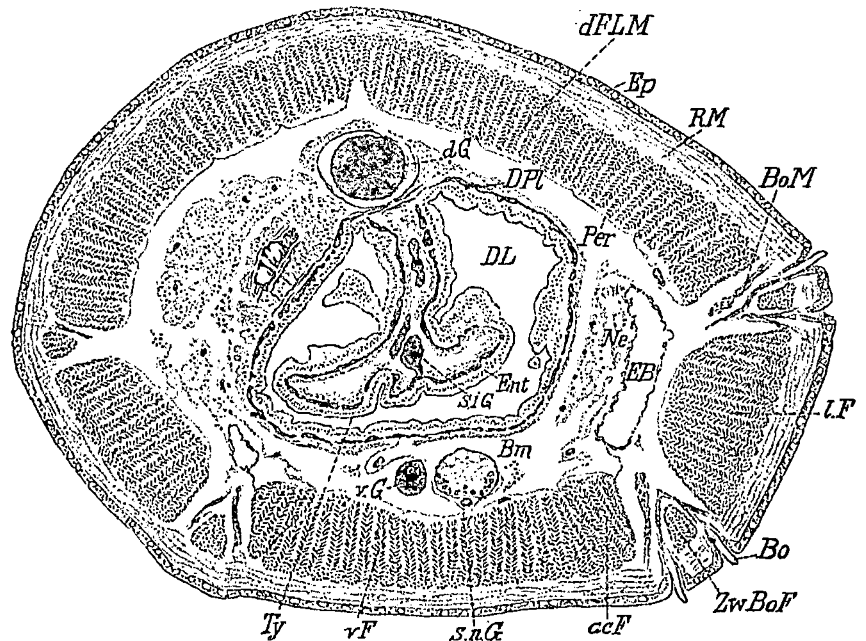

Abb. 26. Querschnitt eines Pleromaten (Lumbricus terrestris). Außen die Haut mit dem Hautmuskelschlauch, innen der Darm, zwischen beiden die Leibeshöhle mit den Blutgefäßen und Nierenanschnitten. *Bm* Bauchmark, *Bo* Borsten. Nach K. C. Schneider, Histologie.

weiterer Niveaus gilt: Sogleich sei hier bemerkt, daß es zwei Tierstämme gibt, die zwei Organisationsstufen über den Pflanzen entsprechen. Der eine Stamm, den wir zuerst berücksichtigen müssen, wurde von mir als Pleromatenstamm bezeichnet; er umschließt in erster Linie die Gruppen der niederen und höheren Würmer, der Arthropoden und der Mollusken, die von Hatschek schon vor längerer Zeit, auf Grund ihrer gemeinsamen Larvenform, der sog. Trochophora, zum Kreis der Zygoneuren zusammengefaßt wurden. Für diese Formen ist charakteristisch eine innere Organisation mit bilateraler Symmetrie und zweischichtigem Bau. Der Körper entsteht ontogenetisch aus einer einschichtigen Larve durch Einfaltung eines zweiten Keimblattes, des Entoderms, das den Darm liefert (Abb. 25); das äußere Keimblatt oder Ektoderm liefert die Haut und außerdem den Hautmuskelschlauch, das Bewegungsorgan des Körpers, von dem auch alle Stützgewebe gebildet werden, sowie die Leibeshöhle, das Cölom, das sich zwischen Hautmuskelschlauch und Darm einschiebt (Abbildung 26). Diese Bildung von Muskulatur und Cölom ist besonders wichtig und hat zur Benennung der zugehörigen Formen als Ekterocölier Ursache gegeben (Hatschek). Indessen erledigt sich mit den Ekterocöliern oder Zygoneuren der Pleromatenstamm nicht. Wie man zu den Pflanzen auch bestimmte Protophyten hinzurechnet, so auch zu den Tieren gewisse Protistenformen als Protozoen. Allerdings fragt es sich, ob gerade die Protozoen Ausgang der Pleromatenbildung sind. Zu dieser Frage nötigt der von mir geführte — durchaus aber nicht allgemein anerkannte — Nachweis einer engeren Verwandtschaft der Zygoneuren zu den Spongien durch Vermittlung der Ctenophoren (Kammquallen), der sich vor allem auf die so bemerkenswerte Bewegungsform der letzteren durch Wimperung, einen sehr primitiven Charakter, außerdem auf die radiäre Symmetrie, stützt. In den Spongien (und Ctenophoren) erblicke ich eine Rekapitulation der Pflanzenstufe durch die Pleromaten. Die Spongien, die vor allem in Betracht kommen, wurden von mir auf Grund ihres einfachen und sehr bemerkenswerten Baues verglichen mit einfachsten Algen, den Volvoxkolonien, und direkt bezeichnet als Kolonien solcher Stöcke, also als morphologisch einschichtige Organismen. Für die Spongien nun ist überaus charakteristisch die Form ihrer Nährzellen, die als Kragenzellen entwickelt sind, darin aber durchaus gleichen gewissen Flagellatengruppen, eben jenen, die auch für die Entstehung der Pflanzen in Betracht kommen. So wäre die Ableitung der Pleromaten von Protophyten anzunehmen und die Spongien bedeuteten eine den Pflanzen entsprechende einschichtige Zwischenstufe. In den zwei Stufen der Pleromaten — ich habe die untere mit radiärer, einschichtiger Morphologie als Dyskineten (Schwerbewegliche) bezeichnet — gibt es natürlich wieder Unterstufen, so bei den Dyskineten die Schwämme und Kammquallen, und bei den Zygoneuren die niederen Würmer als ungegliederte Formen und die höheren Würmer oder Anneliden, ferner die Arthropoden und Mollusken, als gegliederte Formen.

Damit nun aber haben wir erst einen Tierstamm kennen gelernt. Daß es daneben noch einen zweiten gibt, das ist eine Entdeckung meinerseits, die ich 1902 in meiner Histologie publizierte; ich unterschied damals von den Pleromaten die Enterocölier, zu denen ich unter den niederen Radiärtieren die Nesseltiere (Cnidarier) und unter den höheren Bilateraltieren die von Hatschek später als Ambulacralia zusammengefaßten Echinodermen, Enteropneusten, Tentakulaten und Chätognathen, vor allem aber die Chordatiere (Chordonier) rechnete. Gleichzeitig mit mir hat auch Goette in Straßburg in seinem Lehrbuch der Zoologie in entsprechendem Sinne zwei Tierstämme unterschieden und später sprachen sich übereinstimmend Hatschek und Grobben aus.

Die von diesen Forschern gewählten Namen führe ich nicht an, um Sie nicht mit synonymen Worten zu überhäufen; ich halte die von mir angewendeten Ausdrücke Pleromaten und Cölenterier für besonders glücklich gewählt, nämlich gerade in Hinsicht auf jenes Merkmal, das als das Wesentliche zu gelten hat: in Hinsicht auf die Zwei- und Dreischichtigkeit des Körpers. Die Hauptformen der Cölenterier sind zweifellos die Chordonier, zu denen ja die Wirbeltiere, also somatisch auch wir selbst, gehören; diese haben nun aber einen ausgesprochen dreischichtigen Bau, indem an ihrer Larve sich vom Darmblatt (Entoderm) ein drittes Keimblatt durch Ausstülpung entwickelt (Abb. 27), das die Muskulatur und den axialen Skelettstrang, ursprünglich also die Chorda, liefert. Die

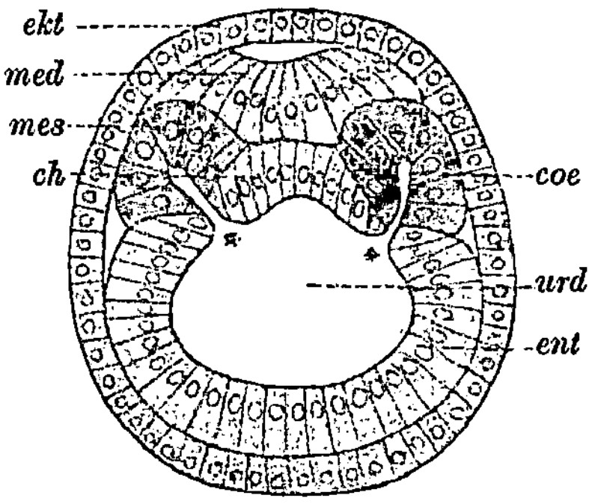

Abb. 27. Querschnitt der Amphioxuslarve. *ekt* Ektoderm, *ent* Entoderm, *urd* Urdarm, *coe* Cölomtaschen (* die Eingangsstellen vom Darm aus), *ch* Chorda, *mes* Mesoderm, *med* Medullarrohr (Anlage des Rückenmarkes). Aus Korschelt und Heider, Entwicklungsgeschichte.

Muskulatur ist hier also ganz anderen Ursprungs als bei den Pleromaten: sie ist von der Haut eigentlich durch die Leibeshöhle getrennt und darum kein Hautmuskelschlauch, sondern eine axiale Muskulatur (Abb. 28); auch das Skelett ist axial, nicht peripher gelegen, und das eben hat als das entscheidende Merkmal der Dreischichtigkeit zu gelten. Nun sind aber derartig ausgebildet nur die Chordonier — zu denen auch die Tunikaten zu rechnen sind —, während die niederen Formen, trotz unbezweifelbarer Verwandtschaft, sich architektonisch neben die Zygoneuren und Dyskineten stellen. Den ersteren entsprechen die Ambulacralia, den letzteren die Cnidaria. Die ersteren bringt man deshalb meist auch in genetische Beziehung zu den Zygoneuren, was meiner Meinung nach ganz unberechtigt ist, und was die letzteren anlangt, so ist ihre Parallelität zu den Pflanzen ja früher immer betont worden, wurden sie doch direkt Zoophyten genannt. Was ihre genetische Beziehung zu den Protisten anlangt, so ist sie bis jetzt noch unaufgeklärt, doch dürfte hier wohl eine Ableitung von Protozoen, nicht von Protophyten, berechtigt sein. Zuletzt sei noch betont, daß selbstverständlich auch in allen Gruppen der Cölenterier Unterstufen vorliegen, so bei den Cnidariern die Hydrozoen und Anthozoen, bei den Ambulacraliern die Stachelhäuter und Eichelwürmer

— die Stufenstellung der Tentakeltiere und Borstenkiefer bleibt vorderhand fraglich — und bei den Chordoniern die Tunikaten, Röhrenherzen (Amphioxus) und Vertebraten, unter welchen wieder Fische, Amphibien, Reptilien samt Vögeln (Sauropsiden) und Säuger Unterstufen bilden.

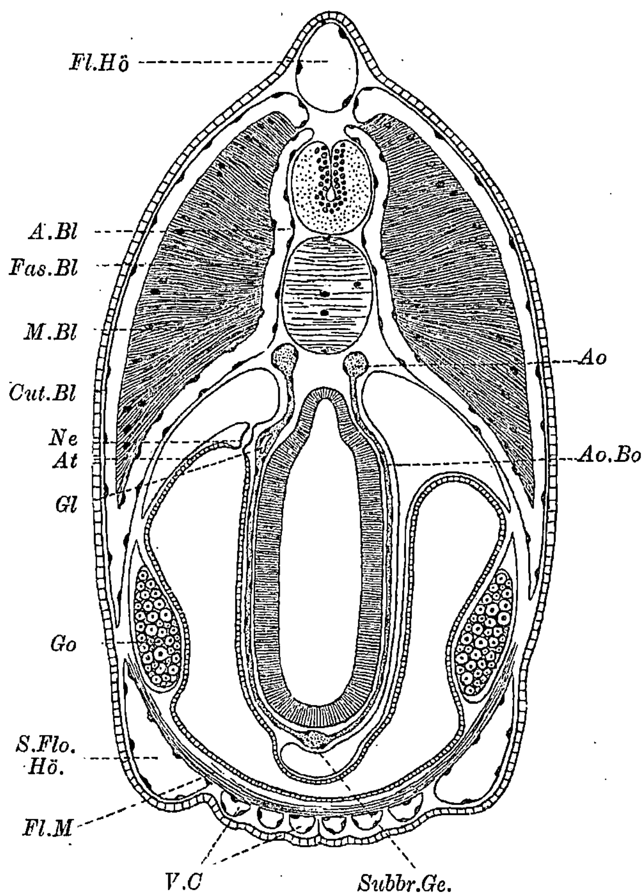

Abb. 28. Querschnitt eines Cölenteriers (Amphioxus lanceolatus). In der Mitte die Chorda, darüber das Rückenmark, beiderseits die axiale Muskulatur. Unten der Darm, in dessen Umgebung die Kiemenhöhle und Leibeshöhle, die links durch die Niere in Verbindung stehen. *Ao, Ao.Bo* und *Subbr.Ge* Blutgefäße, *Go* Gonade. Nach B o v e r i, aus K. C. S c h n e i d e r, Histologie.

Damit ergibt sich uns eine klare Übersicht über das System der Organismen, das ich Ihnen in beistehender Tabelle recht eindringlich vor Augen führen will. Es sind darin einerseits die vier Organismenstämme und andererseits die stufige Gliederung innerhalb eines jeden einzelnen Stammes zum Ausdruck gebracht.

Stufenbildung im Organismenreiche.

4. Stufe: Cölenterier			Chordonier
3. Stufe: Pleromaten		Zygoneuren	Ambulacralier
2. Stufe: Pflanzen	Metaphyten	Dyskineten	Cnidarier
1. Stufe: Protisten	Protophyten	Protophyten	Protozoen.

So sieht meiner Meinung nach der organische Stammbaum aus. Diese Fassung ist nun von größter Wichtigkeit, denn es ist ganz klar, daß die angegebenen Stufen Vervollkommnungsschritte sind, die zugleich Wertsteigerungen bedeuten. Das hier dargestellte System ist der denkbar stärkste Beweis gegen die moderne Geschichtsauffassung, die von echter Geschichte nur bei den Menschen glaubt reden zu dürfen, weil nur bei diesen eine Vervollkommnung des Bewußtseins, also eben eine Wertsteigerung, vorliegen soll; aber eben auch das von mir entwickelte biologische System beinhaltet Bewußtseinssteigerung, was in der Analyse der tierischen Leistungen noch viel klarer hervortreten wird, was ganz besonders aber erhellt aus der Tatsache, daß in den Cölenterierkreis auch Menschen hineingehören, und zwar die Naturmenschen, die in ihrer Mentalität sich uns als echte biologische Wesen ergeben werden. Alle Entwicklung ist in erster Linie Bewußtseinsentwicklung. Wer das bestreitet, der hat eben nicht genügend Einblick in die biologischen Tatsachen, ein Vorwurf, den man allerdings heute sehr großen Forscherkreisen machen muß. Der Schritt von den Naturmenschen zu den Kulturmenschen ist zweifellos ein sehr großer und ich selbst werde Gelegenheit haben, ihn zur Genüge herauszuarbeiten, ja derart großzügig zu formulieren, daß er weit noch über die Grenzbestimmungen der Herrn Geschichtsphilosophen hinausgeht; trotzdem kann von einer scharfen Loslösung der Kulturmenschen von den Organismen nicht die Rede sein. Sie gehören durchaus in unseren Lebensbegriff hinein, der eben unendlich mehr in sich beschließt als allgemein angenommen wird.

Ich sage also zum Schlusse dasselbe wie zum Anfang, daß die naturphilosophische Entwicklungstheorie die Entwicklungstheorie katexochen ist. Sie ist es nun nicht bloß der Aszendenz wegen, sondern auch wegen der Deszendenz, die sie vertritt, und mit der wir uns noch beschäftigen wollen. Der Deszendenzgedanke tritt uns in Goethes Metamorphosenlehre klar entgegen. Metamorphose heißt bei Goethe Differenzierung eines Allgemeinen ins Spezielle. Das gilt zunächst für die Ontogenese, findet aber auch Anwendung auf die Phylogenese. Zwei Arten der Metamorphose unterscheidet Goethe, die sukzedente und die simultane. Als ontogenetisches Beispiel der sukzedenten Metamorphose bietet sich die Entwicklung des Schmetterlings dar, bei der aufeinander folgen die Entwicklungsstadien der Raupe, Puppe (Chrysalide) und der Imago, des fertigen Schmetterlings. Ein ontogenetisches Beispiel der simultanen Metamorphose ist die Mannigfaltigkeit der Wirkelkörper in einem Säugetier: wir sehen die Wirbelanlage abgewandelt in den Bausteinen des Kopfes und der Wirbelsäule mit ihren so verschieden gestalteten Wirbelformen. Noch ein weiteres Beispiel ist das Blatt, das nach Goethe die Urform der Pflanzenmorphologie sein soll. Nach Goethe

ist alles an der Pflanze Blatt. Wir werden heutzutage besser sagen: es ist
Sproß, denn dieser ist der Ausgang aller Differenzierungen der Gestalt bei
den Kormophyten; doch ist damit ja das Wesentliche des Goetheschen
Gedankens nicht entwertet. Beim Urpflanzenbegriff sehen wir aber die
enge Beziehung des ontogenetischen Metamorphosenbegriffs zum phylogenetischen. Für Goethe war das Blatt nicht nur Grundlage der individuellen, sondern auch der artlichen Gestaltung: das Blatt war ihm Ausgang aller Pflanzenentwicklung überhaupt. Somit war ihm aber auch der
Begriff der phylogenetischen Sukzedenz nicht fremd, denn er kannte ja den
Unterschied der Kryptogamen von. den Phanerogamen in Hinsicht auf

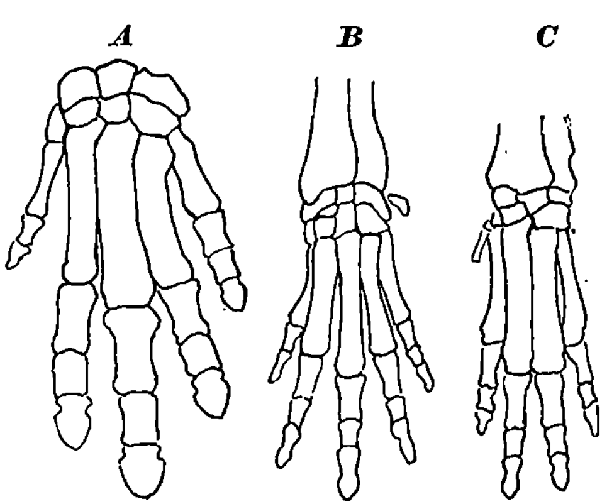

Abb. 29.   Extremitäten von Urhufern.
A Phenacodus, B Hyracops (Menisco-
therium), C Oreodon. Nach Zittel,
Paläozoologie.

Mangel und Gegebensein der Blüten, und auch den Ursprung der
Blüten suchte er im Blatte, wußte,
daß die Blüte das letzte ontogenetische Formprodukt ist und mußte
es demgemäß auch als das letzte
phylogenetische betrachten. Solcher Schluß mußte für ihn etwas
ganz Selbstverständliches sein. So
kannte er die Deszendenz als bestimmt gerichtete Mannigfaltigkeitsentfaltung, als Reihe, wie wir
sagen wollen, und als simultane
Mannigfaltigkeitsentfaltung, als
Breite. Beide Momente werden nun
heute von gewissen Theorien besonders betont und zu Grundlagen
des Entwicklungsgedankens ge-

macht: die Reihenbildung von der Theorie der Orthogenese und die Breitenbildung von der Mutationstheorie. Mit Deszendenz, oder sagen wir: mit
Variation, d. h. Aufspaltung von Urformen, haben sie beide zu tun, denn
auch in der Reihe gibt es Mannigfaltigkeit, nicht nur im Schwarm, nur
tritt sie hier und dort verschieden: sukzedent oder simultan, in Erscheinung.
Damit nun haben wir über die naturphilosophische Entwicklungstheorie
genug gesagt und wenden uns nun weiteren Theorien zu. Welchen, ward
bereits angedeutet: der Orthogenesistheorie und der Mutationstheorie, die
beide es mit Deszendenz (nicht Aszendenz), zu tun haben. Bevor ich aber
in spezielle Betrachtung der Theorien eintrete, möchte ich ein Beispiel vor-
tragen, das Bedeutung besitzt für beide Theorien. Ein Beispiel, das Ihnen
recht drastisch zeigt, wie Deszendenz überhaupt sich äußert, wie gegebene
Urformen in ihren Speziesgehalt aufspalten. Aus dem untersten Tertiär
kennen wir Urformen der Säuger, sog. Kollektivformen, so vor allem
der Huftiere, von denen sich alle Mannigfaltigkeit der Ein-, Zwei- und Vielhufer ableiten läßt. Wir kennen die Familie der Kondylarthren, die als Urform der Vielhufer Hieracops, als Urform der Paarhufer Oreodon und als Urform der Unpaarhufer Phenacodus enthält (Abb. 29). Alle diese Urformen

zeigen ein sehr primitives, unspezialisiertes Extremitätenskelett und eine sehr
ursprüngliche Bezahnung. Sie sehen nun auf der beigegebenen Tafel (Abb. 30),
wie sich der Stammbaum der Hufer gestaltet, und ganz besonders eindring-

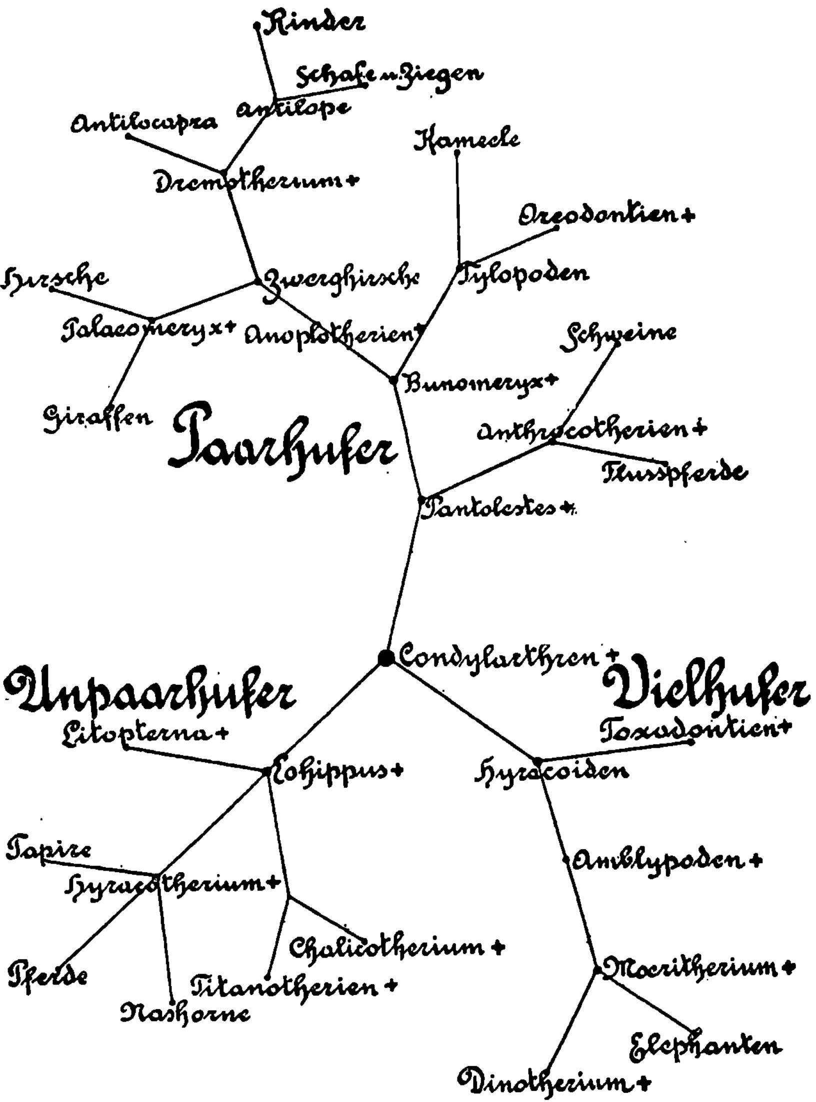

Abb. 30. Zerstreuungsschema der Huftierentwicklung. Die Kreuze bedeuten, daß
die betreffenden Formen ausgestorben sind. Aus K. C. Schneider, Deszendenztheorie.

lich wirkt in dieser Hinsicht die für die Pferdereihe gültige Spezialtafel (Abbildung 31), die Ihnen zeigt, wie fortschreitend die Zehen reduziert werden,
bis zuletzt nur die Mittelzehe übrig bleibt, was für die modernen Pferdeformen

gilt. Entsprechend spezialisieren sich auch die Paar- und Vielhufer, doch besitze ich dafür keine passende Darstellung. Bemerken muß ich allerdings, daß gegen die gebotenen Übersichten schwere Bedenken geäußert worden sind. Viele Paläontologen halten sowohl die früher so begeistert aufgenommene Aufstellung von Kollektivformen, als auch die spezielle Ableitung der modernen Hufer, für falsch, indem sie darauf aufmerksam machen, daß man vielfach ganz willkürlich das gegebene paläontologische Material zusammengefügt hat, ganz ohne Rücksicht darauf, ob die betreffenden Formen wirklich an gleicher Stelle und in aufeinander folgenden Schichten gefunden wurden, ob also wirklich mit Abstammungsmöglichkeit gerechnet werden darf oder nicht. Vielleicht entstammt die eine Übergangsform einer amerikanischen

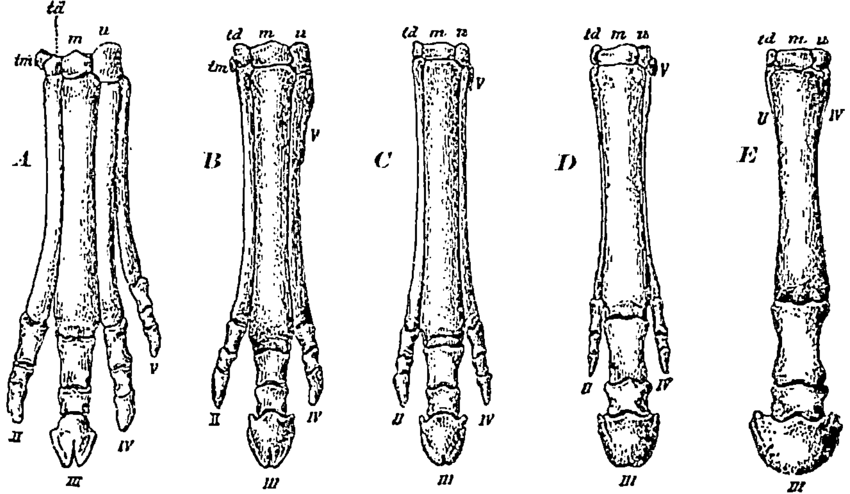

Abb. 31. Vorderfuß von Hyracotherium (*A*), Mesohippus (*B*), Anchitherium (*C*), Hipparion (*D*) und Equus (*E*). Nach Boas, Zoologie.

und die andere einer europäischen oder asiatischen Fundstätte und ganz verschiedenen Horizonten; ist das aber der Fall, so kann von einem wirklichen Erklärungswert der Formen nicht die Rede sein. Diese Kritik hat sicher große Bedeutung, aber sie beraubt uns leider der schönsten Ur- und Übergangsformen.

Auf folgende Einzelheiten sei noch aufmerksam gemacht. Man beobachtet Reihen, entsprechend welchen der Fuß sich fortschreitend spezialisiert, während zugleich das Gebiß, das bei anderen Formen gleichfalls fortschreitend leistungsfähiger wird, sich primitivisiert. Nach Dollo spricht man hier von Spezialisationskreuzungen, durch solche wird aber das erst klare Entwicklungsbild ganz zerstört. Viele ursprüngliche Formen scheinen auf den ersten Blick ideale Ausgangspunkte der speziellen Formen, bis sich herausstellt, daß sie selbst bereits mehr oder weniger stark spezialisiert sind: man kann z. B. von einem an das Baumleben angepaßten Orang-Utan nicht annehmen, daß er der Vorfahr der Menschen war, welch letzteren eine Beziehung zum Baumleben gänzlich mangelt. In solcher Art verdächtig sind gerade die schönsten Urformen, so z. B. der Urvogel Archäopteryx, der Urchordat Amphioxus und der Urtracheat Peripatus.

Indessen fragt es sich doch, ob wir nicht in Beurteilung der Urformen zu anspruchsvoll sind. Der Paläontologe Koken hat gemeint, daß wir von den Urformen nicht zuviel verlangen dürfen; vielleicht hindert eine gewisse Spezialisierung nicht, daß die betreffenden Formen doch Entwicklungsträger sind. Ich möchte dazu bemerken, daß es meiner Ansicht nach völlig unspezialisierte Urformen gar nicht geben kann. Wie ich mir nicht vorstellen kann, daß es eine allgemeine Urindividualität gegeben hat, an der die möglichen Einzelindividuen in irgendeiner Form bereits vorbereitet gewesen wären, nur nicht in individueller Ausprägung, so kann ich mir auch keine Kollektivform denken, die irgendwie alle spätere Mannigfaltigkeit andeutungsweise an sich zum Ausdruck brachte, jedoch in keiner Weise spezialisiert war. Wir müssen eben uns ganz klar darüber sein, daß die Formpotenz nichts Materielles ist, sondern etwas Geistiges, dieses aber in realer Form nur als Einzelheit und Spezifität hervortreten kann. Wohl werden sich die in einer Reihe aufeinanderfolgenden Arten darin wesentlich unterscheiden, daß die einen primitiv, die anderen spezifiziert erscheinen, je nachdem eben der potentielle Formgehalt bei den einen größer, bei den anderen geringer ist; aber Spezifität wird auch der primitivsten Form so wenig mangeln wie Individualität, denn ohne beide ist sie als Realität eben überhaupt nicht möglich. Und so glaube ich, daß wir getrost an den bis jetzt entdeckten Kollektivformen festhalten können und ihre spezifischen Eigenheiten nicht allzuhoch zu bewerten brauchen[1]).

Was nun den Vorgang der Spezialisierung, also der Deszendenz, anlangt, so werden wir das nächste Mal die hier in Betracht kommenden Theorien der Orthogenese und der Mutation uns genauer betrachten.

13. Vorlesung.

Entwicklungstheorien.

Mit der Aszendenz im System ist die Deszendenz verbunden. Unter Deszendenz verstehe ich die Breitenentfaltung des Systems, die Analyse der Urformen, die Spezifizierung des Typs, die in der Tat, wie wir sehen werden, einen Abstieg bedeutet, der jedoch im Niveau der betreffenden Urformen sich abspielt. Deszendenz begründet sich auf sukzedenter und simultaner Metamorphose im Sinne Goethes und es tragen ihr nun zwei Entwicklungs-

---

[1]) In Hinsicht auf die Huftiere mache ich darauf aufmerksam, daß auch der Wiener Paläontologe O. Abel, auch ein Phylogenetiker ersten Ranges, an der Existenz einer gemeinsamen Urform festhält.

theorien Rechnung, die der Orthogenesis und der Mutation, denen wir uns heute speziell zuwenden wollen.

Die Orthogenesislehre beurteilt alle Mannigfaltigkeit als Folge bestimmt gerichteter Entwicklungsschritte, in denen die Formpotenzen gegebener Urformen sich immer reifer ausprägen. Sie bringt im Begriff der sukzedenten Variation den der simultanen möglichst vollständig zum Verschwinden; bei ihr ist alle Veränderung Reifung, die dadurch zu einer mannigfaltigen wird, daß sie sich auf verschiedene Organsysteme bezieht, was aber von einer ziellosen Aufspaltung im Sinne der Mutationstheorie sich fundamental unterscheidet. Die orthogenetische Veränderung hat immer, so dürfen wir sagen, Funktionswert, während die Mutation rein systematische Bedeutung hat. Sehr klar tritt das ja hervor bei dem bereits besprochenen Beispiel der Huftierextremität, deren Vereinfachung gesteigerte Leistungsfähigkeit bedeutet. In anderen Fällen tritt es nicht so klar hervor, doch läßt sich jeder Entwicklungsschritt unschwer auf einen Differenzierungsschritt der histologischen Anlage zurückführen. Ein interessantes Beispiel ist die Genealogie der Papilioniden, wie sie von Eimer, dem Begründer dieser deszendenz-theoretischen Richtung dargestellt ward (Abb. 32). Älteste Form der Schwalbenschwänze im nördlichen Festlandsgebiet ist nach Eimer eine sehr reich gestreifte, nämlich mit 11 Längsstreifen auf den Flügeln ausgestattete Form (Papilio Glycerion). Auf diese folgen nun minderreich gestreifte Formen, deren Abschluß — immer nach Eimer — Papilio Asterias sein soll, dessen Flügel fast gleichmäßig schwarz gefärbt sind. Man möchte sagen, daß hier ein Zwang sich durchgesetzt hat; eine innere Nötigung scheint vorzuliegen, die wir uns gebunden an die histologische Substanz denken dürfen. Deshalb hat Eimer auch von Organophysis, also von einem Organwachstum gesprochen, das er sich durch die Bedingungen ausgelöst dachte. Haacke, dem wir das Wort Orthogenese verdanken, stellte sich vor, daß in der mizellaren Idioplasmastruktur mit innerer Notwendigkeit Umordnungen sich abspielen, die zur Ursache der bestimmt gerichteten Variation werden. Er schloß sich in dieser Hinsicht an Nägeli an, der die Ursache der mizellaren Umordnung bereits früher genauer zu bestimmen versucht hatte; Nägeli war der Meinung, daß es sich dabei um entropische Erscheinungen handle, die der phylogenetischen Entwicklung bestimmte Richtungen anweisen. Ich glaube, daß in all diesen Gedanken etwas Richtiges liegt. Aber hier handelt es sich um eine gedanklich so verwickelte Situation, daß wir einen Moment in unseren Untersuchungen einhalten und die verschiedenen hier in Betracht kommenden Faktoren herauszuarbeiten versuchen wollen.

In den Urformen, die wir kennen gelernt haben, ist zweifellos ein Ungleichgewicht gegeben und zwar sowohl in der histologischen, also für die Funktion bedeutungsvollen Keimsubstanz, als auch in der morphologischen, in der der Energiegehalt, wie früher dargetan, ganz anderen Charakter annimmt, worauf bei Erörterung der Mutationstheorie einzugehen sein wird. Das Ungleichgewicht wird zur Ursache der Deszendenz: ich denke mir, daß das hohe energetische Potential, wie es in der Keimsubstanz durch die aszensorischen Differenzierungen gesetzt ward, einem Ausgleich zur Umwelt

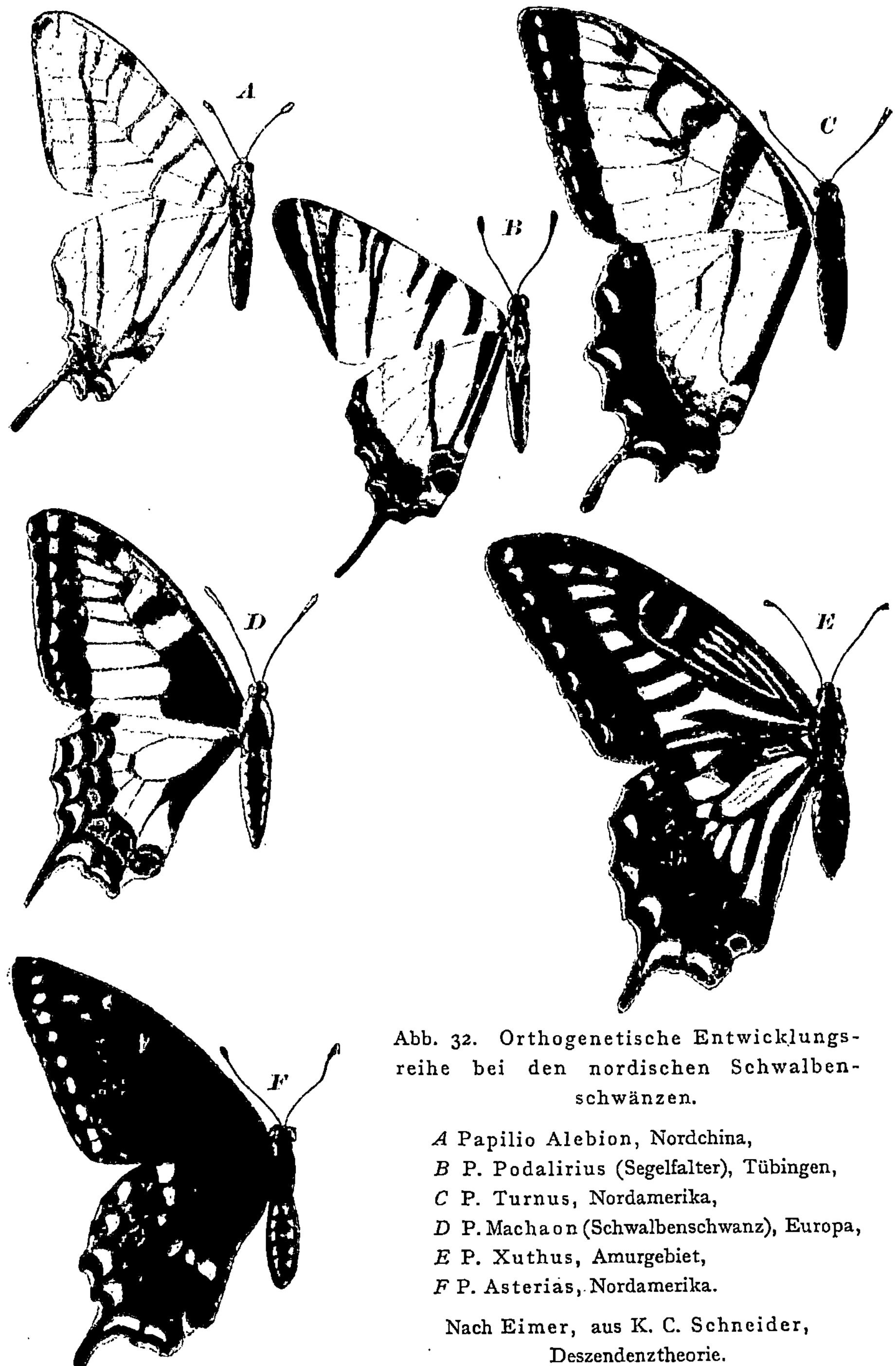

Abb. 32. Orthogenetische Entwicklungsreihe bei den nordischen Schwalben-
schwänzen.

A Papilio Alebion, Nordchina,
B P. Podalirius (Segelfalter), Tübingen,
C P. Turnus, Nordamerika,
D P. Machaon (Schwalbenschwanz), Europa,
E P. Xuthus, Amurgebiet,
F P. Asterias, Nordamerika.

Nach Eimer, aus K. C. Schneider,
Deszendenztheorie.

zudrängt und damit zur Ursache der deszensorischen Differenzierungen wird. Vielleicht können wir uns den Vorgang dadurch verdeutlichen, daß wir an die Ausbreitung einer Schallwelle denken. Diesem Bilde gemäß würde jede Urform ein Stoßzentrum sein, ein Punkt höheren energetischen Niveaus, das seinen Überschuß nach allen Seiten abströmen läßt, d. h. der Stoß teilt sich den neu entstehenden Individuen mit und überträgt sich dabei auf immer weitere Kreise, bis sein Energiegehalt allmählich verklingt. Um ein Aus-schwingen des hohen Potentials, um allmähliche Erniedrigung eines Wellen-berges handelt es sich dabei. Wie wir so aber die Phylogenese beurteilen können, so auch die Ontogenese, und eben hier nun liegt die Schwierigkeit des Vergleichs, aber auch seine eminent aufklärende Bedeutung. Auch jede Ontogenese ist das Ausschwingen einer in den Keimzellen gegebenen hohen Potenz an den entstehenden Geweben, derart aber das so entstehende, an Qualitäten reiche Soma vergleichbar einem Wellensystem, wie es eben in einer Schallwelle oder auch, welcher Vergleich für uns besonders wichtig ist, in einem Erdkörper mit seiner Schichtstruktur vorliegt. Der Erdkörper gleicht einem erstarrten Wellensystem: genauer bestimmt stellt er einen Körper dar, in dem durch immer wiederholte wellenförmig sich ausbreitende Stöße eine beharrende Schichtstruktur sich ergeben hat; die Stöße gehen vom Erdinnern aus, das ja unter kolossalem Druck steht. Ist nun solche Natur-gestaltung einer Ontogenese vergleichbar, das Soma eines Organismus also vergleichbar der Erde oder einem beliebigen Körper, für den solche Struktur-grundlagen gelten, so bleibt uns doch die Phylogenese unverständlich, die einer Stoßbeziehung aller Naturkörper entsprechen würde, von der wir nichts wissen. Hier aber entsinnen wir uns, daß der Stammbaum auf einem über-natürlichen Vorgang sich begründet, daß er eine in Entstehung begriffene allgemeine Einheit ist, in der sich, als in einem Naturbestandteil, doch auch die Naturleistungen bemerkbar machen müssen. Und damit begreifen wir auf einmal das Nebeneinander von Phylogenese und Ontogenese. Die Ontogenese ist eine Übertragung der auf Elastizitätsäußerungen beruhenden anorganen Körperbildung ins Organische, die Phylogenese aber ist Bildung eines allgemeinen Körpers, der als Naturinhalt doch die für alle Körper maß-gebenden Energieleistungen auch an sich zum Ausdruck bringen muß. Der Stammbaum in seiner Gänze ist eben ein höherer Körper: er zielt auf den Makrokosmos, während der individuelle Körper ein echter Naturkörper ist: er zielt auf den Mikrokosmus. In beiden aber äußert sich Elastizität und so kann die Orthogenese, ebenso wie die Ontogenese, als ein Ausschwingen eines hohen Potentials, nach Art eines Wellensystems, betrachtet werden.

Mit dieser Deutung der Orthogenese stimmen eine ganze Reihe interessanter Erscheinungen überein, die ich hier nur kurz erwähnen will. So zunächst die besonders von Dollo gewürdigte Tatsache, daß die Entwicklungsprozesse nicht rückläufig werden, das Gesetz der Nichtumkehrbarkeit der Entwicklung. Scheinbar gibt es in der Stammesgeschichte genug Bei-spiele, in denen die Entwicklung rückläufig wird. So sei der Schildkröten ge-dacht, unter denen gewisse Formen sich an ein pelagisches Leben anpaßten, indem sie die schwere Schale verloren; als nun ihre Nachkommen wieder zum Strandleben zurückkehrten, erneuerten sie die Schale, aber diese Erneuerung schuf nun in der Tat etwas ganz Neues, nämlich eine Schale „über" der alten, über dem alten Bildungsort, der seine Potenzen definitiv eingebüßt hatte; solche Rückbildung und veränderte Erneuerung wiederholte sich bei den Schildkröten mehrfach. Es sei nun ganz davon abgesehen, ob nicht doch unter bestimmten Bedingungen Rückläufigkeit möglich ist, jedenfalls ist sie aber nicht die gewöhnliche Erscheinung, die als entropischer Vorgang sich darstellt. Ein weiteres Gesetz, das in Hinsicht auf hierher bezügliche Erscheinungen aufgestellt wurde, ist das Gesetz der Reduktion der Variabilität von Rosa. Es besagt, daß phyletisch junge Formen viel mehr zur Abänderung neigen als phyletisch alte. Uns muß das ganz selbstverständlich dünken, da mit fortschreitender Differenzierung eben das energetische Niveau sinkt, diesem aber innigst die histologisch-morphologische Veranlagung zugeordnet ist. Wenn darum auch gegen manche Beispiele Rosas berechtigte Einwände erhoben werden können, wie das von seiten Plates geschehen ist, so erscheint doch das Gesetz durchaus naturgemäß: es muß eben mit der Zeit auf Grund der Zerstreuungserscheinungen die Deszendenz zum Stillstand kommen. Und daraus folgt auch die Richtigkeit der alten Brocchischen Behauptung, daß das Aussterben der Arten aus inneren Ursachen, aus einer Erschöpfung der Anlage zu erklären sei, nicht aber aus äußeren Ursachen, die, wie ich ja schon früher ange-

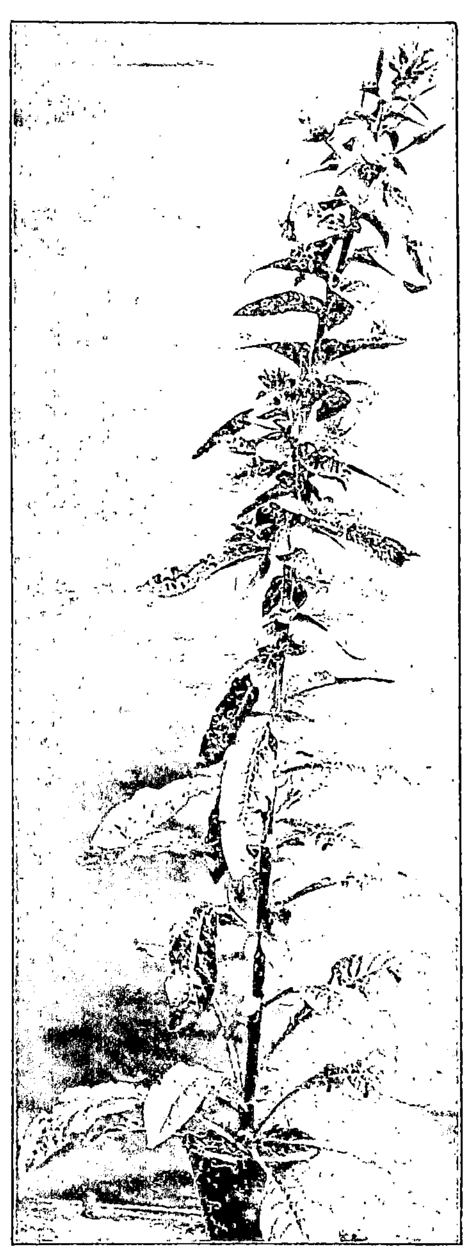

Abb. 33. Oenothera lamarckiana. Aus Lotsy, Deszendenztheorie.

deutet habe, in vielen Fällen absolut mangeln. Das Aussterben der Hufer, Ammoniten, Saurier usw. ist nur die Folge des Abklingens des in der

Anlage gegebenen Energiegehalts, und demgemäß eine durchaus natürliche, nicht im geringsten mystisch anmutende Erscheinung. Noch wäre hinzuweisen auf den periodischen Verlauf des Ausschwingens des Energiegehalts , worüber ich in meinem Periodenkolleg ausführlich handle. Für die Periodizität der Ontogenese liegen seit den Arbeiten von Fließ, Swoboda, Zederbauer und Sperlich bereits viele Beweise vor, doch ergaben sich auch Hinweise auf ein periodisches An- und Abschwellen der phyletischen Potenz, das uns in Berücksichtigung des Vergleichs der Orthogenese mit der Schallausbreitung selbstverständlich erscheinen muß.

Nochmals zurückgreifend auf die Darstellung der Orthogenese bei Schmetterlingen durch Eimer, möchte ich nicht versäumen darauf hinzuweisen, daß nicht wenige Forscher ihre Richtigkeit bestreiten. Wie dem nun auch sei, so kann doch die Reihenbildung überhaupt keinem Zweifel unterliegen. Und ganz neuerdings ist für die Pferdestreifung der Nachweis einer bestimmt gerichteten Vereinfachung der Zeichnung durch Hans Krieg wohl mit Sicherheit erbracht worden.

Abb. 34a. Mutante von Oenothera lamarckiana: O. lata. Aus Lotsy, Deszendenztheorie.

Die Theorie der Orthogenese ist eine Epigenesislehre, d. h. sie denkt sich die Deszendenz gebunden an reale Umbildungen der organischen Substanz, genauer bestimmt: an Differenzierungsschritte der histologischen Erbsubstanz (entsprechend Erniedrigungen des energetischen Potentials), worin sie der theologischen Theorie entspricht, nur handelt es sich bei dieser um aszensorische, nicht deszensorische Differenzierungen. Im Gegensatz dazu ist die nun zu besprechende Mutationstheorie eine Evolutionslehre, da bei ihr die doch auch für die morphologische Keimsubstanz zu behauptenden Umbildungen gar nicht ins Gewicht fallen gegenüber der Aufspaltung der morphologischen Potenz, wobei die in dieser geistig präformierte Mannigfaltigkeit aktuell hervortritt. Das materielle Geschehen, die energetischen Potential - Schwankungen, die selbstverständlich auch hier nicht fehlen können, spielen nur eine ganz untergeordnete Rolle gegenüber dem Formzerfall, der hier das wesentliche Phänomen bedeutet. Also um das plötzliche Hervortreten von Mannigfaltigkeit handelt es sich hier. In diesem Sinne äußert sich de Vries, der Begründer der Mutationstheorie, der auch den Begriff der Prämutation, d. h. einer vorausgehenden Reifung am Idioplasma, eingeführt hat, ferner der Geologe Joh. Walter, von dem der Begriff der Anastrophe, einer explosionsartigen Formzerstreuung, stammt, und viele andere Autoren, die das Formmoment in den Vordergrund rücken. Von orthogenetischen Differenzierungen wird bei solchen Vorstellungen ganz abgesehen. Für die Mutationstheorie ist alle Entwicklung nur gleichsam simultaner Formzerfall, für die Theorie der Orthogenese dagegen ist Entwicklung nur substantielle Reifung: beide Lehren übersehen demgemäß ein unentbehrliches Entwicklungsmoment zugunsten des anderen, worin

Abb. 34b. Mutante von Oenothera lamarckiana: O. rubrinervis. Aus Lotsy, Desz.-Theorie.

sie ihre Einseitigkeit bekunden. Wir müssen beide Entwicklungsmomente in der Deszendenz ebenso würdigen, wie wir sie in der Aszendenz gewürdigt haben: ohne Differenzierung des Stoffes ist die Formentfaltung nicht zu haben, aber beide Phänomene erweisen sich als im Prinzip selbständige.

Die Lehre von de Vries begründet sich auf Befunden an der Lamarckischen Nachtkerze (Oenothera Lamarckiana) (Abb. 33). 1886 fand de Vries auf einem Brachfeld bei Hilversum nahe Amsterdam unter vielen typischen Exemplaren dieser aus Amerika stammenden Oenotheraart einige abweichende Individuen, die er als selbständige Varietäten bestimmte (Abb. 34). Fortgesetzte Besuche der Fundstätte, sowie Züchtungsversuche im eigenen Versuchsgarten, gaben ihm die Gewißheit, daß es sich hier um Neubildungen handle, die schwarmweise aus der Mutterform hervorgehen; er unterschied nach und nach eine große Zahl solcher Variationen, die er als Mutationen bezeichnete. Eigentlich war dieser Ausdruck nicht gut gewählt. Denn vor ihm hatte der Paläontologe Waagen unter Mutation etwas anderes verstanden, nämlich einen orthogenetischen Entwicklungsschritt innerhalb von Formenreihen bei Ammoniten, also eine wesentlich verschiedene Erscheinung. Doch hat sich die de Vriessche Nomenklatur eingebürgert, so daß wir sie beibehalten müssen. Der de Vriessche Befund erregte ungeheures Aufsehen. Nun war doch endlich einmal die Phylogenese direkt erwiesen; früher mußte man sie immer nur auf den embryologischen, paläontologischen oder tiergeographischen (natürlich auch pflanzengeographischen) Befund stützen, was nicht selten mit großen Schwierigkeiten verbunden war. Doch gerade die Oenotherabefunde erwiesen sich auch als recht anfechtbare. Es hat sich im Laufe der Zeit herausgestellt, daß Oenothera lamarckiana ein Bastard ist, der nach Art aller Bastarde innerhalb seiner Nachkommenschaft aufspaltet in die Ausgangsformen, sowie in eine Reihe konstanter Zwischenformen. Als solche wären demgemäß die de Vrieschen Mutationen aufzufassen. De Vries hat sich allerdings nicht zu solcher Auffassung bekannt, und in der Tat liegen die Verhältnisse bei Oenothera Lamarckiana sehr verwickelt, so daß ein definitiver Entscheid mit besonderen Schwierigkeiten verbunden ist. Wie dem nun auch sei, jedenfalls wird die Mutationslehre durch die zweifelhafte Natur der Lamarckiana-Mutanten nicht erschüttert. Im Laufe der Jahre sind Beispiele genug gefunden worden, die als echte Mutationen gelten dürfen, da eine Herkunft von Bastarden ganz ausgeschlossen ist. An Protisten und Getreidearten sind solche Nachweise geführt worden, ganz besonders aber an der bereits früher schon erwähnten Fruchtfliege, Drosophila ampelophila, die in den genau kontrollierten Zuchten Morgans eine große Zahl von Mutanten lieferte. Für die Vervollkommnung der Organisation beweisen all diese zahlreichen Befunde nichts, vielmehr handelt es sich immer nur um Einschränkungen der Formveranlagung, meist um sog. Verlustvariationen, bei denen gewisse Qualitäten aus der Anlage verschwinden. Diese Einschränkungen bedeuten Steigerungen der Formenmannigfaltigkeit. Ich möchte hier nun auch hinweisen auf eine indirekte Bestätigung der Mutationstheorie durch den geographischen Befund. Der Amerikaner Willis führte statistisch den Nachweis, daß geographisch am weitesten verbreitet sind die

alten, primären Formen, dagegen die sekundären Spezies um so weniger weit,
je jünger sie sind. Die jüngsten Formen treten nur auf als Lokalrassen
oder endemische Arten, deren Verbreitungsgebiet zunächst ein überaus
beschränktes ist. Willis faßt seine Befunde auf als Beweise der Mutationstheorie, worin ihm de Vries zustimmt.

Wir haben nun zu fragen: läßt sich die mutative Aufspaltung der Typen
als gesetzhafte begreifen? Erfolgt das Hervortreten bestimmter Arten mit
innerer Notwendigkeit? Diese Frage darf wohl bejaht werden. Es sei hier
auf eine Reihe von Arbeiten verwiesen, die in dieser Hinsicht eine beredte
Sprache führen. Sie finden eine zusammenfassende Darstellung dieser
Befunde in meiner Einführung in die Deszendenztheorie, wenigstens für die
Zeit bis 1911, doch scheint es nicht, daß später wichtiges Neues hinzuge-
kommen sei, wenigstens sind mir entsprechende Arbeiten nicht bekannt
geworden. Ich erwähne Zederbauers Darstellung paralleler Variation bei
den Nadelgehölzen, von denen er zeigt, daß in den verschiedenen Gattungen
und Familien entsprechende Varietäten vorkommen, so z. B. immer wieder
die Pyramidenform, Kriechform, Hängeform, Zwergform, Schlangenform,
astlose Form usw. Belehrend sind in dieser Hinsicht die Kataloge der
großen Gärtnereien, die immer neue Varietäten der Nutz- und Zierpflanzen
auf den Markt werfen; da liest man immer von identischen Varietäten, z. B.
von einer Varietas alba, glaber, nitens, laevis, radiata, tomentosa, vilosa,
hirta, ciliata, laciniata, nana, fasciata usw., erkennt also die Beschränktheit
der Gestaltung trotz aller Mannigfaltigkeit. Besonders wichtig sind Arbeiten
Hatscheks, die leider noch nicht publiziert wurden. Hatschek findet in
den Stufen der Hauptgruppen der Tiere immer wieder die gleichen charakteristischen Formentypen, so, um nur ein Beispiel anzuführen, unter den
aplazentalen und plazentalen Säugern wesensverwandte Lauftiere, Grab-
tiere, Schwimmtiere, Flattertiere, Flugtiere, Klettertiere; ganz allgemein
gibt es überall Pflanzenfresser, Fleischfresser, Allesfresser; es gibt Typen,
die sich einrollen, verstecken, totstellen, gepanzerte Formen usw. Hatschek
versucht diese Mannigfaltigkeit aus dem Einfluß der Existenzbedingungen abzuleiten, doch kann dieser Versuch nicht genügen, vielmehr drängte sich mir ein
anderer Erklärungsversuch auf, der die Mannigfaltigkeit des Anorganen für
das Verständnis der organen Mannigfaltigkeit zu verwerten sich bemüht.

Ich gedachte der chemischen Mannigfaltigkeit, speziell der Artenfülle
des Systems der chemischen Elemente, das einen durchaus gesetzhaften
Aufbau aufweist. Das periodische Elementsystem zeigt gleichfalls über-
einandergeordnete Etagen, die sog. Perioden, in denen die gleichen Element-
arten immer wiederkehren. Ich will diese Mannigfaltigkeit hier nicht näher
charakterisieren, es wird auf dies Thema an anderer Stelle; bei Untersuchung der menschlichen Mannigfaltigkeit, eingegangen werden; erwähnt
sei aber, daß in Hinsicht auf sie kein Mensch daran denkt, sie als etwas durch
die Umwelt Bedingtes aufzufassen, vielmehr hier ganz selbstverständlich
erscheint, daß sie eben das Wesen des Stoffes ausmacht, von ihm ganz un-
abtrennbar ist. Das gleiche wird aber auch von der organischen Mannigfaltigkeit, wenigstens in ihren Grundlagen, gelten, und ich stelle darum die

Behauptung auf, daß in chemischer und organischer Mannigfaltigkeit die
gleichen Charaktere gegeben sind.   Ich will damit nicht sagen, daß die
organische Mannigfaltigkeit direkt auf chemischer Grundlage beruhe, wie
das ja heute von mancher Seite geäußert wird, indem man aus dem Gegebensein gewisser chemischer Körper in den Organismen deren morphologische Eigenschaften ableiten will; dagegen habe ich mich bereits früher
bei Erörterung des Urzeugungsproblems ausgesprochen.   Vielmehr will ich
sagen, daß in den chemischen und organischen Körpern eine für die gesamte
Natur wesentliche Mannigfaltigkeit sich äußert, die im Organischen auch
zur Geltung kommen muß, weil eben das Organische aus der Natur entstammt.   Die Idee, d. h. das Formprinzip, ist allen Weltdingen gemeinsam und
bringt seinen Gehalt hier wie dort zur Entfaltung: im Chemischen nicht nur,
sondern auch im Mechanischen, und so möchte ich denn vor allen Dingen
betonen, daß die organischen Gestalten in erster Linie mechanische sind,
die an die chemische Mannigfaltigkeit nur deshalb anklingen, weil eben auch
im Chemischen die Idee sich kundgibt.   Ein Geist durchatmet das Weltganze, nur kommt er in den Organismen weit vollkommner zur Äußerung als
in den Anorganismen, auf Grund des Gegebenseins eines unendlich leistungsfähigeren Stoffes.

Über dies Thema wird anderorts genug zu sagen sein.   Hier sei noch
darauf aufmerksam gemacht, daß der idealistische Konstanzgedanke, der
die Arten als etwas Unveränderliches betrachtet, in ihnen beharrende
Typen erkennt, uns ohne weiteres verständlich wird aus den soeben ange-
stellten Betrachtungen.   Ist die Mannigfaltigkeit in der Idee begründet, so
drängt der Konstanzgedanke ganz von selbst hervor.   Es kann uns daher
nicht wundernehmen, daß er selbst in der „modernen" Biologie eine große
Rolle spielt.   So betont der Paläontologe Daqué die Unmöglichkeit, die
einzelnen Typen, die in den Systemstufen vorkommen, von einander abzuleiten, versucht vielmehr die Ableitung auf eine sehr merkwürdige und
originelle Weise, indem er als eigentlichen Stamm des Systems den Menschen
und seine eigenartigen Vorstufen betrachtet, von denen er behauptet, daß
sie immer menschenartiger wurden, dadurch, daß sie die Tierformen, die
tierische Mannigfaltigkeit, aus sich entließen (vorgetragen in seinem neuesten
Werke: Urwelt, Sage und Menschheit).   Die Mannigfaltigkeit gilt ihm als
etwas Konstantes, das in den menschlichen Urformen gleichsam wie in der
Arche Noahs nebeneinander liegt.   Noch mehr betont die Konstanz der
Typen ein anderer Paläontologe, Steinmann, der z. B. in den drei Typen der
Waltiere direkt drei entsprechende Typen der Meeressaurier wiedererkennt
und meint, daß diese an sich konstanten Typen eine Reptilstufe und eine
Säugerstufe durchlaufen — natürlich auch noch andere Stufen, von denen
ich hier nicht reden will. Dem wird man so wenig zustimmen können wie der
Daquéschen Auffassung, denn an den früher erwähnten Kollektivformen
der Säuger ist festzuhalten; aber wir begreifen doch, daß es heute nicht
wenige Forscher gibt, die statt für eine Monophylie der Tiere für eine Poly-
phylie eintreten.   Am radikalsten äußert sich in dieser Hinsicht der Zoologe
Fleischmann, der überhaupt von einer Phylogenese nichts wissen will,

vielmehr die ganze Stammbaumforschung für etwas durchaus Müßiges erklärt und in den Kategorien des Systems nur Stilkreise erkennt, in denen Formbegriffe idealiter abgewandelt werden.

Mit diesen Erörterungen rühren wir an die alte Evolutions- oder Präformationslehre, die durchaus platonisch orientiert war. Auch sie betonte das zeitlose Gegebensein der Typen, suchte sich aber zugleich eine Vorstellung von ihrer Einführung in die Welt zu machen und zwar in der Weise, daß sie die Formen als winzige Keimchen in den Geschlechtszellen gegeben glaubte und nun annahm, daß diese Keimchen durch einen Wachstumsprozeß, durch Aufnahme von Materie, sich zu realen Imagines entwickelt hätten. Der Formgehalt des Keimes sollte dabei gleichsam durch die Stoffaufnahme aus dem Keime herausgewickelt werden; der Begriff der Entwicklung hat hier seine schon in das Altertum zurückreichende Wurzel. Diese Evolutionslehre blühte besonders im 17. und 18. Jahrhundert; ihr extremster Vertreter ist Bonnet, während der Philosoph Leibniz dem ganzen Gedankenkreise die philosophische Stütze gab, indem er den Begriff des unendlich Kleinen einführte, der es verständlich machen sollte, daß z. B. im Ovarium der Eva alle nur möglichen Menschen als reale Keime eingeschlossen gedacht werden konnten. Über diese Vorstellungen hat sich der Dichter Wieland in seinen Abderiten in geistreicher Weise lustig gemacht.

All diese Vorstellungen kranken daran, daß sie weder Orthogenese und Mutation, noch Deszendenz und Aszendenz unterscheiden. Wir können sie nur als durchaus einseitige betrachten und kommen deshalb zu folgendem Schlusse. Gegeben ist zunächst die Aszendenz, die den Stammbaum setzt und zwar in zweierlei Weise: durch Einführung neuer histologischer Strukturen, an denen nun das Formprinzip in vollkommnerer Weise sich äußern kann. So entstehen die das Niveau einer neuen Stufe charakterisierenden Ur- oder Kollektivformen, die eben insgesamt den Stammbaum aufbauen und die Aszendenz bewirken. Mit ihnen haben es die theologische und naturphilosophische Theorie zu tun. An den Urformen kommt es nun zur Äußerung von Naturfaktoren, von energetisch bedingten Erscheinungen, die wir auch als entropische bezeichnen können. In der histologischen Substanz kommt es zur Erniedrigung des energetischen Potentials, was sich in Periodenform abspielt, und was wir unter Orthogenese verstehen: Reifungen der histologischen Struktur, denen sich morphologische Variationen innigst zuordnen. In der morphologischen Substanz dagegen ergibt sich, wohl auch durch Äußerung des Eenergiegehalts, der hier aber als geistiger Widerspruch sich darstellt, eine Aufspaltung des Formgehalts, die eigentliche Entfaltung spezifischer Formen, der Mannigfaltigkeit also; es tritt der Reichtum des Systems zutage. Diese Aufspaltung nennen wir Mutation. Mutation und Orthogenese gemeinsam ergeben die Deszendenz des Systems, die Breitenentfaltung des Stammbaums. Diese ist eine durchaus gesetzmäßige und läßt sich darin vergleichen der chemischen Mannigfaltigkeit. Das Wesentliche der Phylogenese ist also der Wechsel von Hebung und Senkung des energetischen Niveaus — wobei wir nun aber noch ins Auge fassen müssen, daß die Senkung keine allgemeine sein dürfte, sondern in irgendwelchen Typen die hohe Potenz der Urformen gewahrt bleibt. In diesen Typen kommt es später zu neuen Aszensionen, mit denen wieder neue Systemstufen eingeführt werden. In alledem aber haben wir das unsern modernen Begriffen angepaßte dialektische Schema der Naturphilosophie vor Augen. Es ergibt sich das Bild einer Periodizität, die zugleich Finalität in sich beschließt. Und hier nun noch ein letztes Wort. Die Einführung der neuen Urformen dürfte an das Aussterben gegebener Formen gebunden sein. In dieser Hinsicht spricht gar zu beredt die Ablösung der Saurier durch die Säuger. Aussterben und Neuschöpfung in der Phylogenese dürften ebenso eng verbunden sein, wie Sterben und Werden in der Ontogenese.

14. Vorlesung.

Entwicklungstheorien.

Wir haben nun vier Entwicklungstheorien kennen gelernt, die wir als autonome zusammenfassen können, da sie die Entfaltung der organischen Mannigfaltigkeit in Beziehung setzen zu im Leben gegebenen Faktoren. Nochmals seien kurz die wesentlichen Momente dieser 4 Theorien formuliert. Die theologische Theorie ist letzten Endes eine Differenzierungstheorie, die sich begründet auf Reifungserscheinungen der histologischen Keimsubstanz und zwar auf solche, durch die völlig neue Gewebsqualitäten eingeführt werden; dem entspricht ein Entwicklungstrieb, der sich darstellt als Modifikation des für die Zeugung grundlegenden Wachstumstriebes. Die naturphilosophische Theorie betont die Organisierung dieses Stoffes in Ontogenese und Phylogenese durch das an der morphologischen Keimsubstanz haftende Formmoment; demgemäß erklärt sie das Auftreten immer komplexerer Urformen, die Aszendenz des Stammbaums. Im Gegensatz dazu vertreten die orthogenetische und die Mutationstheorie die Deszendenz, die Zweigentfaltung des Stammbaums, und zwar vertritt die orthogenetische Theorie eine Reihenbildung vom Urformzentrum aus, entsprechend Abnahme des energetischen Potentals in der histologischen Substanz, dagegen die Mutationstheorie eine Breitenbildung, nämlich Entstehung von Mannigfaltigkeit aus der Urform durch Zerstreuung des Formgehaltes, der der morphologischen Substanz zugeordnet ist, diese Zerstreuung auch bedingt durch den Energiegehalt des Idioplasmas, der sich analytisch äußert. So verstehen wir Aszendenz und Deszendenz, die beide sich abspielen im Banne der Entelechie, also des Entwicklungstriebes und Formgehaltes.

Nun gibt es aber auch Theorien, die wir heteronome nennen müssen, weil sie nicht die Entelechie zur Grundlage haben, sondern die Entwicklungsursache ausschließlich in Naturfaktoren erkennen. Diese heteronomen Theorien treten als Gegenstücke der autonomen auf. Als erste führe ich an die Hybridationstheorie (Bastardierungslehre), die sich darstellt als Gegenstück zur Mutationstheorie. Diese letztere, ich betone es nochmals, beinhaltet Ableitung aller Mannigfaltigkeit aus dem Formgehalt von Kollektivformen, auf die alle Spezies verwandtschaftlich und genetisch zu beziehen sind. Das ist eine gesetzhafte Beziehung, entsprechend der Ursprungsbeziehung aller Individuen im Zeugungskreise; es ist, wie wir sagen können, eine natürliche Verwandtschaftsbeziehung, die eben das genetische Moment mit einschließt, im Unterschied zu künstlichen Verwandtschaftsbeziehungen, wie sie der Verstand aus dem rein für sich, unabhängig vom Stoffe betrachteten Formgehalt herausliest. Die Bastardierung nun ist Setzung von Mischformen (Bastarden) der gegebenen Arten, ganz besonders der Varietäten, die wie Urformen erscheinen, da sie aufspalten gleich den echten. Erledigen wir sofort die interessante Frage, wie die Bastardierung ursächlich zu begreifen ist.

Bastardierung hat die Kopulation ebenso zur Voraussetzung, wie die Mutation die Ursprungsbeziehung. Kopulation war uns eine entropische Durchmischung der Individuen und Bastardierung nun ist eine ebensolche Durchmischung der gegebenen Arten. Daß hier der Begriff der Entropie anwendbar ist, ergibt sich ohne weiteres daraus, daß sich die Aufspaltung des Bastards nach Wahrscheinlichkeitsgesetzen vollzieht. Am wahrscheinlichsten ist immer die Wiederholung des Bastards. am unwahrscheinlichsten dagegen die Wiederkehr des reinen Ausgangsmaterials, der ursprünglichen Elternformen: diese sind am seltensten, jene am häufigsten (man vgl. dazu Abb. 18 in der 8. Vorlesung). Zwischen beiden gibt es eine Anzahl von Zwischenformen, deren Menge schwankt nach der Zahl der in den Bastarden verkoppelten Eigenschaften, und unter ihnen sind wieder die bastardähnlichen häufiger als die elternähnlichen. Das ist nun genau die Art, wie sich die Entropie äußern muß. Was die Aufspaltung selbst anlangt, so tritt uns in ihr keine neue Erscheinung entgegen, vielmehr klingt in ihr einfach der Aufspaltungsprozeß der Urform fort, wie ja auch die an Kopulationen anknüpfende Vermehrung in der ungeschlechtlichen Generation nichts anderes ist als Fortsetzung der Vermehrung in der geschlechtlichen Generation. Es handelt sich dabei um eine Ordnungsleistung, da der Vermehrungs- und Aufspaltungsprozeß im Banne steht der Entelechie. Dagegen ist die Eigenschaftsmischung, wie sie sich der Aufspaltung verbindet, eine Unordnungsleistung, ein Nachklingen der Bastardierung, die ja dem Zufalle untersteht; man muß die Aufspaltung unterscheiden von der Eigenschaftsmischung, wie man die Vermehrung unterscheiden muß von der Beharrung des zygotischen Zustands. Doch faßt man im allgemeinen beide Erscheinungen im Aufspaltungsbegriff zusammen und so wollen wir uns hier auch verhalten.

Die Wahrscheinlichkeitsgesetze der Bastardspaltung sind von dem Augustinerpater Gregor Mendel in Brünn zuerst ermittelt und 1866 publiziert worden. Bis zum 20. Jahrhundert schliefen diese Befunde, dann wurden sie wieder entdeckt von de Vries, Correns und Tschermak, und nun begann eine geradezu überraschende Entwicklung der Bastardierungsforschung, an deren Ausbau vor allem auch, um nur ein paar Namen zu nennen, der Däne Johannsen, der Schwede Nilsson - Ehle, die Deutschen Baur,

Winkler u. a. beteiligt waren. Als für uns wichtigstes Resultat ist hervorzuheben, daß eine restlose, den Wahrscheinlichkeitsgesetzen entsprechende Aufspaltung nicht immer möglich ist. Besonders unter den seltenen Artbastarden gibt es sehr konstante Mischformen — Oenothera Lamarckiana dürfte dazu gehören —, in denen gewisse Eigenschaften sich fest verkoppeln. Dadurch aber gewinnt die Bastardierung Bedeutung für die Phylogenese. Denn es

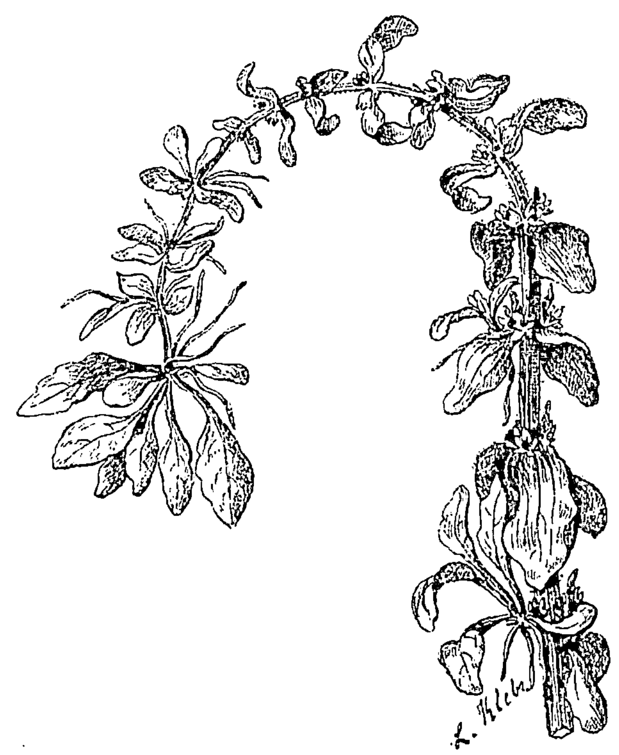

Abb. 35. Infloreszenz von Ajuga reptans, die in eine vegetative Rosette umgebildet wurde. Aus Klebs, Entwicklungsänderungen.

läßt sich die Anschauung vertreten, daß durch die Mischung von solchen Bastarden mit festverkoppelten Eigenschaften wieder Neues entsteht, und derart Synthesen sich ergeben, die für die Artbildung grundlegend sind. Man kann, mit anderen Worten, die Phylogenese auf die Hybridation zu begründen versuchen. Das hat schon der Tiergeograph Pallas im 18. Jahrhundert versucht, später der Botaniker Kerner v. Marilaun und neuerdings tun es die Botaniker Lotsy und Ernst. Sie erachten eine andere Möglichkeit der Artbildung nicht gegeben, sind gegen Orthogenese und Mutation skeptisch, wollen auch von Lamarckismus und Darwinismus nichts wissen, natürlich gleich gar nichts von der theologischen und naturphilosophischen Entwicklungstheorie, und so wurden sie zu Vertretern der

Hybridationstheorie der Entwicklung, die ihnen die einzige Möglichkeit zum Verständnis der Artbildung zu bieten scheint.

Ich könnte hier nun ein langes und breites über die Bastardierung sagen, die ja heute die Erblichkeitsforschung aufs stärkste beschäftigt und einer der blühendsten Zweige der Biologie überhaupt ist. Das hätte für uns aber nur wenig Wert, denn die großen Hoffnungen, die man seinerzeit hegte, daß es nämlich gelingen werde, die Formgesetze der Organismen durch Bastardierungsforschung zu enträtseln, haben sich nicht erfüllt. Bis jetzt

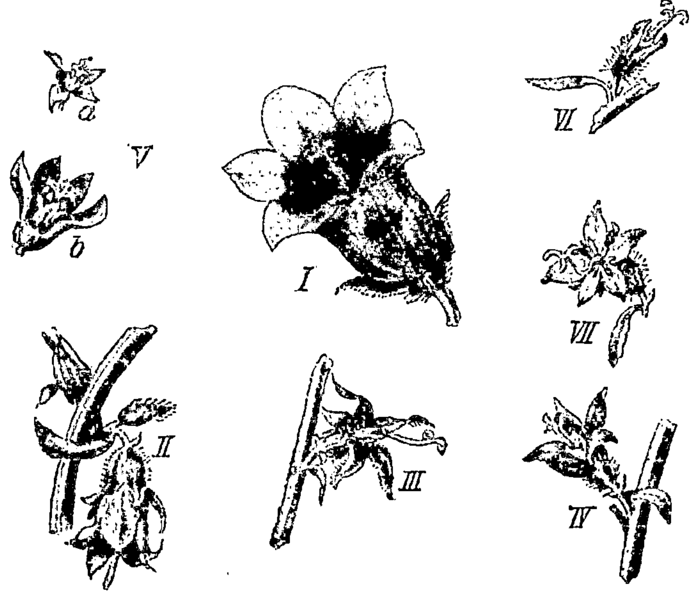

Abb. 36. Blüten von Campanula trachelium. *I* normale Blüte, *II—VII* Blütenumbildungen unter dem Einfluß veränderter Lebensbedingungen. Nach Klebs, aus Lotsy, Deszendenz-theorie.

ist der Formbegriff durch die moderne Erblichkeitsforschung nur heruntergewirtschaftet worden; man hat wohl Einblick in den Bau der morphologischen Erbsubstanz gewonnen, aber weder wurde das Verhältnis der morphologischen Eigenschaften zu den Chromosomen klar gestellt, noch gar die Bedeutung der histologischen Erbsubstanz erkannt. Man beginnt erst jetzt zu ahnen (Winkler, Goldschmidt), daß das Plasma für die Entwicklung mehr bedeutet, als bis heute angenommen wurde, doch ist man von einer klaren Einsicht in den Tatbestand noch weltenweit entfernt.

Gehen wir weiter. Wie die Bastardierungslehre Gegenstück ist der Mutationstheorie, so die Bewirkungslehre Gegenstück der Orthogenesis-theorie. Die Bewirkungslehre wurde 1809 von Lamarck aufgestellt, sie gehört also in den Lamarckismus hinein, doch ist sie nicht das Hauptstück in diesem, das wir erst noch kennen lernen werden. Besonders betont wurde sie von Geoffroy de St. Hilaire, der vom gestaltenden Einfluß des monde ambiant (der Umwelt) auf die Organismen sprach. Diese Lehre ist heute außerordentlich verbreitet und weitgehend ausgearbeitet; unendlich viele Experimente sind angestellt worden, vor allem von Botanikern, unter denen wieder der leider zu früh verstorbene Georg Klebs an erster Stelle zu nennen ist. Er hat mit ungeheurem Geschick die Pflanzen durch äußere Reize weitgehend umzugestalten vermocht (Abb. 35 u. 36), ganz besonders an Sempervivum hat er schier Wunder gewirkt. Auch der Wiener Zoologe Paul Kammerer ist hier zu nennen; er hat aufsehenerregende Befunde an Amphibien gemacht. Wenn zur rechten Zeit, zur sog. sensiblen Periode, in die Entwicklung eingegriffen wird, so kann man die Organisation quasi flüssig machen und erstaunliche Potenzen hervorlocken. Durch Veränderungen in der Ernährung und Atmung, im Druck und in der Temperatur, in der Belichtung und Bestrahlung läßt sich der Organismus in allen seinen Eigenschaften beeinflussen und es ergeben sich dabei die sog. Somationen oder Modifikationen, die gar oft den Mutationen überraschend ähnlich sind. Diese Ähnlichkeit mußte den Gedanken nahelegen, daß es sich auch bei den Mutationen nur um Somationen handle, d. h. um Abänderungen, die durch direkte Einflußnahme der Außenwelt auf die Keimzellen zustande kommen. Um so mehr mußte diese Auffassung sich aufdrängen, als das Problem der Vererbung erworbener Eigenschaften zu einem Vergleiche der Somationen mit den Mutationen zwang. Das Problem der Vererbung erworbener Eigenschaften ist untrennbar mit der Bewirkungslehre verbunden; die Frage, wie die Somationen zu konstanten werden können, ist eine Kardinalfrage dieser Theorie, mit der wir uns ein wenig beschäftigen müssen.

Die Erfahrung lehrt, daß durch direkte Bewirkung entstandene Abänderungen sich in den Generationen nur erhalten, wenn die Bedingungen, die sie schufen, andauern. Kommen die Nachkommen wieder in die ursprünglichen Verhältnisse zurück, so zeigen auch die Jungen die ursprünglichen Eigenschaften; das Neue ist also nicht erblich, was einen bedeutsamen Unterschied der Somationen zu den Mutationen darstellt. Wie aber kann bei solchem Gebundensein der Somationen an die Bedingungen überhaupt durch die Umwelt eine dauernde Veränderung der Organismen erzielt werden? Es muß doch eine Vererbung geben, sonst ist die Bewirkungslehre eine Mißgeburt! Da nun manche Befunde ein Verharren der neuen Eigenschaften, trotz Rückschlags in den Bedingungen, zu erweisen schienen, suchte man nach Erklärungsmöglichkeiten der Vererbung. Ganz besonders folgende Hypothese hat sich Anhänger erworben. Man nimmt an, daß mit der Einwirkung der Umwelt auf den Körper, also mit der Somation, Hand in Hand geht eine Einflußnahme der Umwelt auf die Gonade, eine, wie man sich ausdrückt, parallele Induktion der Keimzellen, die sich also auch verändern und die nun an den Jungen, ohne direkte Bewirkung, die gleiche Abänderung hervortreten lassen wie an den Eltern. Gibt es das aber, wozu dann noch die Annahme einer von den Bedingungen unabhängigen Mutation? Mutation ist dann auch nur eine Modifikation, die sich auf die Gonade und demgemäß auf die Nachkommen beschränkt, entspricht der

Parallelinduktion der Gonade bei den typischen Somationen. So kann man durch den Gedanken der Parallelinduktion nicht nur die Bewirkungslehre retten, sondern auch die damit kontrastierende Mutationslehre aus der Welt schaffen.

Indessen vermag die erwähnte Hypothese doch nicht so viel zu leisten, als man gewünscht hatte. Daß es echte Mutationen gibt, deren Ursache nicht in der Außenwelt, sondern nur in der Keimsubstanz zu suchen ist, kann heute nicht mehr bezweifelt werden, ganz besonders von dem nicht, der die Gesetzmäßigkeit des Systems zu durchschauen vermag. Und die Parallelinduktion ist bis jetzt noch nicht mit Sicherheit erwiesen. Ihre Annahme genügt überhaupt nicht, um gewisse Vererbungserscheinungen verständlich zu machen. Wenn z. B. Kammerer den Nachweis führt, daß Feuersalamander, die auf einer gelben Unterlage gehalten werden, in ihrer Färbung wesentlich abändern und diese Abänderungen auf die Jungen übertragen, ohne daß diese auf eine solche Unterlage gebracht wurden, so kann von Parallelinduktion der Gonade nicht die Rede sein, da es sich bei der Modifikation um ein psychisch bewirktes Phänomen handelt, die Gonade doch aber zu einem Farberlebnis der Umwelt nicht befähigt ist. Auch die neuen Befunde Pawloffs an Hunden sprechen in diesem Sinne. Pawloff hat Hunde derart fest an Glockensignale gewöhnt, daß sie nur bei Ertönen der Signale das Futter annehmen. Nun zeigte sich bei den Jungen die erstaunliche Tatsache, daß sie mit viel größerer Leichtigkeit an die Signale gewöhnt werden konnten als die Eltern, und das steigerte sich in den Generationen so weit, daß die Enkel eigentlich schon von Geburt an bei der Futteraufnahme an das Ertönen der Signale gebunden waren. Auch hier kann selbstverständlich durch die Hypothese der parallelen Induktion gar nichts erklärt werden. Wir werden vielmehr genötigt, die Vererbungslehre im alten Sinne zu vertreten, also anzunehmen, daß die von außen bewirkte Veränderung des Körpers ganz von selbst imstande ist, einen Einfluß auf die Gonade, im Sinne einer entsprechenden Veränderung der Anlage in den Keimzellen, zu bewirken. Ich kann auch absolut nicht einsehen, warum somatische Induktion unmöglich sein soll. Denn es handelt sich bei ihr, ebenso wie bei der Mutation, um Beeinflussung des energetischen Potentials in den Keimzellen, das eine Mal durch irgendeine äußere Bewirkung, das andere Mal durch periodische, bzw. entropische Veränderung: beide Ursachen machen sich geltend an der gleichen Form und histologischen Potenz, und so begreifen wir nicht nur, daß sich im Spezialfall die Abänderungen der Eltern und Kinder entsprechen müssen, sondern auch daß ganz allgemein die Somationen den Mutationen verwandt sind: es kann eben gar nicht anders sein, da ein und dieselbe Potenz in Frage steht. Daß man so strikte die Vererbung erworbener Eigenschaften verneinte, erfloß nur aus einer unzulänglichen Vorstellung vom Wesen der Anlage, in der Psychisches und Energetisches nicht unterschieden wurden. Ich trete also ein für die Vererbung der Modifikationen, doch kann ich in diesen so wenig eine zureichende Ursache der Artbildung erblicken, wie in den Hybridationen, die im übrigen auch zweifellos Neues zu schaffen vermögen. Hier wie dort handelt es sich ja nur um Abänderungen bereits gegebener Arten, durch Mischung mit anderen Arten oder durch äußere Reize, aber aus dem Nichts heraus können diese Ursachen nichts schaffen, das vermag nur ein übernatürlicher Akt, eine aszensorische Differenzierung der elementaren Keimsubstanz, aus der allein alle Mannigfaltigkeit in der früher geschilderten Weise abgeleitet werden kann.

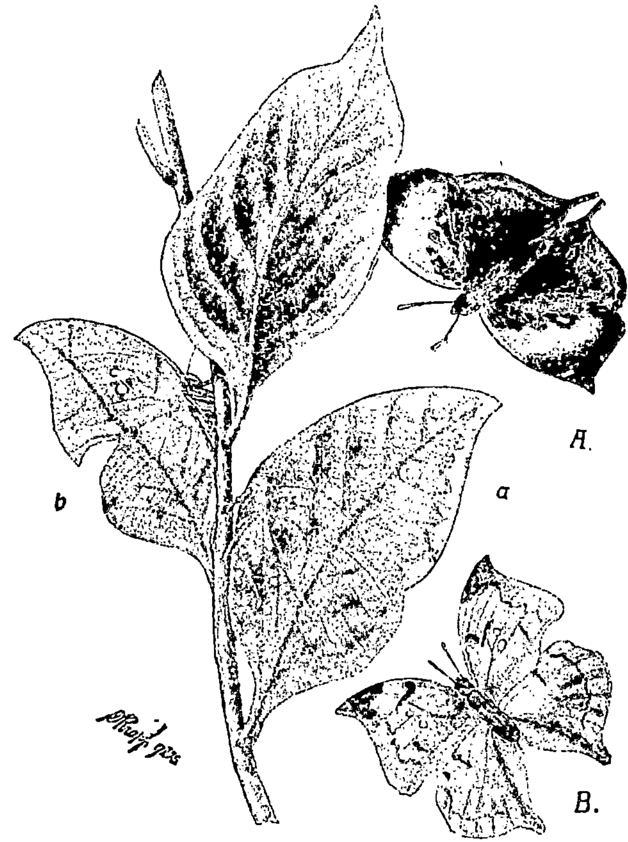

Abb. 37. Blattschmetterlinge. *A* Kallima paralecta fliegend und sitzend (*a*), *B* Siderone strigosa fliegend und sitzend (*b*). Aus R. Hertwig, Zoologie.

Ich sagte, daß die Bewirkungslehre von Lamarck aufgestellt ward, aber nicht seine Hauptlehre bedeutet. Diese nun ist die Theorie der aktiven, funktionellen Anpassung, von der wir jetzt zu reden haben. Das ist echter Lamarckismus, nicht die Theorie der passiven Anpassung, wie man die Bewirkungslehre auch nennt. Die letztere bezog Lamarck auf die Pflanzen, die erstere dagegen auf die Tiere. Übrigens darf man das Wort Anpassung nicht auf die Bewirkung anwenden, da ja bei den Modifikationen, so wenig wie bei den Mutationen, eine Anpassung an die Verhältnisse der Außenwelt vorzuliegen braucht: die Somationen sind einfach Folge der Reize, im übrigen aber durch die Anlage bestimmt. Bei den Anpassungen liegen die Verhältnisse anders und das gilt, wie wir sehen werden, sowohl für die aktiven als auch für die passiven Anpassungen. Doch betrachten wir zunächst Lamarcks Lehre. Lamarck meint, daß durch die Außenwelt Bedürfnisse in den Körper eingelegt werden. Der Organismus empfindet angesichts gewisser Anforderungen sein Unvermögen, es regt sich nun in ihm der Trieb, diesen Anforderungen zu genügen und das führt zur besonderen Betätigung gewisser Organe, die durch andauernden Gebrauch sich quantitativ und qualitativ vervollkommnen; im Laufe der Generationen — Lamarck rechnet mit der Vererbung erworbener Eigenschaften als mit etwas Selbstverständlichem — steigert sich die Veränderung und so ergeben sich allmählich

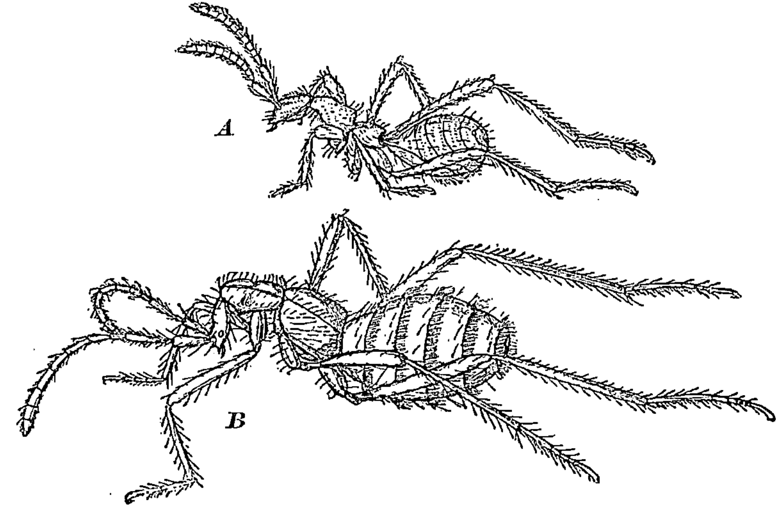

Abb. 38. Zwei Ameisen nachahmende Käferarten aus Brasilien. *A* Mimeciton pulex, *B* Ecitophya simulans. Nach Wasmann, aus Lotsy, Deszendenztheorie.

wesentliche Umwandlungen der Organisationen: der Organismus erweist sich als Selbstschöpfer seiner Eigenart. Das Bedürfnis schafft durch die Funktion das erwünschte Organ, bzw. die erwünschte Organisation. Das ist nun eine durchaus psychische Lehre, aus der der moderne Psycholamarckismus, von dem ich ja schon früher geredet habe, hervorgegangen ist. Die Auffassungen von Pauly, Francé, Adolf Wagner, E. Becher, Prochnoff u. a. schließen sich hier eng an; wir brauchen auf sie nicht speziell einzugehen.

Der Lamarckistische Gedanke leuchtet ohne weiteres ein in Hinsicht auf die aktiven Anpassungen der Gebrauchsorgane, also z. B. in Hinsicht auf die Entwicklung des Pferdefußes, der Spechtzunge, des Vogelflügels und des Schlangenkörpers, allein keineswegs in Hinsicht auf die Anpassungen der Organe, die nur passiv zur Geltung kommen, also z. B. die Panzerbildungen, die Körperformen der Arthropoden, die Färbungen der Körper, Flügel, Eier,

die Mimikry u. a. m. Unter den besonders eindringlich als Anpassungen sich
darstellenden Mimikryfällen (Abb. 37 und 38) kann man allenfalls die Nach-

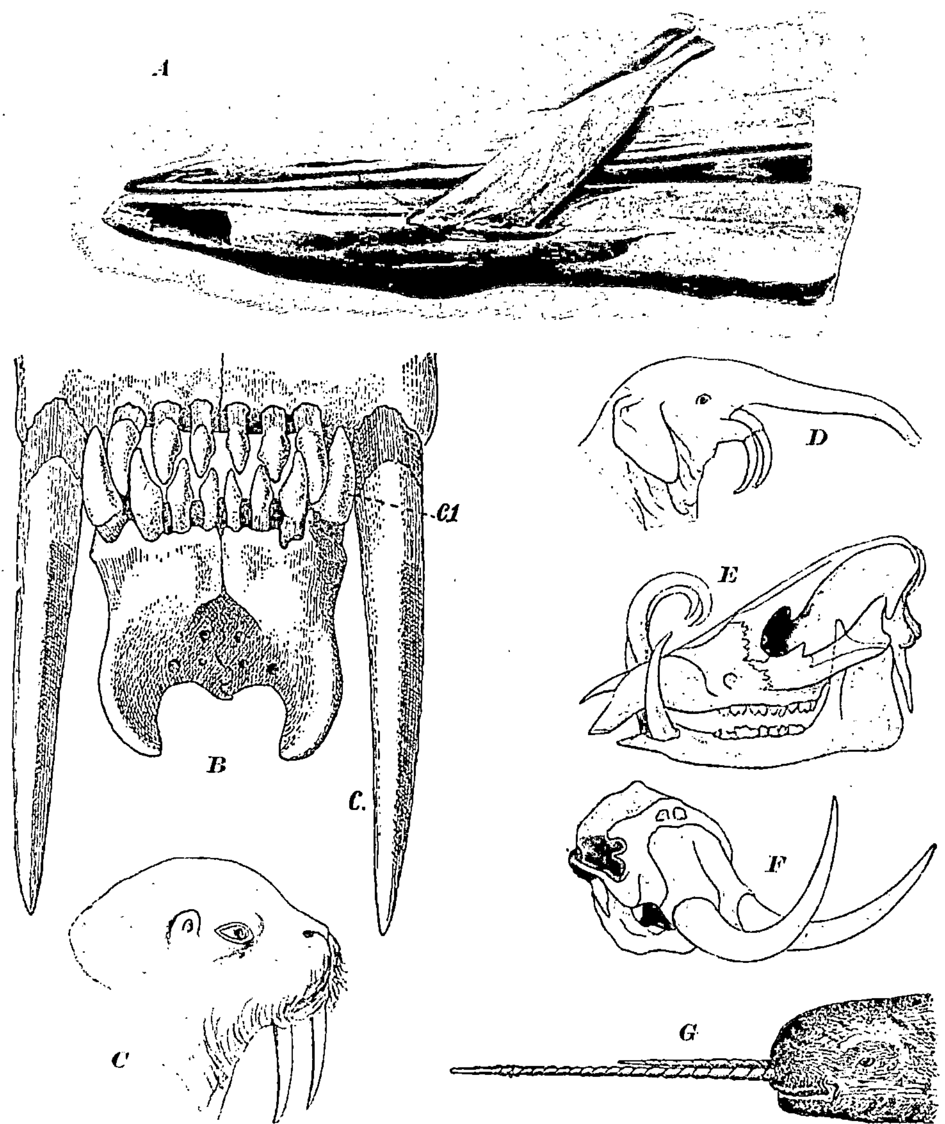

Abb. 39. Exzessive Gebißbildungen. *A* Mesoplodon Layardi, nach Anderson, *B* Macha-
irodus neogaeus (Säbeltiger), nach Weber, *C* Walroß, *D* Dinotherium, *E* Hirscheber,
F Mastodon giganteum, *G* Narwal, *C—G* nach Graber. Aus K. C. Schneider, Deszendenztheorie. *B* und *F* sind ausgestorben.

ahmungen des Fluges lamarckistisch verstehen, die wir bei manchen Schmetterlingen beobachten, Nachahmungen, in denen ein immunes Vorbild kopiert

wird, aber keinesfalls die Nachahmungen der Körperformen, also z. B. die
Anpassung in der Gestalt an einen Grashalm, wie sie Bacillus Rossii zeigt;
das können wir uns psychisch nicht vermittelt denken, weil die sinnliche
Psyche nicht direkt auf Skelett und Bindegewebe Einfluß zu nehmen vermag.
Vor allem unaufgeklärt bleiben die Anpassungen der Pflanzen, denen eine
Psyche nach Art der tierischen überhaupt mangelt. Wenn also Arten von
Mesembryanthemum, Crassula usw. im südafrikanischen Karroo aufs
täuschendste Steine gestaltlich nachahmen, so ist das eine für den Lamarckismus unerklärliche Tatsache. Und doch brauchen wir auf ein Verständnis
nicht zu verzichten. Wir müssen nur notwendigerweise die Lamarcksche

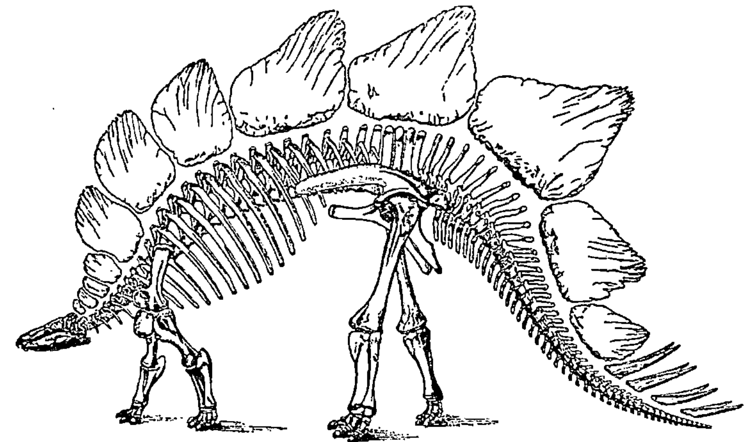

Abb. 40. Stegosaurus ungulatus (oberster Jura, Colorado). Aus Koken.

Lehre noch erweitern, indem wir sagen: es gibt im Organismus einen Gestal-
tungswillen, unabhängig vom Handlungswillen. Das ist auch ein psychisches
Phänomen, nur kein sinnlich psychisches oder gar, wie Pauly will, durch
Reflexionen, gedankliche Operationen bestimmt; aber das Leben ist ja
überhaupt etwas Psychisches, der Entwicklungstrieb nichts anderes als ein
Wille zur Gestalt. Warum, so haben wir zu fragen, soll dieser Wille immer
im Banne der Idee stehen, die gesetzmäßig die Entfaltung der Phylogenese
leitet, nicht vielmehr auch in besonderen Fällen zur Dominanz kommen
und nun eine sozusagen willkürliche Gestaltung bewirken? Denken wir an
das Sexuationsproblem zurück. Hier fanden wir die Ausbildung der sexuell
differenzierten Gameten aus den bisexuellen (darum aber gerade asexuellen)
Agameten beruhend auf Dominanz des Energiegehaltes, der an die männliche
und weibliche Anlage gebunden ist, der nun aber einen polaren Gegensatz
in den Individuen, eben deren so verschiedene sexuelle Differenzierung,
bedingt. So steht zu erwarten, daß auch an der Idee, am Formgehalt
der Keimanlage, sich der Energiegehalt frei wollend äußern und nun alle
mögliche Gestaltung erzwingen kann, die aus dem Rahmen der normalen
Variabilität herausfällt. Es wird da sehr verschiedene Möglichkeiten der

Formumbildung geben, die wir nicht alle in dem Begriff der Anpassung zu-
sammenfassen können. Zunächst kommen in Betracht die p a s s i v e n A n p a s-
s u n g e n, in denen die Umwelt besonders machtvoll mitredet, direkt durch
Reize Einfluß auf die Gestaltung nimmt. In den a k t i v e n A n p a s s u n g e n ist
das viel weniger der Fall, denn hier wird nicht direkt nachgeahmt, sondern der
Wille hat durch Vermittlung der Idee das Problem zu lösen, wie er äußeren
Anforderungen gerecht wird. So ist ja die Extremitätenverlängerung eines
Sumpfvogels keine direkte Nachahmung des Milieus, wohl aber eine aus-
gezeichnete Anpassung. Unter den vielen hier in Betracht kommenden
Beispielen sei ganz besonders auf die Parasiten verwiesen. Schließlich kommt

Abb. 41.   R i e s e n k r a b b e aus dem stillen Ozean.   Nach D o f l e i n, aus H e s s e - D o f l e i n, Tierbau
und Tierleben.

als dritte Form der Willkürgestaltung, bei der von Anpassung nicht mehr geredet werden kann, die B i l d u n g e x z e s s i v e r F o r m e n in Betracht, die bis
jetzt genetisch ganz unverstanden geblieben ist. Das sind Formen, bei denen
einzelne Organe eine erstaunliche Entwicklung nehmen, meist auf Kosten der
übrigen Morphologie. Man denke an die riesigen Zahnbildungen (Abb. 39)
der Elefanten, mancher Robben, Waltiere, Raubtiere, an die Panzerbildungen der Saurier, die beim Stegosaurus (Abb. 40) ein Übermaß erreichen,
an die Verlängerungen des Halses (Apoderus) und der Extremitäten (Abb. 41),
an die Augenstiele bei Krebsen, Insekten (Abb. 42), Zephalopoden und
Fischen, an die Riesenmaulbildung (Abb. 43) und die Entwicklung langer
Körperanhänge bei Tiefseefischen. Die Tiefsee ist überhaupt sehr reich an
solch bizarren Formen; sie erscheint wie ein Narrenhaus der Gestaltung, und
in der Tat sind ja diese Gestaltsverirrungen vergleichbar den Verirrungen
der Psyche beim Wahnsinn. Sehr häufig sind auch Exzessivbildungen

bei Entfaltung der sekundären Geschlechtscharaktere gegeben. So sind die Prachtgefieder der Vögel, die Riesenhörner der Käfer und die Riesengeweihe der Hirsche sekundäre Geschlechtsmerkmale. Die Exzessivbildungen können auch zur Ursache des Aussterbens werden, so z. B. beim Riesenhirsch, Säbeltiger, Mesoplodon Layardi (das zwar noch lebt, aber auf

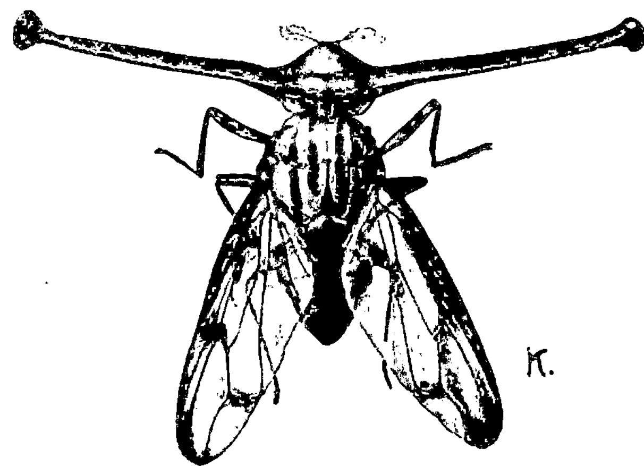

Abb. 42. Achias longivisus (eine Fliege). Nach Doflein, aus Hesse-Doflein, Tierbau und Tierleben.

Grund seines sonderbaren Zahnwuchses (Abb. 39) jedenfalls dem Aussterben entgegengeht). Das alles sind Beispiele von Willkürgestaltung. Der Ausdruck: Willkürgestalt erscheint mir geeigneter als der: Anpassungsgestalt, da eben in den letzterwähnten Fällen von Anpassung nicht die

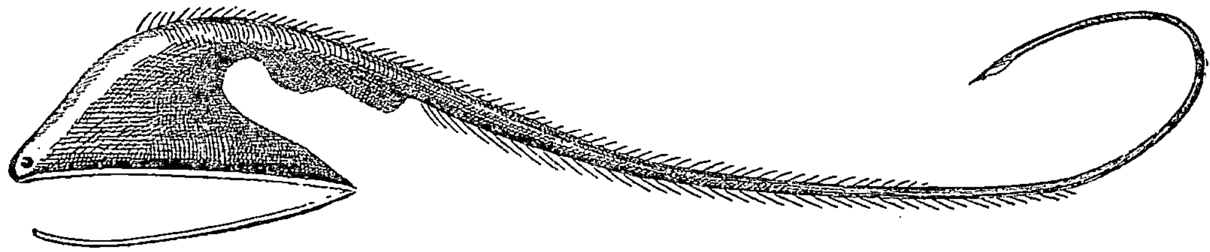

Abb. 43. Megalopharynx longicaudatus. Nach Brauer, aus Hesse-Doflein, Tierbau und Tierleben.

Rede sein kann, vielmehr die allzu große Steigerung der Organe direkt schädlich wirken muß.

Aber noch ein anderer Ausdruck drängt sich hier auf, der ganz besonders aufklärend wirkt: der Name Persönlichkeitsgestalt. Die voluntaristische Gestaltung, für die der Lamarckismus eintritt, ist eine Persönlichkeitsgestaltung. Während die naturphilosophische Theorie eintritt für eine Überpersönlichkeit, ein phylogenetisches Allgemeinsubjekt, für den Stammbaum als eine Summe genetisch aufs engste zusammengehöriger Kollektivformen, tritt die Lamarckistische Theorie ein für die Einzelpersönlichkeit, für ein ontogenetisches Einzelsubjekt, für die Art, bzw. das artlich bestimmte Individuum, als den Ausgang der Entwicklung. Das Individuum tritt in Rivalität mit dem Stamm, es macht sich aus eignem Wollen zum Träger der Phylogenese. Ich rede hier lieber von Person als von Individuum, verstehe eben unter ersterer eine vielzellige Individualität, wie sie ja somatisch auch bei uns vorliegt. Hier nun sehen wir, wie vertraut uns der Lamarckistische Standpunkt ist gegenüber dem naturphilosophischen, da sich bei uns, in unserer modernen Kultur, alles um die Persönlichkeit dreht. Persönlichkeitsgestaltung beruht auf Exzessivität, Stammgestaltung auf Entelechität; wer aber unter uns kennt und würdigt das Erlebnis der allgemeinen Entelechie? Und zum Schlusse noch eine Bemerkung. Die Sexualität sahen wir in inniger Beziehung zur Kopulation und so sollte auch für die Exzessivgestaltung eine enge Beziehung zur Hybridation erweisbar sein. Die ist nun auch gegeben und eben da wirkt das Wort Persönlichkeit erläuternd. Der Bastardierung liegt ein persönlicher Wille zugrunde, ein Wille, der, wie wir sagen dürfen, im anders gearteten Geschlecht eine Ergänzung für der eigenen Organisation anhaftende Mängel sucht. Auch in die Bastardierung spielt Willkür, d. h. selbständiges Gestaltungsbegehren der Personen, herein und sie ist es zweifellos, auf die wir den Gedanken einer sexuellen Auslese, wie er von Darwin eingeführt ward, zu begründen haben. Die geschlechtliche Zuchtwahl ist nicht, wie so manche moderne Autoren denken, völlig aus der Luft gegriffen, wenn sie auch nicht im Sinne Darwins sich abspielt, sondern eigentlich in den lamarckistischen Gedankenkreis hineingehört.

Nun bleibt uns von heteronomen Theorien noch der Darwinismus zu besprechen, dem wir uns in der nächsten Stunde zuwenden werden.

15. Vorlesung.

Entwicklungstheorien.

Wir haben von den heteronomen Entwicklungstheorien jene kennen gelernt, die als Gegenstücke der Mutationstheorie, der orthogenetischen und der naturphilosophischen Theorie auftreten. Der Mutationstheorie tritt gegenüber die Hybridationstheorie, bei der es sich um das Aufspalten nicht von Urformen, sondern von zufällig entstandenen Mischformen handelt. Gegenstück der Orthogenesislehre ist die Bewirkungslehre, die die fortschreitende Differenzierung der Organe nicht auf Abnahme eines gegebenen energetischen Potentials in periodisch sich äußernder Wellenform, sondern auf den Einfluß der energetischen Situation der Umgebung zurückführt. Endlich die Lamarckistische Anpassungstheorie ist Gegenstück der naturphilosophischen Theorie, da sie im Wechselverhältnis der Form und des Stoffes im Organismus nicht der Form die Dominanz zuspricht, sondern dem Stoffe. Speziell der Energiegehalt soll die Führung übernehmen, demgemäß aber Gestaltung eine frei gewollte, nicht durch die Gesetzmäßigkeit der Form bestimmte sein. Nicht Entelechiegestalt liegt vor, sondern Willkürgestalt. Nun bleibt uns noch eine vierte heteronome Theorie, als Gegenstück der theologischen, zu besprechen übrig und das ist der Darwinismus. Der Darwinismus rechnet mit einem Entwicklungszweck wie die theologische Theorie, nur gilt dieser Entwicklungszweck nicht als ein übernatürliches, selbständiges Moment, sondern als das Resultat zufälliger Gelegenheiten. Der Zweck als Resultat des Zufalls, das ist Kern der Lehre Darwins.

Es ist nicht leicht, den Gedankengehalt des Darwinismus klar zu erfassen, da Darwin sich selbst über manche Punkte nicht genügend im klaren war. Die wesentlichen Momente sind folgende. In seiner 1859 vorgetragenen Selektionstheorie vertritt Darwin die Ansicht, daß an gegebenen Arten aus unbekannten Gründen allerhand Varietäten auftreten können, unter denen einzelne zufällig günstig erscheinen in Hinsicht auf gegebene Existenzbedingungen. Infolge ihrer Zweckmäßigkeit bleiben diese Varietäten besser erhalten als die übrigen und, indem sie ihre Eigenschaften auf die Nachkommen vererben, werden sie Ausgangspunkte neuer Variationen, in denen die vorteilhaften Qualitäten gesteigert erscheinen können. Indem sich diese Prozesse der Auslese und Variation wiederholen, kann es zu wesentlicher Umgestaltung der Organisation im Sinne gesteigerter Zweckmäßigkeit kommen. Diese Steigerung des Zweckmäßigkeitsgehaltes, ganz unabhängig von allen bewußten oder unbewußten Bestrebungen der Organismen, betont Darwin als das eigentlich artbildende Moment; der Zweck ist ihm also der eigentliche Entwicklungsfaktor und eben darin erweist sich seine Lehre als Gegenstück der theologischen Theorie, nur wird der Zweck bei ihm auf den Zufall begründet. Nur das Zweckmäßige hat Bestand, aber es entsteht nicht durch Auswirkung eines auf ein Endziel orientierten Entwicklungstriebes, sondern durch Kumulation von Situationsvorteilen. Die von den Situationen ausgelesenen Varianten sind an und für sich ganz ohne teleologischen Wert, sie erhalten ihn erst durch die Außenwelt. Was nun diese Variationen im speziellen anlangt, so verstand Darwin darunter quantitative Schwankungen der einzelnen Organe, die das Artbild in dieser oder jener Richtung verändern. Er nannte diese Veränderungen Fluktuationen und behauptete von ihnen, daß sie erblich seien. Zu Fluktuationen scheint der Organismus immer bereit zu sein, es gibt also nach Darwin ein hinreichendes Angebot von Varianten für die Selektion durch die Bedingungen (Natural-Selektion). So mit ist durch Selektion geleitete Fluktuation das eigentliche Entwicklungsprinzip.

Die Begriffe der Selektion und der Fluktuation sind außerordentlich umstrittene. Betrachten wir zuerst den Selektionsbegriff, so ist zu sagen, daß er zwei Momente enthält, den der Selektion im engeren Sinne und den der Elimination. Elimination ist die Ausrottung abändernder Formen durch die Bedingungen, Selektion dagegen die Begünstigung zweckmäßiger Abänderungen, die sich den Bedingungen irgendwie angepaßt erweisen. Daß es Elimination gibt, ist nicht zu bezweifeln; jeder Blick ins Leben überzeugt uns davon, daß Krüppel, Blinde, Arme oder anderweitig benachteiligte

Individuen einen harten Stand im Leben haben, und wenn sie nicht von
anderer Seite unterstützt werden (sog. mutual aid), was doch in der Natur
viel seltener der Fall ist als in der Kultur, leichter zugrunde gehen als
normale Individuen. Zwar muß man in der Abschätzung der Eliminations-
möglichkeit sehr vorsichtig sein, weil nicht selten auch in der Natur Formen
erhalten bleiben, denen man einen baldigen Untergang prophezeien möchte.
So berichtet Pauly von einem Hecht, der alt und groß wurde, trotzdem
ihm die Mundspalte verwachsen war, was sicher eine für einen Fleischfresser
fatale Eigenschaft bedeutet. Indessen kann es doch keinem Zweifel unterliegen, daß manche Eigenschaften unmittelbar zum Tode verdammen.
Wenn z. B. eine sterile Mutation auftritt, so ist ohne weiteres gewiß, daß sie
nicht zum Ausgangspunkt neuer Veränderungen werden kann. Der Verlustvariationen gibt es aber genug und so leuchtet die Bedeutung der Elimination

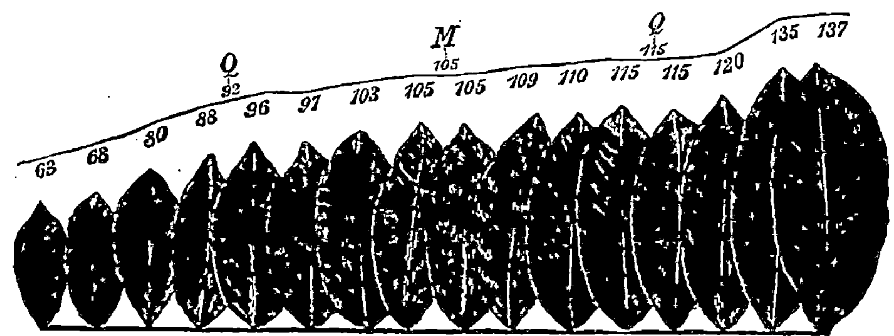

Abb. 44. Blätter von Prunus laurocerasus, der Größe nach geordnet. Aus Lotsy,
Deszendenztheorie.

für den Artbestand ohne weiteres ein. Nur ist sie eben ein ausrottendes,
kein schaffendes Prinzip, als welches im Sinne Darwins allein die Selektion
in Betracht kommt. Selektion aber ist viel schwieriger erweisbar als
Elimination. Vor allem ist zu bedenken, daß die ersten Fluktuationen in
einer später vorteilhaft sich erweisenden Richtung wegen ihrer Unbedeutend-
heit gar keinen Selektionswert haben können, wenigstens wird man das für
viele Beispiele behaupten dürfen. Auf diesen Punkt werden wir später
zurückzukommen haben. Viele andere Einwände lassen sich noch erheben,
auf die ich hier, um uns nicht zu sehr aufzuhalten, nicht näher eingehen will;
man vergleiche dazu die Kapitel: Kritik des Darwinismus, in meiner Einführung in die Deszendenztheorie; immerhin fällt es mir gar nicht ein, die
Möglichkeit von Selektionen bestreiten zu wollen, da es unanfechtbare
Beweise dafür gibt. Die Mimikry liefert solche Beweise; wenn auch die hier
in Betracht kommenden Anpassungen als Willkürgestalten entstanden sein
dürften, so haben sie doch auch Selektionswert, sind also für den Darwinismus
verwertbar. Ein weiteres, besonders einleuchtendes Beispiel ist folgendes.
Sie wissen, daß durch die Nonnenraupen die Nadelwaldungen verwüstet
werden. In diesen von der Nonne befallenen Wäldern finden sich nun

gelegentlich einzelne Bäume, die unberührt von den Raupen bleiben; da zeigt die chemische Untersuchung der Nadeln, sowie Fütterungsversuch, daß Ursache solcher Verschonung der Gehalt der Nadeln an einem chemischen Stoffe ist, der den Raupen nicht zusagt. Hier hat also eine genau bestimmbare Variation einen ebenso genau erfaßbaren Selektionswert. Aber solche Fälle sind sehr selten und die Bedeutung der Selektion daher nur gering einzuschätzen. Doch verbirgt sich im Selektionsbegriff das wesentliche Moment des Darwinismus, worauf ich aber noch nicht eingehen möchte; wenden wir uns zunächst dem Fluktuationsbegriff zu, der nicht minder in Frage gezogen wird als der Selektionsbegriff.

Was ist eigentlich Fluktuation? Darwin verstand darunter die quantitativen Schwankungen der Organe eines Individuums oder aller Artvertreter um einen Mittelwert. Die Blätter eines Baumes (Abb. 44) sind verschieden in der Größe — um nur diese zu berücksichtigen — und zwar sind die mittelgroßen häufiger als die kleinen und großen; am seltensten sind die ganz kleinen und die ganz großen, die extremen Plus- und Minusvarianten. Natürlich gilt das auch in Hinsicht auf alle Bäume einer Art, es gilt ferner für die Früchte, z. B. für die Bohnensamen, die insgesamt eine Population repräsentieren: ein Samengemenge, für dessen Größenentfaltung das beistehend dargestellte Schema (Abb. 45) gilt. Die bekannte Frequenz- oder Galtonkurve nennt man auch Zufallskurve und will damit ausdrücken, daß die Fluktuation

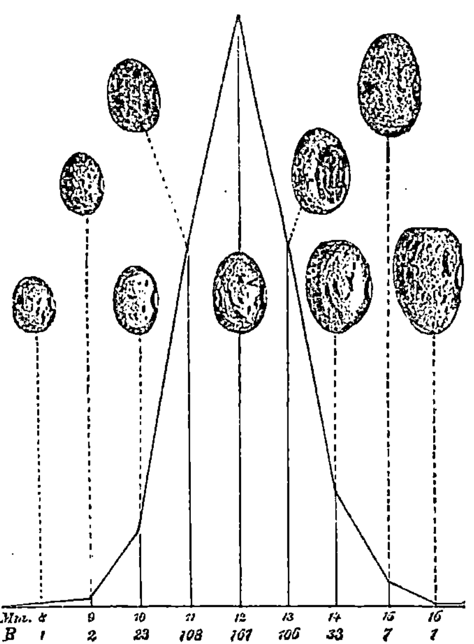

Abb. 45. Frequenzkurve. Aus Lotsy, Deszendenztheorie.

den Wahrscheinlichkeitsgesetzen entspricht: der Mittelwert ist am wahrscheinlichsten, die extremen Varianten am unwahrscheinlichsten. Das legte den Gedanken nahe, daß die Fluktuationen das Resultat seien der Außenweltbedingungen, für die ein gleiches Schwanken gilt: die zufällige Verschiedenheit der Existenzbedingungen sollte sich in diesen Größenschwankungen um einen Mittelwert spiegeln. Man beurteilte also die Fluktuationen als Somationen. Als solchen kommt ihnen aber keine Erblichkeit zu und so meinte man denn, daß Darwin seine Lehre auf nichterbliche Variationen, demgemäß aber auf Sand, gebaut habe. Die Somationen sind zwar sehr häufig und bieten darum einer Selektion reichlich Angriffspunkte, aber da sie von den Bedingungen abhängig bleiben, so kann alle Selektion keine nachhaltigen Verschiebungen an ihnen bewirken. Solche sind nur möglich an erblichen Variationen; nun gibt es diese wohl in den Mutationen und Hybridationen, doch ist die Menge dieser viel zu gering, als daß man sie als geeignetes Material für die Selektion betrachten könnte. So wurde die moderne Erblichkeitsforschung skeptisch gegen den Darwinismus.

Indessen hat 1903 Johannsen, der berühmte Erblichkeitsforscher, eine bis dahin unbekannt gebliebene Variationsform entdeckt, die vielleicht imstande ist, die für Darwin kritische Lücke auszufüllen. Johannsen zeigte nämlich, daß sich in den Populationen doch erbliche Sippen (oder Linien, wie er es nannte) verbergen und daß diese den nichterblichen Formschwankungen entsprechen: die verschiedenen Bohnengrößen können Ausdruck sein rein individueller Modifikationen, aber auch einer erblichen Mannigfaltigkeit, eben der Linien. Die individuelle Variation gilt dementsprechend nicht eigentlich für die Art, sondern für die Linien in dieser, die das niederste konstante Element des Systems repräsentieren. Dies Element ist nun aber von quantitativem Charakter. Darin unterscheiden sich die Linien von den Mutanten, die eine qualitative Variation, eine Habitusschwankung, eine Abänderung in toto, nicht bloß in einem Organ bedeuten. Als erbliche quantitative Variation entspricht demgemäß die Linie gerade dem, was Darwin eine Fluktuation genannt hat. Wenn es sich nun als allgemeiner Charakter der Linien herausstellen sollte, bei allen Arten recht häufig zu sein, wofür nicht wenige Beispiele sprechen, so würde das für die Selektion benötigte Material nicht fehlen. Johannsen und de Vries rechnen allerdings die Linien unter die durch Mutation entstehenden Varietäten, aber Plate betont ihre besondere Bedeutung und glaubt demgemäß an die Möglichkeit einer Selektion, worin ich ihm schon 1911 zugestimmt habe.

Mit alledem ist der Darwinismus als Entwicklungslehre noch nicht gerettet. Das wird uns klar werden, wenn wir den Fluktuationsgedanken weiter verfolgen. Was bedingt eigentlich eine Fluktuation? Darwin hat ihrer Entstehung nicht weiter nachgefragt, er nahm sie gleichsam als etwas Selbstverständliches an. Die moderne Forschung, die das Erblichkeitsproblem rein statistisch behandelt, hat auch keine Erkenntnis gebracht, doch gibt es nun bei einem unserer größten Deszendenztheoretiker einen Erklärungsversuch, der meiner Meinung nach tief in die Ursachen der Fluktuation hineinleuchtet. Ich meine die Lehre von der Germinalselektion, die Weismann aufgestellt hat. Diese Lehre hat folgende Vorgeschichte. Wie bereits bemerkt, hat man schon lange gegen die Selektionslehre eingewandt, daß sie die Entstehung der ersten kleinen Anläufe einer Anpassung nicht erklären könne, da diesen kein Selektionswert zugesprochen werden darf. Diese Schwierigkeit suchte Wilhelm Roux dadurch zu beheben, daß er neben der Auslese der variierenden Personen eine innerhalb der Personen sich vollziehende Auslese der Organe annahm. Er meinte, daß im Organismus ein Kampf der Teile miteinander vorliege: die Organe sollten, wie die Personen, um Nahrung, Platz zur Entfaltung, um die Entfaltungsmöglichkeit kämpfen. Nun ist zwar gerade der Organismus ein derart vollkommenes Ordnungsgebilde, daß man eigentlich nirgends anderswo weniger Kampf voraussetzen wird als in ihm; der Entelechiegedanke Drieschs besagt, daß das hinter den Teilen stehende Ganze die Entwicklungsvorgänge reguliert, und da kann es eigentlich gar keine Rivalität der Teile geben. Dagegen vermochte aber Roux auf Grund eigener Forschungen anzuführen, daß in vielen Fällen doch die Entwicklung der einzelnen Organe eine recht selbständige ist, eine sog. Mosaikentwicklung, bei der die Entwicklung des einen Organes der der anderen vorauseilt. Das ist zwar kein Kampf, besonders weil schließlich doch das Endziel in harmonischer Zusammenarbeit erreicht wird, indessen tritt dabei eine Selbständigkeit zutage, die unter Umständen zum Kampf sich steigern könnte; Beispiele dafür hat man aus den Regenerationsleistungen ableiten wollen. Wie dem nun auch sei, jedenfalls glaubte Roux durch den intrapersonalen Kampf erklären zu können, daß die Fluktuationen gleich in größerem Maßstabe sich darzubieten vermögen, und damit schien ihm eine Stütze der Darwinschen Lehre geboten. Weismann nahm diesen Gedanken der intrapersonalen Selektion auf. Er suchte ihn noch zu erweitern, indem er den Kampf direkt auch in die Keimsubstanz verlegte und von einem Kampf der Determinanten um die Nahrung sprach. Das ist die Lehre Weismanns von der Germinalselektion. Es sei sofort betont, daß Weismann mit diesem Gedanken nur wenig Beifall fand. Auf den ersten Blick muß es ja auch höchst befremdlich erscheinen, daß es in der winzigen Keimsubstanz, in den minimalen Kernräumen, eine ungleiche Darbietung der Nahrung geben soll, so daß ein von Weismann ultramikroskopisch gedachter Determinant mit anderen um die Nahrung kämpfen muß. Indessen möchte ich den Gedanken einer Keimselektion nicht so ohne weiteres ablehnen. Und damit komme ich nun eigentlich zum Hauptthema des Darwinismus, nämlich zum Verständnis der Kausalität der Fluktuation.

Verschiedene Momente treten uns als bedeutungsvoll entgegen. Erstens ist das quantitative Moment der Fluktuation sehr gut abzuleiten aus einer verschiedenen Ernährung der Anlagenträger und diese kann man sich sehr wohl bedingt denken durch ein Rivalisieren der Träger bei der Aufnahme der für die Differenzierung wichtigen chemischen Stoffe. Zweitens aber bringt Weismann in seiner Überlegung ein Moment zur besonders scharfen Prägung, das in der Darwinschen Theorie überhaupt als das zentrale zu gelten hat. Dies Moment ist eben das der Rivalität. Es spielt ja auch bei Darwin eine große Rolle. Nach ihm hängt die Selektion nicht immer bloß ab von den äußeren Bedingungen, die unter passiv dargebotenen Fluktuanten eine Auslese treffen, sondern für sehr wichtig erklärt er auch das aktive Vordrängen der Personen, die mit anderen um die Lebensmittel um die Weibchen, um Schutzgelegenheiten, überhaupt um Vorteile aller Art, kämpfen. Dies Rivalitätsmoment hat Darwin der englischen Nationalökonomie entnommen, in der es schon vor ihm eine große Rolle spielte; speziell durch Malthus ist es ihm zugetragen worden. Doch fällt es bei Tieren und ganz besonders bei Pflanzen nicht leicht, von Kampf zu reden, darum war für Darwin doch ein rein zufälliges, nicht angestrebtes Dargebot von Fluktuanten aller Art die eigentliche Grundlage der Auslese. Aber eben diese Anschauungen genügen nicht zum Ausbau einer Entwicklungslehre und so drängt der Rivalitätsgedanke unwiderstehlich in den Vordergrund, am stärksten in der Weismannschen Lehre von der

Germinalselektion, die mir überhaupt als die Krönung des Darwinschen Gedankengebäudes erscheint. Denn schließlich ist uns die Rivalität und die durch sie bedingte Fluktuation direkt eine Forderung, da wir im Entwicklungskreise ein Analogon des Todes erwarten müssen. Solch Analogon ist aber zu erkennen in der Anlagenrivalität, durch welche, im Gegensatz zur teleologischen Stammbaumentfaltung, eine rein zufällige Persönlichkeitsgestaltung sich ergeben muß.

Fluktuation ist ein Schwanken um Mittelwerte, darin aber vergleichbar den Gleichgewichtstendenzen der Natur, die gegebene energetische Triebe in Schranken halten. Vergleichbar ist es auch dem Wachstum der individuellen organischen Körper, von dem wir erkannten, daß es vom Wachstum der Keimsubstanz scharf zu unterscheiden ist: während dies letztere ein echt finales ist, das das Leben charakterisiert, ist das erstere ein zufälliges und es liegt ihm der Tod zugrunde. Jenes setzt ein stetig sich steigerndes Ungleichgewicht, dieses fügt sich, als Stoffwechselgleichgewicht, ins Gleichgewicht der Natur. Die der Fluktuation zugrunde liegende Rivalität ist, wie der Tod — der im Grunde auch nichts anderes ist als Rivalität —, ein echtes Naturprinzip, ist die Dissipationstendenz der Energie, die sich an der histologischen Anlage ebenso äußern muß wie an der assimilatorischen. Sie führt hier nicht zu einer Vernichtung der Individuen, aber zu einer Vernichtung der Entwicklung, denn Fluktuation kann man nicht Entwicklung nennen, sondern eher Einwicklung, nicht Evolution, sondern Involution. Durch Fluktuation entsteht aus einem Stammbaum mit klar definierbaren Gliedern ein Formgemenge ohne scharfe Grenzen, eine Population, in der es kontinuierlich von einer Form zur anderen geht, in der eben überhaupt scharf umrandete Arten ganz fehlen. In der Tat meinte man ja auch im ersten Siegesrausche des Darwinismus, daß nun der Artbegriff ganz überwunden, ganz überflüssig geworden sei. Alles sollte fließen im System; je unbestimmter die Grenzen, um so besser. Erst die neuere Erblichkeitsforschung hat im Nachweis der Mutationen, der gesetzhaften Bastardspaltung und der Linien dem System wieder ein festes Gerippe einverleibt, doch lassen sich immerhin die Linien vergleichen unendlich kleinen Zahlen, mit denen ein kontinuierlicher Übergang nur verschleiert, nicht aufgehoben wird. Solch kontinuierliches Gemenge kann man sich nun wohl entstanden denken aus einem gut gegliederten System durch sekundäre quantitative Schwankungen, nicht aber kann man sich vorstellen, daß es die Grundlage der Entwicklung sei, da aus Quantitativem Qualitatives nicht entstehen kann. Der Entwicklung müssen wir ein psychisches Moment zugrunde liegend denken, das die qualitative Mannigfaltigkeit hineinträgt in die quantitative Natur, wir dürfen aber nicht annehmen, daß durch die Äußerung eines Naturmoments im Organischen Qualität entstehen könne.

Das Verhältnis vom Stammbaum und Population ist ein ganz entsprechendes wie das von Keimbahn und Körper. Die Keimsubstanz ist unsterblich und ihre Leistung ist ununterbrochene Zeugung neuer lebender Substanz; aber die Keimbahn muß sich umwandeln in Körper und diese sind sterblich; sie wachsen wohl auch, aber nur im eigenen Interesse, nicht um das Leben zu vermehren, aus Zufallsgelegenheit, nicht um des Wachstumszieles willen. Ganz entsprechend verhalten sich auch Stammbaum und Population zueinander: der erstere vervollkommnet sich mehr und mehr und liefert die Fülle der wohl unterschiedenen Arten; aber diese verwandeln sich in Personensummen, innerhalb deren jede Einzelperson besondere Entwicklungswege einschlägt, nämlich — ganz abgesehen von den Bastardmischungen, zufälligen Modifikationen und Anpassungen — zu fluktuieren beginnt auf Grund der Rivalität ihrer Anlagen, was letzten Endes auf ein großes Gleichgewicht, auf einen wahrscheinlichsten Zustand hinausläuft, aber allen echten Fortschritt untergräbt.

Somit ist der Darwinismus eine Entwicklungstheorie negativer Art, wie wir sie wohl fordern müssen, um der Auswirkung der Natur in den Organismen ganz gerecht zu werden, als welche sie aber nicht von Darwin und seinen Anhängern verstanden wurde und wird. Sie begründet sich auf dem Prinzip der Rivalität, das ist aber kein Evolutions-, sondern ein Involutionsprinzip. In dieser Begründung ist sie nun aber das echte Kind unsrer Zeit, die die Rivalität der Personen zur Grundlage macht aller Kulturentfaltung. Darum ist der Darwinismus, so oft er auch schon totgesagt wurde, nicht umzubringen, denn das heutige Kulturdenken müßte sich vorher selbst erst umbringen. Soviel man auch gegen die Ableitung des Zwecks aus dem Zufall eingewendet hat, so werden doch immer wieder neue Argumente dafür vorgebracht, so in neuester Zeit von zur Strassen, der, indem er die lebenswichtigsten Funktionen des Plasmas direkt durch Zufall entstehen läßt, imstande ist, triumphierend allen Einwänden zu begegnen. Man vergleiche in dieser Hinsicht das Vorwort zum neuen Brehm. Wir wollen hier nicht in eine Kritik dieser Argumente eintreten, denn das wäre um so mehr verlorene Zeit, als es mir ja gar nicht einfällt, die Bedeutung des Zufalls für die Entwicklung zu bestreiten, nur vermag ich keinesfalls zuzugeben, daß das Wachstum und die Differenzierung anders als durch ein Wunder begriffen werden können, da aus dem Anorganen nur der Tod abgeleitet werden kann, nicht das Leben.

Damit haben wir die Übersicht über die Entwicklungstheorien abgeschlossen. Ich biete Ihnen heute noch eine kurze Zusammenfassung der wesentlichen Resultate, und eine bedeutsame Schlußfolgerung dazu.

Ausgang aller Entwicklung ist Setzung einer neuen Keimstruktur durch Höherdifferenzierung der histologischen Keimsubstanz, was wir nur begreifen können in Berücksichtigung eines phylogenetischen Entwicklungstriebes. Diese Setzung einer leistungsfähigeren Gewebsstruktur ermöglicht es der Idee, d. h. der Formanlage, in immer komplexeren Formen in Erscheinung zu treten: so ergibt sich eine Urformreihe, welche die eigentliche Aszendenz des Stammbaums kennzeichnet. Die Urformen sind Träger eines reichen Formgehaltes, der aber ganz nur in Erscheinung treten kann durch einen anschließenden Zerstreuungsprozeß, welcher die Deszendenz des Stammbaums, die Entwicklung der Mannigfaltigkeit innerhalb der Niveaus, bewirkt. Es handelt sich dabei um die beiden Prozesse der Orthogenese und der Mutation. Die Orthogenese verstehen wir als Senkung des energetischen

Potentials in der histologischen Keimsubstanz, was formal in immer schärferer Prägung der Eigenschaften sich geltend macht; bei der Mutation liegt wohl auch eine entsprechende Senkung vor, doch spielt sie sich ab an der morphologischen Keimsubstanz und bedeutet demgemäß eine Aufspaltung des Formgehaltes in eine simultane Mannigfaltigkeit. Der ganze Vorgang der Deszendenz läßt sich vergleichen einer von einem Zentrum ausschwingenden elastischen Welle, in der allmählich der erst hohe Energiegehalt sich angleicht an den Energiegehalt der Umwelt, während zugleich der mit der Energie in den Keimsubstanzen verbundene Formgehalt sich zerstreut und schärfer nuanciert. Nochmals betone ich, daß dies Bild gilt für Ontogenese und Phylogenese zugleich, daß aber in der Natur nur die ontogenetische Zerstreuung Entsprechung findet, nicht die Phylogenese. Alle Naturkörper haben eine elastische Struktur und diese entspricht eben der ontogenetischen Entfaltung, dagegen fehlt eine elastische Strukturbeziehung aller Naturkörper zueinander, die nun gerade aber bei den Organismen zur Geltung kommt und hier die phylogenetische Deszendenz bedeutet. Im Anorganen ist jedes elastische System ein isoliertes und zufälliges, im Organen dagegen ist es mit allen anderen genetisch und verwandtschaftlich verbunden, was aus der teleologischen Struktur der Urformen erfließt. — Was nun die heteronomen Entwicklungsleistungen anlangt, so sind sie sämtlich entropisch bedingt. Die Zerstreuungs- und Durchmischungstendenz der Energie gewinnt fortschreitend an Einfluß. Bei der Hybridation durchmischen sich die gegebenen Arten und spalten nach Wahrscheinlichkeitsgesetzen auf; bei der Bewirkung durch Reize bestimmt die Umwelt das Formgepräge; bei der Willkürgestaltung wirkt im gleichen Sinne der Energiegehalt des Körpers, und bei der Fluktuation der Energiegehalt der Anlage durch Rivalität der einzelnen Anlagenträger. Mit alledem tritt an Stelle des teleologisch sich entfaltenden Stammbaums die zufällig sich entfaltende Population.

Nun noch eine Schlußbetrachtung. Obgleich der Differenzierungstrieb das eigentlich treibende Moment der Entwicklung ist, ist doch die I d e e der Bestimmer der Phylogenese durch Gestaltung der Urformen, die in die Spezies aufspalten. Im Zeugungskreis dreht sich alles um das Wachstum und die Individuation, die Äußerung der Formanlage ist etwas Nebensächliches; im Entwicklungskreis dagegen ist die Formentfaltung, die Organisierung der Gewebe, das Hauptmoment und die Gewebedifferenzierung bietet hierzu nur die Gelegenheit. Das kommt nun in der teleologischen Ausdrucksweise, die man auf beide Kreise anwendet, sehr bezeichnend zur Geltung: beim Wachstum spricht man von einem W a c h s t u m s z i e l, das als Verwandlung der anorganen Substanz in organe sich darstellt, bei der Entwicklung dagegen von der E n t e l e c h i e, die den Trieb in Beziehung setzt zur Form, durch welche also das Wachstumsmaterial gestaltet wird. Der E n t e l e c h i e b e g r i f f ist eine Vereinigung von Stoff und Idee, während der Zielbegriff nur über die Stoffverwandlung aussagt. Das Plasma individuiert sich und so ergibt sich als Zeugungskörper die Keimbahn, die aus zahllosen selbständigen Zellen sich aufbaut; was diese zur Einheit bindet, ist nur die am Stoffe haftende Wachstumsbeziehung. Die Gewebe aber werden organisiert

und diese Organisationen variieren; das ergibt wohl eine Fülle selbständiger Körper, die artlich differenzierten Individuen, den Stammbaum, das
System, aber diese Körper sind durch die Verwandtschaftsbeziehung weit
inniger als die freien Zellen verbunden: Verwandtschaft ist eine gesteigerte
Ursprungsbeziehung, die aus der Form, nicht aus dem Stoffe erfließt. Das
eben folgt aus der Dominanz der Form, der Idee, im Entwicklungskreise,
die in ihrer Durchdringung des Stoffes die zelligen Materialien immer weitgehender zusammenfaßt. Natürlich bleibt noch eine außerordentliche
Lockerheit des Ganzen im Nebeneinander der Arten, aber es ist doch ein
Fortschritt zu verzeichnen, und in diesem Sinne bedeuten nun die höheren
Leistungskreise, die wir sukzessive kennen lernen werden, weitere Fortschritte: die Entwicklung erweist sich eben als ein synthetischer Prozeß.

16. Vorlesung.

Übersicht über den Entwicklungskreis. Handlung.

Überaus wichtig war der Überblick über die Entwicklungstheorien. Er
zeigte uns, daß sich die wissenschaftlichen Theorien begründen auf denselben
acht Momenten, die wir als die grundlegenden im Zeugungskreis erkannt
hatten. Vergleichen wir die Entwicklung mit der Zeugung, so finden wir
folgende Entsprechungen. Dem Wachstumstrieb, als dem eigentlich substanziierenden, eine neue Stoffart setzenden Prinzip entspricht der Differenzierungstrieb, der aus dem Plasma die Gewebe schafft. Auch dabei
entsteht durchaus Neues, da die phylogenetische Aszendenz eben auf der
Einführung neuer Gewebsformen beruht. Der Individuation, welche dem
Plasma Formbestimmtheit verleiht, entspricht die Organisation, die sich
nur dadurch unterscheidet, daß sie am vielzelligen Material weit komplexere
Gestalten ins Leben zu rufen vermag, als an den einzelnen Zellen möglich
ist. Dadurch aber gewinnt sie für die Phylogenese überwiegende Bedeutung,
worauf ich ja zum Schluß der letzten Stunde aufmerksam gemacht habe,
während die Individuation gegen die Wachstumsleistung ganz zurücktritt.
Der Finalfunktion im Zeugungskreise, also der im Dienste des Wachstumsziels sich abspielenden Ernährung und Bewegung, entspricht die final
dirigierte Orthogenese und Ontogenese, in der es sich um Funktionen
elastischer Natur handelt. Der Ursprungsbeziehung endlich, welche die
einzelnen Zellindividuen genetisch miteinander verbindet, entspricht die in
der Mutation zum Ausdruck kommende Verwandtschaftsbeziehung
der Arten, die auch als Abstammungsbeziehung — Herleitung der Spezies
aus der Urform — sich darstellt. Wir wollen die Artbildung selbst, die
Variation, der Abstammungsbeziehung direkt zurechnen — wie auch die
Vermehrung der Ursprungsbeziehung —, ist doch eine Relation der Einzelheiten eben nur möglich an gegebenen Einzelheiten; doch muß uns dabei
immer bewußt bleiben, daß die Vereinzelung des Allgemeinen nicht aus der

Beziehung folgt, sondern umgekehrt die Beziehung nur Rechnung trägt
einer gegebenen Vereinzelung. Die Vereinzelung ist das Zurgeltungkommen
der Natur am echt lebendigen Material und ist in diesem Sinne Vorbereitung
für die heteronomen Leistungen, die wir nun noch zu berücksichtigen haben.
Auch diese heteronomen Leistungen entsprechen sich durchaus in beiden Kreisen. Der Kopulation entspricht die Hybridation, was wohl auf den ersten
Blick hin einleuchtet; der Reizfunktion entspricht die Reizgestaltung,
was wohl ebenso plausibel ist; der Sexuation entspricht die Willkürgestaltung — in beiden kommt der Energiegehalt der Entelechie frei zur
Auswirkung —, und endlich dem Tode entspricht die Rivalität der Anlagen,
die ebenso die echte Entwicklung aufhebt, wie der Tod die Zeugung. So
gewinnen wir ein homogenes Bild der beiden elementarsten Lebenskreise,
das zugleich, und das ist nicht gering einzuschätzen, einen Einblick in die
Struktur des wissenschaftlichen Denkens des Menschen gewährt, was ich
an anderer Stelle genügend werde zu würdigen Gelegenheit haben.

Nun wenden wir uns einem dritten Lebenskreise zu, dem Handlungskreise, von dem bereits gesagt ward, daß er für die Tiere charakteristisch ist.

Handlung überlagert die Entwicklung. Hier denke ich nun wieder
anders vorzugehen als in den beiden besprochenen Kreisen, nämlich nicht
die Handlungstheorien in Betracht zu ziehen und aus ihrer Analyse zu den
Themen vorzudringen — das empfiehlt sich hier nicht, da die Theorien der
Handlung noch viel zu wenig klar herausgearbeitet sind —, noch auch gleichsam aufs Geradewohl beliebige Stoffe in Betracht zu ziehen, wie bei Untersuchung des Zeugungskreises und so die Themen nach und nach aufzusuchen;
vielmehr gedenke ich hier synthetisch vorzugehen, d. h. von einem Grundbegriffe aus, den ich sofort in den Vordergrund rücke, an das Material heran-
zutreten, aus ihm die einzelnen Leistungen systematisch abzuleiten. Dieser
Grundbegriff ist gegeben in der Verschiebung des teleologischen
Moments von der Substanzbildung auf die Funktion, anders
gesagt: auf die Kausalität. Wie ich in der letzten Stunde ausgeführt
habe, ist das Telos im Zeugungskreise Wachstumsziel, in dieser Hinsicht
aber an die Substanz gebunden; im Entwicklungskreise ist es Entelechie,
steht also in Beziehung zur Qualitätsbestimmung; endlich nun im Handlungskreise ist es Bewegungszweck, demgemäß aber in Beziehung zur Kausalität. Unter Zweck wird im speziellen immer die Handlungsabsicht verstanden:
eine Handlung hat einen Zweck und zweckmäßig ist der Organismus gebaut
in Hinsicht auf eine Handlung. Hier läßt sich nun gleich eine sehr interessante Überlegung anknüpfen. Im Ziel dominiert das Leben als Verwandlung
der Natur; ganz ausgesprochen tritt ein übernatürliches Moment in den
Vordergrund. In der Entelechie dagegen kommt die Idee zur Vorherrschaft, diese ist aber wesensidentisch mit dem Formprinzip der Natur,
das nur als Idee im Organischen unendlich mehr leistet, erst seinen ganzen
Reichtum enthüllt. Im Zweck dominiert die Kraft als Kausalmoment,
als Ursache der Beschleunigungen: da stehen wir nun mitten in der Natur
drin, nur ist diese für das handelnde Wesen psychisch überkleidet und
die Kraft als Bewußtsein gegeben, das der Handlung Zwecke setzt. Das

entspricht nun aber dem alten pantheistischen Naturbegriff, gemäß
welchem die Natur ein Kosmos sein sollte: ein göttliches Bewußtsein sollte
die Welt durchatmen und aller Bewegung, der anorganen sowohl als auch
der organen, Ziele setzen. Wir werden staunend inne, wie dieser Naturbegriff sich uns erneuert bei Analyse der Handlung, nur über den Träger
des Bewußtseins denken wir heute anders als früher; wir denken nicht mehr
an ein Weltsubjekt, sondern nur an ein in Entstehung begriffenes Lebenssubjekt. Diese Verschiebung des Telos auf die Kausalität bedingt alle Veränderungen im Organischen von der Zeugung bis zur Handlung und weiter
noch; sie wird uns demgemäß zum Grundbegriff für die Handlungsanalyse
dienen können. Aus ihr erfließt sofort die Vorstellung eines besonderen
Handlungskörpers, was uns zunächst beschäftigen soll.

Ich knüpfe an an die Unterscheidung von Protisten und Pflanzen, die
wir durchführten bei Übergang vom Zeugungs- zum Entwicklungskreis.
Da erkannten wir die Protisten als offene, die Pflanzen dagegen als geschlossene Zeugungsformen. Durch offene Zeugung entstehen ununterbrochen
einzelne Zellen, während dagegen bei geschlossener Zeugung die entstehenden
Zellen sich zu vielzelligen Individuen zusammenschließen. Diese Schließung
erfolgt aus der Verschiebung des Telos vom Wachstum auf die Organisierung
heraus, da eben die Ausbildung komplexer Organisationen die Konzentration
vieler Zellen verlangt. Die Verschiebung nun des Telos auf die Funktion
bedingt eine neue Schließung, damit die Handlung als Bewegung vielzelliger
Organismen im Rahmen eines Körpers sich vollziehen könne. Denn das
Telos charakterisiert, wie das ja aus der elementaren Fassung als Wachstumsziel klar hervorleuchtet, die Welteinheit, die Beziehung des Lebendigen
zum All, und in diesem Sinne muß auf die Anstrebung einer substantiellen
Einheit die Anstrebung einer formalen, und dieser wieder die Anstrebung
einer funktionellen Einheit folgen. Nun sehen wir beim Übergang von den
Pflanzen zu den Tieren folgende Erscheinung gegeben. Die Pflanzen sind
offene Entwicklungsformen, da die von ihnen geschaffene Mannigfaltigkeit
sich auf unzählige scharf gesonderte Spezies verteilt. Die Tiere aber stellen
sich dar als geschlossene Entwicklungsformen, da jedes Tier in sich die
gesamte artliche Mannigfaltigkeit umschließt und in seinem Wesen zur
Darstellung bringt. Über diese Behauptung werden Sie wohl staunen.
Wie, die Tiere sollten phylogenetisch mehr sein als die Pflanzen? Nicht
bloß einzelne Arten, sondern gleich ein ganzer Stammbaum? Das ist doch
ganz ausgeschlossen, denn ein einziger Blick auf ein Tier erweist dieses als
individuellen Körper nach Art der Pflanzen. Nun, beruhigen Sie sich:
körperlich sind die Tiere allerdings den Pflanzen engst verwandt, aber in
anderer Hinsicht unterscheiden sie sich fundamental von ihnen und eben
auf diesen Unterschied kommt es an. Körperlich wiederholen die Tiere die
somatische Entfaltung der Pflanzen — wenn auch natürlich in der früher
erörterten modifizierten Weise —, wie ja auch die Pflanzen, und alle Lebewesen überhaupt, die zellige Entfaltung der Protisten wiederholen; sie sind
Entwicklungskörper, wie sie auch Zeugungskörper sind. Aber die Tiere
sind zugleich Träger eines neuen Somas, das unendlich weit über ihre

Körperlichkeit hinausgreift, aber in seiner Entstehung an sie gebunden ist.
Die Sache liegt höchst einfach.

Die organische Mannigfaltigkeit ist im Tier gegenwärtig im Nervensystem, das die Grundlage ist des Umwelterlebnisses; im Nervensystem drängt sich die Fülle der artlichen Eigenschaften, alle biologische Qualität. Daß das der Fall, erweist uns offenkundig die psychische Leistung der Tiere, welche die Handlung ermöglicht: das Erlebnis der objektiven Umwelt ist in Wahrheit eine Setzung dieser Umwelt, ein Verwandlungsprozeß der Natur, die dabei in ein psychisches Gewand eingekleidet wird. Das aber ist nur möglich durch die Gegenwart aller Mannigfaltigkeit im Nervensystem, das seine Anlagenfülle in die Außenwelt hineinprojiziert und aus dieser die psychische Umwelt, die Welt der psychischen Objekte macht. Natürlich ist die Mannigfaltigkeit nicht im ganzen Ausmaße jedem Tiere zugeordnet, wie ja auch nicht alle Zellen eingehen in den einzelnen vielzelligen Organismus, aber ein Anlauf dazu ist doch gegeben: jedes Tier hat eine mannigfaltige Umwelt, die es psychogenetisch selbst aufbaut. Das ist das grundlegende Moment der Tierheit, das auf der Zweckverschiebung beruht, denn nur durch die Ausbildung solch sonderbaren Körpers ergibt sich die Möglichkeit einer teleologisch kausierten Handlung. Das Tier bringt das Ergebnis der Phylogenese in seinen Anschauungen zur Entfaltung und so ist die tierische Ontogenese etwas ganz anderes als die pflanzliche.

Diese Art, die tierische Ontogenese zu betrachten, in sie die psychische Entfaltung einzubeschließen, ist etwas ganz Neues, das im Jahre 1909 zum ersten Male von von Üxküll und von mir begründet, ganz besonders aber 1912 von mir weiter ausgebaut ward. Nach Üxküll (in seinem Buche: Umwelt und Innenwelt der Tiere) ist die Umwelt jedes Tieres bestimmt durch seine Organisation; er vermeidet dabei den Begriff des Psychischen, was, wie wir sehen werden, nicht angeht. Ich sprach 1909 von Finalia (Zweckbestimmern der Handlung) als dem Tiere angeborenen Vorstellungen, die in die Außenwelt bei den Wahrnehmungen direkt eingehen, und habe später die Entstehung der Umwelt aus den psychischen Anlagen genauer dargestellt. Damit war eine ganz neue Tierpsychologie angebahnt, die die Handlung gebunden findet an einen neuen, den Pflanzen völlig fehlenden Körper, einen Weltkörper, wie wir sagen müssen. Die Entstehung dieses Weltkörpers rekapituliert die Deszendenz in der Ontogenese; in ihr also begründet sich eine zweite von mir eingeführte Erweiterung des biogenetischen Grundgesetzes — über die erste habe ich bereits in der ersten Vorlesung gesprochen —, die besagt, daß das Tier nicht nur die in der Aszendenz gegebenen Entwicklungsniveaus in seiner Ontogenese durchläuft, sondern auch die Breitenentfaltung innerhalb der Niveaus, da es eine mannigfaltige Welt um sich her setzt. Die morphologischen und histologischen Anlagen werden im Nervensystem zu Anlagen von Objekten, zu sensorisch-phänomenologischen Anlagen, die in sich die artliche Mannigfaltigkeit begreifen.

Sie sehen also die Berechtigung meiner Aussage: die Erscheinungen des

Entwicklungskreises sind als geschlossene in der Ontogenese der Tiere enthalten. Die psychische Entfaltung schließt in sich Aszendenz und Deszendenz, d. h. eben: was das Leben schuf im Organismus, das vermag es in der Umwelt anzuschauen. Es kommen ja in der Umwelt auch nur die stofflichen und formalen Eigenschaften zur Darstellung, die die organischen Körper aufbauen, denn die sinnlichen Qualitäten sind, wie wir sehen werden, echte Stoffbildungen und die phänomenologischen Qualitäten sind Formen gleich den morphologischen. Mit der Untersuchung, wie sie entstehen, werden wir uns jetzt zu beschäftigen haben; das wird uns ganz von selbst überleiten zum Handlungsthema, da ja die Umwelt der für die Handlungen unentbehrliche Körper ist.

Wie schon angedeutet ward, besteht die Umwelt aus stofflichen und formalen Bestandteilen. Die ersteren nennt man auch Empfindungen, genauer gefaßt: Empfindungsinhalte; wir wollen dafür den von Mach eingeführten Ausdruck: Elemente anwenden, da er sehr bequem zu handhaben ist. Die letzteren Bestandteile sind die typischen Formen, welcher Ausdruck ja in Hinsicht auf Phänomenologisches der übliche ist. Betrachten wir zuerst die Genese der Elemente.

Elemente ergeben sich auf Grund der Lehre Johannes Müllers von den spezifischen Sinnesenergien durch die Gegenwart von psychischen Qualitäten im Nervensystem, die im Reizvorgang sich geltend machen. Eben die Qualitäten nannte Müller Sinnesenergien. Ich vermeide lieber diesen Ausdruck, denn das Psychische ist nicht selbst Energie, wenn auch mit dieser innigst verknüpft, da im Nervensystem ein energetischer Erregungszustand vorliegt, an den die Qualitäten gebunden sind. Der Nervenvorgang ist ein psychophysischer Prozeß und darin durchaus entsprechend allem Leben, in dem wir ja immer sich äußernd finden eine das Leben charakterisierende, nur als psychische genauer erfaßbare qualitative Anlage, und einen Energiegehalt, der, wie wir auch zu konstatieren vermochten, sich selbständig in der Anlage zu äußern vermag. In dieser Verknüpfung von Psychischem und Physischem ist nun der Nervenvorgang ein Streben (wie alles Leben) und zwar ein Streben nach Empfindung, in der die Anlage aktuell wird, indem sie anorgane Materie in sich einbezieht. Das geschieht im Reizvorgang, in dem sich der psychophysische Nervenprozeß vereint mit dem Außenweltgeschehen. Der Reizvorgang heißt Perzeption in Betonung der Vereinigung zweier materieller Prozesse und Empfindung in Hinsicht auf die Aktuierung des Psychischen, welchen Prozeß wir noch genauer kennen lernen werden; die Perzeption (Empfindung) ist also Realisierung von psychischer Potenz an der Außenwelt, welch letztere dabei unmittelbar dem Nervenvorgang im Sinnesorgan sich verbindet. Sie ist mit anderen Worten eine Assimilation. Derart denkt auch der auf Müllers Füßen stehende berühmte Physiologe Ewald Hering, der speziell bei Analyse des Sehaktes die Begriffe von Assimilation und Dissimilation in Anwendung brachte. Jeder Farbempfindung soll entweder eine Assimilation oder eine Dissimilation in den drei von ihm unterschiedenen Sehsubstanzen: in der Schwarzweiß-, der Blaugelb- und der Grünrotsubstanz, entsprechen. Assimilationen sind der

Schwarz-, Blau- und Grünprozeß, also die Entstehung der kalt zu nennenden
Farben, dagegen Dissimilationen der Weiß-, Gelb- und Rotprozeß, also die
Entstehung der warmen Farben. Als Anstoß zu beiderlei Vorgängen gelten
die Reize, doch entstehen alle Farben auch spontan, infolge antagonistischer
Vorgänge, die den Empfindungen folgen, im sog. Nachbild, und das Schwarz
entsteht überhaupt nur auf diese Weise, da es einen Schwarzreiz gar nicht
gibt. In dieser Möglichkeit spontaner Entstehung nehmen die Farbemp-
findungen eine Sonderstellung ein, da es Nachbilder bei den anderen Empfindungen nicht gibt. Die Erklärung der Nachbilder ist wohl darin zu suchen,
daß das auf die Augen wirkende Licht mehr Schwingungsarten in sich schließt,
als einer Farbe entsprechen, und der übrige Schwingungsgehalt im Nachbild,
das selbst ja meist wieder ein mannigfaltiges ist, zur Empfindung kommt.

In der Heringschen Perzeptionslehre wird nun allerdings der Assi-
milationsbegriff anders gefaßt als von mir. Bei Hering handelt es sich um
echte Assimilationen, also um Aufbau echt lebendiger Substanz, womit
sich die Empfindung verbinden soll, bei mir aber ist die Empfinduug selbst
die Assimilation, weil sie Außenwelt und Innenwelt verbindet. Der Reiz soll
bei mir die Substanz zu ihrer Tätigkeit nicht nur anregen, sondern er soll direkt
in die Empfindung eingehen. In dieser Art, die Empfindung zu beurteilen,
stehe ich Bergson nahe, der auch über das Wesen der Empfindung (in dem
Werke: Materie und Gedächtnis) sich ausgesprochen hat. Bergson unter-
sucht die Tonempfindung und findet in dieser unmittelbar die elastische
Schwingung in veränderter Form gegeben. Er vergleicht das Bewußtsein
der Zeit: diese letztere soll in der Natur den Schwingungsvorgang zur Einheit
(in der Schwingungsdauer) zusammenfassen, während das erstere die Zusammenfassung in der Psyche bewirkt (eben im Ton). Hier wäre auch zu
verweisen auf die alte Empfindungslehre des Aristoteles, die von der
Scholastik beibehalten ward. Nach Aristoteles vereinigt sich im Emp-
findungsakt eine psychische Potenz dem Naturvorgang, in dem aktuell ist,
was im Nervensystem Potenz ist. Die Form des Naturvorganges soll auf
das Sinnesorgan übergehen und dadurch dessen psychische Potenz aktuell
werden. Das entspricht weitgehend meinen Anschauungen, denn es macht
aus der Empfindung eine echte Assimilation, ja wir lernen hier das Wesen
der Assimilation überhaupt erstmalig ganz verstehen. Denn die Assimilation
stellt sich gleich der Empfindung dar als Verbindung des Kraft-(Form-)-
gehaltes eines Naturvorganges mit dem psychischen Gehalt eines Lebewesens, wobei ersterer dem letzteren qualitativ angeglichen wird. Also
Psyche und Kraft zusammen ergeben die objektive Empfindungs-
qualität, während die Energien des Reiz- und Nervenvorganges
gemeinsam die Intensität der Empfindung ergeben. Das erscheint
mir als Feststellung von der größten Bedeutung. Ich möchte sie festhalten
in einer Formel, die ich Ihnen an die Wandtafel schreibe.

Schema der Perzeption (Assimilation).

Sinnesqualität + Form des Reizvorganges   = Qualität des Elementes,
Nervenvorgang + Energie des Reizvorganges = Intensität des Elementes.

Ferner möchte ich hier des heute so verbreiteten Empirismus in der Philosophie, den man auch Sensualismus oder Positivismus nennt, gedenken. Hauptvertreter dieser Richtung sind Mach, Avenarius, Petzold, Ziehen, Schuppe nebst vielen anderen; sie alle finden die positive Grundlage unseres Welterlebnisses gegeben im sinnlich Vorgefundenen, in den Elementen, die wir nicht als Bewirkungen völlig unerlebbarer metaphysischer Wesenheiten an unserer eignen rätselhaften Wesenheit auffassen dürfen, sondern die eben einzig und allein die Realität, die reine Erfahrung, darstellen. Diese Elemente sind physisch und psychisch zugleich: physisch sind sie, insofern sie Ausdruck sind der chemisch-physikalischen Vorgänge, psychisch aber, insofern wir sie zu erleben vermögen, insofern sie in Beziehung stehen zu unserem Gehirn. Durch die Beziehung zum Gehirn erhalten sie die psychische Qualität, von der Chemie und Physik absehen, welche beide einfach die Beziehung der Elemente zueinander untersuchen. Diese bereits von dem Engländer Hume eingeführte Betrachtungsweise spricht den Elementen volle Objektivität zu, erfaßt sie eben als reale Bausteine der Welt, und so sehen Sie denn, daß meine objektive Tierpsychologie einem weitverbreiteten philosophischen Standpunkt entspricht, der zweifellos sehr nüchtern denkt, von aller Mystik sich frei zu halten sucht. Daß ich in Hinsicht auf das Gegebensein der Empfindungen mit dem Sensualismus nicht übereinzustimmen vermag, insofern meiner Lehre gemäß das Tier (und der Mensch) in der Empfindung etwas an sich Seiendes, eine reale dynamische metaphysische Natur in Psychisches verwandelt, kommt hier nicht als wesentlich in Betracht, da es sich zunächst für uns nur um die Objektivität der Elemente handelt. Und schließlich ist hierzu noch zu erwähnen, daß wir uns eine subjektive Existenz der Elemente gar nicht vorstellen können. Wenn wir uns etwa auf den Standpunkt Verworns stellen, gemäß welchem die Elemente in den Gehirnzellen infolge energetischer Entladungen entstehen sollen, so fragen wir uns vergeblich, in welcher Form sie hier zu existieren vermöchten. Das Psychische ist doch ein Extensives, kann nur in einem Raume gedacht werden, wo soll aber der zu seiner Entfaltung nötige Raum in den Gehirnzellen gegeben sein? Ein subjektives Psychisches ist ein Hirngespinst voll unendlich mehr Mystik als ein objektives Psychisches, das in der Welt realiter existiert. Derselbe Einwand gilt natürlich auch in Hinsicht auf die Ostwaldsche Idee, daß das Psychische direkt eine besondere Energie sein soll, die sich im Gehirn von der chemischen Energie abspaltet. Als Energie wäre das Psychische ein Geschehen, nichts aber imponiert an einem Element mehr, als daß es kein Geschehen ist, sondern eine Substanz, in der die als Reiz zugrundeliegende Bewegung zu etwas Bewegungslosem erstarrt erscheint.

Aus alledem folgt die Objektivität und Eigenart der Elemente, die wir nur als eine wunderbare Lebensschöpfung zu begreifen vermögen. Ganz mit Recht nennt du Bois-Reymond die Empfindung ein Welträtsel, aber es ist ein solches nicht mehr als jede Lebensleistung, die eben überhaupt ein Rätselhaftes im Rahmen der Natur, aus deren Wesenheit heraus nicht zu Begreifendes ist.

17. Vorlesung.

Wahrnehmung.

Wir waren in Betrachtung eines neuen, des dritten Lebenskreises eingetreten und hatten hier sofort eine völlig umstürzlerische, alle ererbten wissenschaftlichen Anschauungen über den Haufen werfende Deutung des tierischen Wesens kennengelernt, des Wesens, dem die Handlung als spezifische Leistung zukommt. Das Tier ist nicht bloß Soma und in dieser Hinsicht der Pflanze gleich, sondern es ist außerdem auch Umwelt und schafft diese Umwelt, wie es sich selber schafft, durch Vermittlung seiner Anlage, die es an der Natur realisiert. Es schafft den Umweltkörper, in dem es als organischer Körper sich bewegt; so ist es die Welt selbst, darin nun aber erweist es sich fortschreitend in der Lebensbahn, die ja auf Assimilation der gesamten Natur hin orientiert ist. Die Psychogenese ist ein Schritt vorwärts in der Zielrichtung des Lebens: indem das Tier die gesamte Errungenschaft der niederen Lebewesen, die Keimbahn und den Stammbaum, in sich vereinigt, wird es befähigt zu einem neuen höheren Lebenswerke, das unmittelbar aufs Weltganze zielt. In ihm ist die Mannigfaltigkeit gegenwärtig, die in den Pflanzen noch zerstreut ist; sie erfüllt sein Nervensystem und wird nun durch dieses nach außen projiziert, um die Natur neu einzukleiden. Die Verlagerung der Anlagen aus der Keimsubstanz ins Nervensystem ist, ich betone es mit Nachdruck, der eigentliche Entwicklungsschritt von der Pflanze zum Tier, alles andere ist Nebensache. Damit entsteht ein psychischer Weltkörper, dessen Struktur wir bereits begonnen hatten, genauer zu studieren. Ich hatte von den Elementen, d. h. den Empfindungsinhalten, und ihrer Entstehung geredet, damit war nun aber die Analyse des psychogenetischen Themas erst eingeleitet; mit den weiteren Problemen werden wir uns in dieser Stunde zu beschäftigen haben.

Die Umwelt besteht außer aus Elementen auch aus Formen; beide zusammen erst ergeben die Objekte, deren Erlebnis man Wahrnehmung nennt. Daß dem Formalen Selbständigkeit gegenüber dem Sensorischen zukommt, hat man schon immer empfunden; man ist sogar der Meinung gewesen, daß im Formalen die Außenwelt sich unmittelbar darbiete, nämlich in den Objektformen die Formen der Außenweltdinge unmittelbar gegeben seien, während man in Hinsicht auf die Elemente seit Galilei und Descartes von der Sujektivität überzeugt war, also annahm, daß sie eine Produktion des Körpers auf die Reize hin darstellen. Indessen sind die Objektformen um nichts mehr den Naturdingen eigen, als die Elemente. Die Unterscheidung primärer und sekundärer Eigenschaften ist nur bedeutungsvoll in Hinsicht auf die große Konstanz der ersteren, von der bald die Rede sein wird, doch entspricht ihr kein Unterschied in der Entstehungsweise, denn auch die Formen gibt es nur durch Vermittlung des Nervensystems, nicht gelangen sie gewissermaßen von außen in uns hinein. Als erster war sich darüber klar Kant, der in aller Gestalt Bewußtseinsform erkannte. Dem Ding an sich, also den Gegenständen unabhängig von unserm Bewußtsein, sprach er alle Form, überhaupt ja alles Kategoriale, ab. Darin nun können wir ihm nicht folgen, haben wir doch immer schon von einem Formprinzip in der Natur gesprochen und dieses direkt dem Psychischen verglichen. Doch ist, wie ja auch schon oft genug betont ward, das Formprinzip in der Natur ganz anders wirksam als im Lebendigen, nämlich ein Kraftregulator der fließenden Bewegungszustände, während es im Lebendigen echte Form ist, nämlich als starre Kontur einen starren Inhalt einkleidet. Wie die Elemente, denen eine unstarre Beschaffenheit zuzuschreiben ja direkt absurd erscheint, sind auch die sie einkleidenden Formen etwas Unveränderliches — wie sehr das zutrifft, werden wir bald noch genauer verstehen —; psychische Formen kommen eben erst zur Entfaltung an einem psychischen Materiale, das erst im Leben gegeben ist, während für das tätige energetische Material der Natur nur die Kraftformen gelten! In der neueren Psychologie ist die Selbständigkeit der Form gegenüber den Elementen gut gewürdigt worden. Zuerst hat von Ehrenfels den Begriff der Gestaltqualität aufgestellt und damit ausdrücken wollen, daß die Form als etwas Besonderes zu den Empfindungsinhalten hinzutritt, daß sie ihnen vorausexistiert. Wie das zu verstehen, leuchtet vor allem ein, wenn wir an eine Melodie denken. Diese enthält als sinnliches Material die in der Zeit aufeinander folgenden Töne, wir konstatieren nun aber leicht, daß die Melodieform von den Tönen unabhängig gegeben ist, denn es genügt das Vernehmen von wenigen Tönen, um das ganze Melodienbild in uns wachzurufen; wir könnten überhaupt die Melodie gar nicht als solche, als Ganzheit erleben, wenn sie nicht formal in uns parat läge. Das hat ja Plato bereits gewußt, wie uns der Dialog Phädon lehrt, und unter den neuesten Philosophen ist besonders der Gegenstandstheoretiker Meinong für die Präexistenz alles Formalen eingetreten.

Ich verzichte hier auf Anführung des reichen Erfahrungsmateriales, das die moderne Psychologie in diesem Sinne erbracht hat, doch möchte ich auf die Anschauung von Üxkülls hinweisen, gemäß welcher jede Tierart nur über einen bestimmten Formgehalt im Gehirn verfügt, der maßgebend ist für die Struktur der Umwelt, in der sie lebt. Üxküll denkt sich die Gestaltung der Umwelt bedingt durch bestimmte Bahnverbindungen im Zentrum, spricht von Konfigurationen der Nervenbahnen, entsprechend welchen die Zusammenfassung der Erregungen zu gestaltlichen Einheiten sich bei den Wahrnehmungen von selbst ergeben soll. Indessen genügt solche Auffassung nicht, da, wie schon bemerkt, nur im Bewußtsein Formeinheiten auftreten können: im Nervensystem ist alle Erregung ein sukzessives Geschehen, wie soll an diesem eine Ganzheit im psychischen Sinne möglich sein? Driesch hat das klar erkannt und darum den Entelechiebegriff auch angewandt auf das psychische Erlebnis; allerdings redet er hier vom Psychoid (nicht von der Psyche) als dem formenden Prinzip, das er der Entelechie vergleicht, doch ist solch überflüssige Unterscheidung nur bedingt durch unzulängliche Würdigung des Lebensstoffes, die Driesch an der alten subjektiven Psychologie festhalten läßt. Wir haben keinen Grund, ihm darin zu folgen, und so unterscheiden wir denn im Nervensystem zweierlei Arten von psychischen Anlagen: erstens die sensorischen, die wir uns in die Sinneszellen eingelagert denken, und zweitens die phänomenologischen, die den zentralen Nervenzellen — soweit diese nicht noch andere Funktionen haben — zuzusprechen sind. Beide vereinigen sich im Wahrnehmungsakt: Wahrnehmung ist Durchdringung des Empfindungsinhaltes durch die Form, ist also ein Organisierungsprozeß. Es ist zugleich, wie man auch sagen kann, eine Begegnung von männlicher und weiblicher Substanz, denn die phänomenologische Anlage entspricht ja der individuatorischen und die sensorische der assimilatorischen; wir finden also die sexuelle Differenzierung auch hier gegeben.

Mit diesen Ergebnissen ist für uns das Problem der Umweltsetzung noch nicht erledigt. Die Tiere erleben nicht nur Objekte, sondern auch Situationen, die nicht minder formale Einheiten sind wie die ersteren und der Anlage nach nicht minder präexistent. Das folgt ganz von selbst daraus, daß die Tiere im Rahmen eines Umweltausschnittes durchaus nicht alle Inhalte erleben, sondern nur ganz bestimmte, die eben für ihre besondere Umwelt charakteristisch sind, und diese wieder in ganz bestimmten Verknüpfungen. So fand Volkelt bei Spinnen, daß die Wahrnehmung des Beuteobjekts mitgebunden ist an eine bestimmte Lage dieses zu den Netzteilen: befindet sich die gefangene Fliege an ungewohnter Stelle im Netz, so wird sie nicht als Beute erkannt oder überhaupt nicht beachtet. Für viele Instinkte läßt sich eine angeborene Situationsgrundlage ohne weiteres behaupten, denn sie spielen sich so maschinenmäßig, so unabhängig von aller Erfahrung ab, daß wir sie nur aus einer festgegebenen Relation der Objekte im Nervensystem abzuleiten vermögen. Das Tier bringt nicht nur Formdispositionen, sondern auch Situationsbilder, mit und damit räumliche und überzeitliche Verknüpfungen der psychischen Anlagen, die den realen Situationen der Außenwelt entsprechen, so daß es in dieser, wenigstens in Hinsicht auf einen kleinen Ausschnitt, heimisch ist, sich hier unmittelbar zurecht findet und oft geradezu überraschend gut auskennt. Ich betone vor allem, daß diese Situationsbilder die Wirklichkeit genau spiegeln: was in der Natur auf Grund der Kraftformen als sozusagen konstante Lagebeziehung hier oder dort sich in bestimmter Bindung vorfindet, das ist im tierischen Gehirn als psychisches Formganzes gegeben, und so tritt, mit anderen Worten, die Außenform im Gehirn als psychische Form, die Außenwelt, wie Üxküll sich ausdrückt, als Gegenwelt auf. Das ist für uns sehr leicht verständlich, denn das Formprinzip ist ja hier und dort dasselbe, und da das Gehirn auf die Außenwelt angelegt ist, so muß es deren Struktur vorwegnehmen, muß in der Wahrnehmung Wesensidentisches zur Deckung kommen. Dabei spielen zweifellos die statischen Empfindungen, die über die Schwereverhältnisse orientieren, eine große, hier nicht weiter zu analysierende Rolle.

Ich möchte nun einige Beispiele bieten, die uns vor allem gut über das Angeborensein bestimmter Situationsbilder in der Gegenwelt, also in der dem Gehirn verbundenen phänomenologischen Formanlage unterrichten. Diese Beispiele haben von je das Staunen der Forscher hervorgerufen und haben davon reden lassen, daß den Tieren ein absoluter Orientierungssinn angeboren sei, der sie direkt im Raume zurechtweise. Die Frage interessiert uns: wie finden sich die Tiere im Raume zurecht?

Die vulgäre Psychologie sagt dazu: die Tiere finden sich nicht anders zurecht als wir Menschen selbst. Wir aber, wenn wir uns nach einem fremden Orte begeben, von dem wir uns zurückfinden müssen, behelfen uns auf folgende Weise: wir suchen die gewünschten Reizgruppen, merken uns ihre Position, ihre Lagebeziehungen zu anderen Reizgruppen, und dann finden wir uns ein zweites Mal durch Erfahrung zurecht. Derartiges Suchen und Finden gilt aber durchaus nicht immer für die Tiere, wenn es für diese auch Geltung haben kann, wie wir das nächste Mal zu berücksichtigen haben werden.

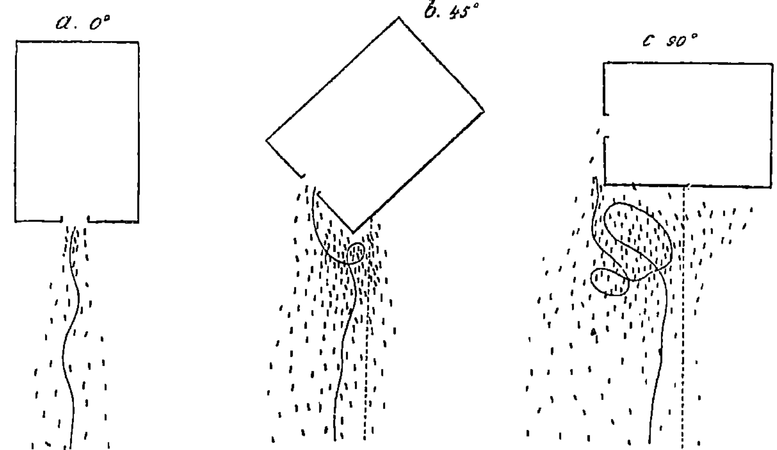

Abb. 46. Bienenstock um seine Achse gedreht. Ansammlung der Bienen an der alten Abflugstelle. Nach Bethe, aus K. C. Schneider, Tierpsychologisches Praktikum.

Gar oft beobachten wir ein ganz anderes Verhalten, nämlich ein instinktives Zurechtfinden, indem überhaupt nicht gesucht, sondern unmittelbar gefunden wird. Da gibt es nun die verschiedensten Nuancen. Beachten wir die Bienen, so sehen wir, daß sie beim Ausschwärmen aus dem Stocke in unbekannten Gegenden nach Futterplätzen suchen, so wie es uns ganz selbstverständlich erscheint; haben sie aber gefunden, so beginnt ein sehr auffallendes, mysteriöses Verhalten, denn die Biene begibt sich zum Stock zurück nicht auf dem Wege, auf dem sie ausflog, und der oft ein weit ausgedehnter ist, sondern sie fliegt direkt dem Stock zu auf einem Wege, der ihr bis dahin ganz unbekannt blieb. Und zwar sucht sie den Stock auf derselben Stelle, wo sie ihn verlassen hat, so daß sie genau zum Ausflugsort zurückkehrt, auch wenn der Stock nur um ein weniges, um 20 oder 30 cm, von der alten Stelle verschoben wurde (Abb. 46). Ganz entsprechend verhalten sich auch die Ameisen, nur tritt hier das Wunderbare noch viel krasser hervor. Die Ameise hätte ja an ihrer Spur einen Anhalt, um sich zum Nest zurückzufinden, was der Biene als einem Flugtiere abgeht; aber sie bedient sich dieser Hilfe gar nicht, sondern bewegt

sich in direkter Richtung dem Neste zu und findet mit unfehlbarer Sicherheit.
Wieder anderen Verhältnissen begegnen wir bei den Fischen und Vögeln,
überhaupt bei allen Wirbeltiergruppen. Der Vogelzug im Frühjahr und
Herbst ist von Geheimnissen umwittert. Es ist schon schwierig, sich vorzustellen, wie es die Vögel anfangen, sich aus dem Süden in die nordische Heimat
zurückzufinden, da man schwer glauben kann, daß ein Vogel sich den oft

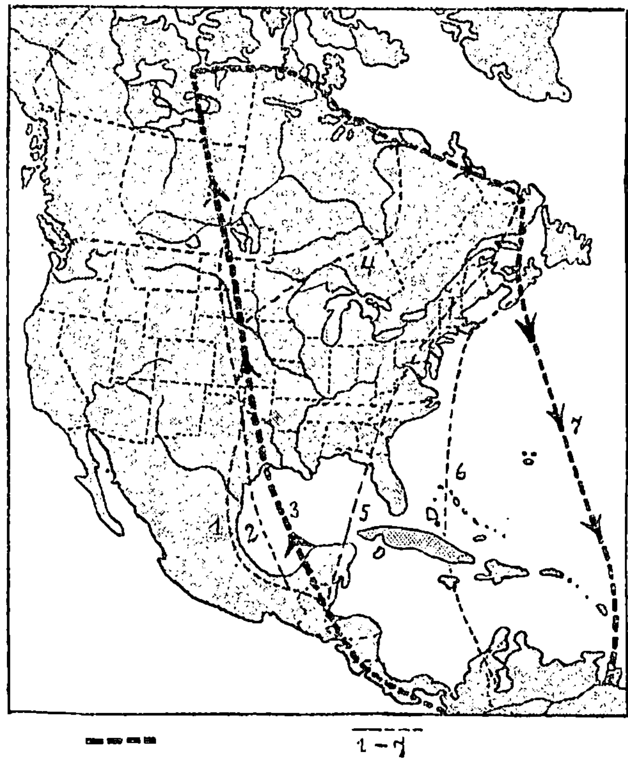

Abb. 47. Entwicklung des großen Überseefluges des nordischen Goldregenpfeifers.
Nach Cooke, aus Doflein, Tierbau und Tierleben.

ungeheuer ausgedehnten Weg, den er im Herbst durchflogen, gemerkt hat;
aber hier besteht doch immer die Erinnerungsmöglichkeit. Diese besteht auch
für den Herbstflug, wenn wir annehmen, daß die jungen Vögel, die zum
ersten Male des Weges ziehen, von den erfahrenen Alten geführt werden.
Wie nun aber, wenn sie allein ziehen? Das gibt es aber beim Kuckuck und
bei Raubvögeln: die jungen Tiere ziehen hier, wie mit Sicherheit festgestellt
ist, allein und vor den Alten, trotzdem aber finden sie sich zu den Wohn-
plätzen im Süden. Und was führt den Goldregenpfeifer über so ungeheure
Meeresbreiten, wie es die Abb. 47 darstellt, wo doch alle Erinnerungsmarken
fehlen? Schier noch rätselhafter mutet das Sichfinden gewisser Fische an. Der
Lachs geht zur Laichung in die Flüsse und hier bis in die Quellgebiete hinauf;

hier legt er seine Eier ab und die jungen, heranwachsenden Lachse begeben sich dann ins Meer, den Flußlauf abwärts. Wenn sie geschlechtsreif werden, steigen sie wieder aus dem Meere in die Flüsse empor, und da ist nun festgestellt worden, daß die neue Generation in die Laichgebiete der alten zurückkehrt, also an die eigene Geburtsstätte. Man überlege, was das heißen will: aus den Scharen ziehender Tiere sondern sich beim Aufsteigen im Rhein allmählich jene ab, die

Abb. 48. Brutkolonie des weißen Albatros auf Laysan. Nach Rothschild, aus Doflein, Tierbau und Tierleben.

in den Nebenflüssen, in der Lahn etwa oder in der Mosel geboren wurden, und wieder unter diesen erfolgt allmählich eine Sonderung je nach Geburt in den einzelnen Nebenflüssen und Nebenbächen. Welche Erfahrung soll hier die aufsteigenden Tiere führen? Und gar die jungen Aale, die im Weltmeer geboren sind, aber in die Flüsse einwandern und hier die Quellgebiete aufsuchen, in denen sie heranwachsen! Über die Entwicklungsgeschichte der Aale ist man erst in neuester Zeit durch systematische Untersuchung der Meergebiete ins klare gekommen. Wir wissen heute, daß die weiblichen Aale, die in den Flußgebieten leben, bei Geschlechtsreife sich ins Meer begeben, wo sie mit den marinen Männchen zusammentreffen. Sie wandern nun, unter körperlicher Metamorphose, in die Tiefsee ein und begeben sich bis ins Sargassomeer, also bis in die Nähe von Amerika. Hier wird in der Tiefe gelaicht. Die jungen Tiere nun, die zunächst gar nicht aalartig aussehen, wandern allmählich zur Küste zurück und beginnen im vierten Lebensjahre, nachdem sie echte Aalgestalt angenommen haben, in die Flüsse einzudringen — wenigstens gilt das für die Weibchen, die bis

Abb. 49. Ammophila sabulosa, eine Raupe von Sphinx ligustri zu ihrer Höhle schleppend; die Höhle zum Eintragen frisch geöffnet.
Aus Doflein, Tierbau und Tierleben.

in die Quellgebiete aufsteigen. Was diese Züge dirigiert, ist ein vollkommenes Rätsel, wenn man die Möglichkeit einer absoluten Orientierung ablehnt. So können wir auch fragen, was die Robben über ganze Meere hinwegführt, wenn sie sich im Frühjahr zu den Brutplätzen hoch im Norden oder im Süden begeben. Was die über ungeheure Meeresgebiete verstreuten Seevogelarten jedes Jahr pünktlich zur Sekunde nach der hawaischen Insel Laysan führt (Abb. 48). Wunder über Wunder! Solche Wunder gelten aber auch für Hunde und Katzen, die sich zum Wohnort zurecht finden, wenn sie in der Eisenbahn forttransportiert wurden, und gelten auch für die Naturmenschen, die sich im Urwald oder in der grenzenlosen Steppe, bzw. in der Eiswüste zurechtfinden. Sie gelten schließlich auch in Rudimenten für uns selbst, da auch wir Kulturmenschen, wie mehrfach erwiesen ward, der Fähigkeit absoluter Orientierung nicht ganz entbehren.

Noch eine Gruppe von Beispielen sei erwähnt. Wenn Schlupf-, Sand-, Mord-,

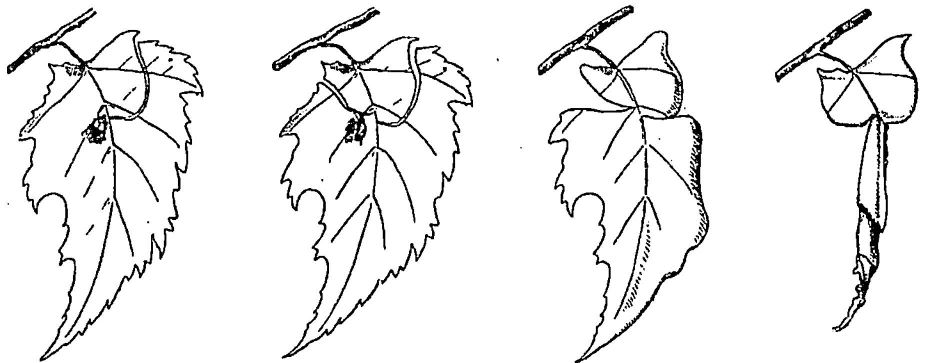

Abb. 50. Vier Phasen der Rollung der Blatttüte von Rhynchites betulae. Aus Doflein, Tierbau und Tierleben.

Grab-, Dolch- und andere Wespen ihre Eier in andere Insekten ablegen oder solche in die Brutzellen eintragen (Abb. 49), so lähmen sie diese vorher durch Stich oder Biß in gewisse Ganglien der Brust oder ins Gehirn, so daß die

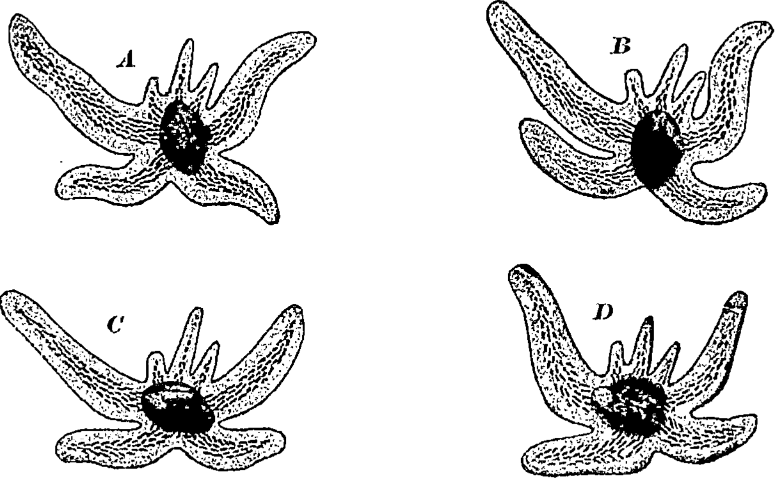

Abb. 51. Fressen des Seesterns. Dieser von unten gesehen, die Muschel, deren Mundrand zuerst abgewandt ist, allmählich drehend, bis der Mundrand zugewandt ist. D zeigt die Schale geöffnet; man sieht den Magen des Seesterns. Aus K. C. Schneider, Tierpsychologisches Praktikum.

Beute sich frisch erhält, ohne beweglich zu sein. Hierbei nun trifft das Tier, ohne herumzuprobieren, unmittelbar mit seinem Stachel oder Gebiß die betreffenden Nervenknoten; es sticht nicht versuchsweise hier und dort, sondern führt den Stachel unmittelbar an der richtigen Stelle ein, weiß also genau um die Ganglienposition im Körper. Hier kann es sich auch nicht um ein ererbtes Wissen handeln, denn es gibt Fälle, wo das Suchen überhaupt ausgeschlossen ist, sowohl bei den Vorfahren, als auch bei den Nachkommen,

Abb. 52. Trichterfalle des Ameisenlöwen. Links ein Trichter im Durchschnitt, um den Ameisenlöwen in seiner Normalstellung zu zeigen. Aus Doflein, Tierbau und Tierleben.

da es den eignen Tod bedeuten würde. Wenn z. B. die Tarantel den Kampf mit der Holzbiene besteht, den uns Fabre schildert, so muß sie die Gehirnknoten momentan finden und zerstören, wenn sie nicht von der Beute gestochen werden will; jedes Probieren brächte ihr den Tod. Da haben wir ein Primärwissen um bestimmte Lokalitäten und um deren Bedeutung für das Verhalten. Noch einige Beispiele seien zitiert. So sehen wir den Blattroller (Abb. 50) bestimmte Blattarten in gesetzmäßiger Weise anschneiden, so daß sie sich ganz von selbst zu Tüten, in welche der Käfer Eier ablegt, einrollen; er bezeugt damit zwar keine mathematischen Kenntnisse, wie man früher angenommen hat, wohl aber ein Wissen um die Struktur des Blattes, das bewunderungswürdig genug ist (man vgl. dazu den Artikel von Prell: Der Trichterwickel des Birkenblattrollers, in Naturwissenschaften, Bd. 13, H. 30). Ich gedenke ferner des Seesterns Asterias tenuispina, der bei Eröffnung von Muschelschalen mittels seiner Füßchen die Schalen so orientiert, daß der Schalenmund dem eigenen Munde zu-, dagegen der Schloßrand von diesem abgewandt ist (Abb. 51), eine Orientierung, betreffs welcher wir uns vergebens fragen, wie er sie gelernt haben kann, da ihn doch niemand über den leckeren Inhalt der Schale und deren Bau unterrichten konnte. Und des Ameisenlöwen sei gedacht, der kunstvoll einen Trichter im Sande baut, indem er zunächst eine Kreisfurche zieht und diese nun in immer engeren Spiralen zum Trichter vertieft, an dessen Grunde er auf Beute lauert (Abb. 52). Dieser Fall ist besonders interessant, weil ein moderner Reflextheoretiker, F. Doflein, ein umfangreiches Werk über das

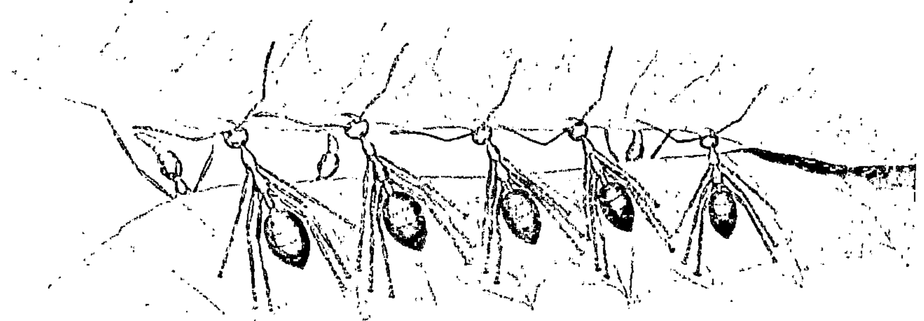

Abb. 53. Reparatur eines Spaltes im Nest von Oecophylla smaragdina. Aus Doflein, Tierbau und Tierleben.

Tier schrieb, in dem er die angegebene, längst bekannte Bauart bestritt, nachdem sie von einem anderen Beobachter (C. O. Bartels: Auf frischer Tat) bereits mit der Kamera festgehalten worden war. Auch Robert Stäger hat ganz neuerdings die alten Angaben bestätigt und auch sonst die Psyche des Ameisenlöwen rehabilitiert (Biolog. Zentralbl. Bd. 45, H. 2). Zuletzt sei aller mit Kunstbauten sich beschäftigenden Ameisen, Termiten, Wespen, Bienen usw. gedacht, die die sonderbarsten Bauwerke auf oft kunstvollste Weise — man vgl. die in Abb. 53 dargestellte Nestreparatur bei den Blattschneideameisen — schaffen, doch nur geleitet durch ein inneres Vorbild, nicht aber durch Erfahrung oder gar durch Intelligenz. Sie wissen alle von vornherein um die Form ihrer Schöpfungen und um die anzuwendenden Mittel; unglaublich viel ist ihnen bekannt, aber, so frägt man sich, wie ist solche Kenntnis möglich? Wie haben wir dies Primärwissen zu begreifen?

Die Erklärung ergibt sich uns unter Berücksichtigung der angeborenen Situationsbilder, von denen ich früher gesprochen habe. In der Psyche des Tieres sind bildartig die Außenweltsituationen vorweggegeben und so findet sich das Tier ohne weiteres zurecht. Es sucht nicht und lernt nicht und reflektiert nicht über Möglichkeiten, erweist sich also nicht im geringsten intelligent, was man ja oft genug behauptet hat, sondern schaut nur an, wozu es durch seine Gegenwelt prädisponiert ist. Die Gegenwelt aber ist Vorbild der Außenwelt, weil sie selbst ja gar nichts anderes ist als diese Außenwelt, nämlich als die Kraftgrundlage dieser, die in der Form psychisch aufersteht. In der Gegenwelt kommt nichts Neues in die Welt, so wenig wie in den Formgrundlagen der Entwicklung und Individuation, aber das in der Welt gegebene Kraftgerüst ersteht in neuer Ausbildung, eben als Form, die in der Natur unmöglich ist, die nur am lebendigen Stoff, also an den Empfindungselementen, sich realisieren kann. Wir verstehen aus dieser unbezweifelbaren Tatsache heraus auch, warum doch mit dem Finden so vielfach sich ein Suchen verbindet. Warum die Bienen und Ameisen ihre Futterplätze suchen und ebenso die Schlupfwespen ihre Beuteobjekte: der feste Heimkehrpunkt ist den ersteren wohl bekannt und die fest bestimmte Organisation der Beute den letzteren, aber nicht der momentane Aufenthaltsort des angestrebten Materials: das verstehen wir auch aus dem Gesagten heraus, denn die Kraftbeziehungen der Natur gewähren dem Energiegehalt der Massen einen gewissen Spielraum, besser gesagt: es besteht eine gewisse Freiheit in der Bewegung der Massen auf Grund ihres Trägheitsgehaltes; die Bewegung hat neben Notwendigkeits- auch Zufallscharakter, und dem muß die Gegenwelt Rechnung tragen, was sich im Suchen ausdrückt. Das ist ja alles ohne weiteres begreiflich. Die im Gehirn gegebenen Formschemen sind nicht bis ins letzte festbestimmte — obgleich das natürlich auch möglich ist —, sondern sind in gewisser Hinsicht offen, sind modifizierbar, anpassungsfähig, ohne daß dabei ihre wesentliche Struktur aufgehoben würde. Auch dem freien Spielraum, den sie in sich beschließen, liegen bestimmte Richtlinien zugrunde, die bei der Rückkehr (der Bienen und Ameisen z. B.) zur Geltung kommen. Und es gilt für diese teilweise lockeren Bewegungsformen auch die Möglichkeit einer Einflußnahme der Erfahrung der Alten (so z. B. beim Vogelzuge). Die Formen stehen in überindividuellem Zusammenhang. Das ist ja auch leicht zu verstehen, denn die Gegenwelt ist ein Derivat der Keimanlage und für diese haben wir die Vererbungsmöglichkeit von Erfahrungen bereits bei Besprechung des Entwicklungskreises festgestellt.

Von Mystik ist bei alledem nicht die Rede. Die Gegenwelt, zu der im Handlungskreise die Keimanlage sich erweitert, ist nicht um ein Haar mystischer als eben die letztere, ohne welche die Biologie nichts zu begreifen vermag. Wie wir ohne Berücksichtigung der morphologischen Potenz nicht verstehen können, wie ein komplexer Organismus entsteht, so können wir auch ohne Berücksichtigung der phänomenologischen Potenz die Handlungen der Tiere — die zugleich Umweltsetzungen sind — nicht begreifen.

18. Vorlesung.

Raumproblem. Problem des motorischen Erregungsstromes.

Unsere Untersuchung des Handlungskreises war fortgeschritten zur Untersuchung des Wahrnehmungsproblems, das sich dem Empfindungsproblem als ein selbständiges zur Seite stellt. Wahrnehmung heißt Formung der Empfindungselemente, so daß im Bewußtsein echte Phänomene, gestaltete Objekte auftreten, deren Gesamtheit die Umwelt des betreffenden Subjekts ergibt. Die Formung nun, also der gestaltliche Ausbau der Umwelt, beruht auf dem Gegebensein einer Gegenwelt im Gehirn, die bei der Wahrnehmung in die Außenwelt eingeht, indem sie die in den Elementen gegebenen Reizinhalte einkleidet. In der Gegenwelt ist aller dem Individuum zugeordneter, phänomenologischer Formgehalt gegeben, einerseits einfache Objektformen, andererseits mehr oder weniger umfangreiche Situationen von Objekten. Nicht nur das Einzelobjekt ist präformiert, sondern auch ganze Verbände von Objekten, Relationen der Umweltdinge zueinander, die in einem bestimmten, konstanten Verhältnis zueinander stehen. Nur aus der Präexistenz solcher Situationsbilder heraus vermögen wir die in so vielen Fällen erweisbare absolute Orientierung der Tiere, ihr Primärwissen um die Struktur der Umwelt, ihr unmittelbares instinktives Sichzurechtfinden, ohne Vermittlung irgendeines Suchens, zu begreifen. Das Tier erlebt nur, wozu es die Anlage mit sich bringt, so wie es nur körperlich sich ausgestaltet entsprechend seiner Anlage. Die Umwelt ist ein aus dem Körper herauswachsender Überkörper, für den im Prinzip die gleiche Entstehung gilt für wie jenen. Es ist ein Überkörper, der den Raum um uns her erfüllt. Mit dieser Charakterisierung nun berühren wir ein Thema, das hier engst anschließt und das wir heute zunächst zu erörtern haben, das Thema nämlich des Raumerlebnisses, des Problems, was der Raum für uns und die Natur bedeutet.

Die in der Umwelt gegebenen Formen und Situationen werden nicht nur als gestaltete, sondern auch als räumliche erlebt. Beides ist nicht unmittelbar ein und dasselbe. Denn Gestalt gibt es ja auch als zweidimensionale, flächige und der Raum an sich ist nicht gestaltet. Doch sind zweifellos die Objekte für den Raum bestimmt, werden bei ihrer Entstehung in ihn eingelegt, verteilen sich hier in bestimmter Ordnung, sind in ihm lokalisiert. Durch Vermittlung des Raumes fügen sich die Phänomene zum Umweltganzen zusammen; sie sind im Raume perspektivisch aufeinander bezogen und diese perspektivische Beziehung haftet unmittelbar am Raume, wird durch ihn den Objekten mitgeteilt, ist, wie wir direkt sagen können, das bewußtheitliche Wesen am Raume, eine dreiachsige Ordnung, die es bedingt, daß jedes Subjekt sich als Raumzentrum vorfindet, um das sich die Objekte symmetrisch gruppieren. Das ist nun eine sehr bemerkenswerte Tatsache, zu deren voller Würdigung eine Betrachtung über das Wesen des Raums, über die verschiedenen Anschauungen, die man in dieser Hinsicht geäußert hat, notwendig erscheint.

In sehr verschiedener Weise wird das Wesen des Raumes heute beurteilt. Die einen schließen sich ganz an Kant an, für den der Raum nichts ist als eine Bewußtseinsweite. Wie die Gestalt ist bei Kant der Raum eine Form des Bewußtseins, die von uns in die Welt hineingetragen und auf das Empfindungsmaterial, die Elemente, angewandt wird, so daß sich eine geordnete Anschauungswelt ergibt. An sich ist nach Kant die Welt raum- und formlos, nur durch unser Bewußtsein gewinnt sie beiderlei Bestimmtheiten. Andere nehmen gerade im Gegensatz dazu an, daß der Raum der Welt an sich eignet und die Tätigkeit des Bewußtseins nur ein Lokalisieren der Objekte in diesem Naturraum sei. Das entspricht dem Standpunkt Newtons, gegen den sich die Kantsche Anschauung wendet: für Newton war der Raum etwas Absolutes, worin jedenfalls uralter Pantheismus nachklang: der Raum war ihm das Bewußtsein Gottes. Die moderne Relativitätstheorie vereinigt in gewisser Hinsicht beide Standpunkte. Im Sinne Newtons gilt der Raum als etwas unabhängig von unserem Bewußtsein Gegebenes, als der Natur angehörig, aber er wird nicht als etwas Absolutes gefaßt, sondern als etwas den einzelnen Massen Zugeordnetes, und wird so den Bewußtseinsräumen verglichen, soll wie diese auch eine Struktur besitzen; so wird hier auch dem Kantschen Standpunkt Rechnung getragen, denn seiner Beschaffenheit nach ist der Raum Einsteins ein echter Bewußtseinsraum. Bei Newton hat er eine Kraftstruktur, d. h. er gilt als Träger der Gravitationswirkungen: die Gravitation wirkt durch den Raum in die Ferne, von Masse zu Masse; sie haftet nicht an einem energetischen Substrat, sondern eben nur am Raume, der dadurch zu etwas Absolutem wird. Von einer derartigen Raumbeurteilung will man heutzutage nichts mehr wissen, denn der Fernwirkungsbegriff wird abgelehnt; Einstein sucht ihn nun durch eine psychisch zu nennende Beurteilung zu ersetzen, indem er den Raum als etwas völlig Undynamisches bestimmt, das jedoch durch die gegebenen Massen Struktur gewinnen soll, die die Schwerkraftwirkungen vermittelt. In Umgebung jeder Masse wird nach ihm der Raum durch den Energiegehalt der Masse mehr oder weniger stark gekrümmt, erhält eine vierdimensionale Struktur, eine Krümmungsstruktur, und auf Grund nun dieser Krümmungsstruktur soll sich eine Einflußnahme auf die Bewegungsbahnen anderer Massen, die in die Nähe gelangen, ergeben: sie werden ihr zugelenkt, es ergibt sich gravitative Beschleunigung. So sucht Einstein durch Annahme einer Struktur des Naturraums die Lehre von der Schwerkraft als Fernwirkung zu überwinden.

In dieser Annahme vermögen ihm nun aber viele Physiker nicht zu folgen, ob sie auch von Fernwirkung nichts wissen wollen. Ganz neuerdings hat der Astronom Seeliger eine neue Raumlehre andeutungsweise entwickelt, die in folgender Weise die Schwierigkeiten zu bewältigen sucht. Er faßt den Raum als etwas Dynamisches auf und teilt ihn nach Art Einsteins den einzelnen Massen zu, nur nicht als leere Weite, die durch die Massen eine

Krümmungsstruktur erhält, sondern direkt als energetischen Bestandteil dieser Massen, als ein Energiefeld, in dem die Massen sich ebenso auswirken wie in den zugeordneten elektromagnetischen Feldern. Seeliger spricht also von zahllosen Einzelräumen, die die Massen umgeben und sich gegenseitig durchgreifen; indem er nun aber diese Räume als Energiefelder auffaßt, wird ihm die alte Newtonsche Gravitationslehre akzeptabel, denn nun handelt es sich bei den Beschleunigungen nicht mehr um Fernwirkungen, sondern um Nahwirkungen, da die Massen durch die Raumfelder direkt verbunden sind. Diese Anschauung erscheint mir durchaus plausibel und deckt sich mit von mir bereits 1917 geäußerten Anschauungen, gemäß welchen Raum und Zeit eine bestimmte energetische Leistung zugeschrieben wurde. Ich komme auf diese später zu sprechen, einstweilen möchte ich nur hervorheben, daß es doch eigentlich selbstverständlich ist, daß der Raum etwas leisten muß; wer ihn bloß als Bewußtseinsweite auffaßt, macht aus ihm ein reines Nichts. Der Raum kann nur sein ein Energiefeld besonderer Art und zwar ist er das sowohl in Hinsicht auf die Natur, in der er ganz unabhängig von unserem Bewußtsein gegeben ist, als auch im Rahmen unseres Bewußtseins, denn die Raumfelder gehen eben ins Bewußtsein ein. Nur gewinnen sie hier die dimensionale Struktur, die ihnen in der Natur fehlt: in der Natur sind sie nur Träger von Kraftwirkungen, haben, wie wir sagen können, eine Kraftstruktur, im Bewußtsein aber gewinnen sie eine dimensionale Struktur, eine Struktur, die eben nur Bedeutung hat für Psychisches, das sich in starrer Ruhe ausbreitet und darum in der fließenden Natur ganz unmöglich ist. So ergibt sich die schönste Parallele des Bewußtseins zur Natur in Hinsicht auf das Raumproblem: wie jede Masse ihr eigenes Raumfeld hat, so auch jedes Tier seinen eigenen Bewußtseinsraum. Und wie alle Massen durch ihre Raumfelder in Gravitationsbeziehung stehen, so alle Tiere durch ihre Bewußtseinsräume in Dimensionsbeziehung zueinander und zu allen anderen Wesen und Dingen: alle ordnen die Umwelt in der gleichen Weise einander zu. Damit verbindet sich die Möglichkeit von allerhand Einwirkungen, die wir erst allmählich erschöpfend werden kennen lernen.

In folgender Vorstellung läßt sich das Verhältnis des Bewußtseins zum Naturraume präzis erfassen. Das Bewußtsein setzt an den Reizinhalten die Umwelt und trägt sie in den Raum hinein, dessen Kraftstruktur dabei in eine dimensionale (bewußtheitliche) verwandelt wird. Das ist nun ein Vorgang, in dem mehrere Komponenten zusammentreffen, für die wir Analoga schon im Zeugungs- und Entwicklungskreise vorgefunden haben; indem wir die Analogie plastisch herausarbeiten, gewinnen wir eine klare Vorstellung von dem Fortschritt, den das Leben in der Entwicklung zum sinnlichen Bewußtsein gemacht hat. Das Eingeben der Umwelt nämlich in den Raum ist nichts anderes als ein Zurgeltungkommen der Natur an dem neugeschaffenen psychischen Materiale, das wir unmittelbar vergleichen können der Vermehrung des Urindividuums im Zeugungskreise und der Mutation der Urformen im Entwicklungskreise. Beide letztere Erscheinungen sind ja auch nichts anderes als ein Zurgeltungkommen der Natur an elementaren Lebenssetzungen, denen erst Vielheit, dann

Mannigfaltigkeit (genauer gesagt: Spezifität) durch die Natur aufgedrungen wird. Und so gewinnt die Umwelt, die Vielheit und Mannigfaltigkeit bereits aus den primären Leistungskreisen übernommen hat, auch Räumlichkeit, d. h. die in ihr gegebene Vielheit und Mannigfaltigkeit gewinnt Lokalität in einem Medium, das erst im Handlungskreise für das Leben wirklich bedeutungsvoll wird, da es Voraussetzung aller Handlung (Bewegung) ist. Wie die Individualität erst ganz real wird in den vielen Einzelindividuen und die Urform erst ganz real in den mannigfaltigen Spezies, so wird auch die Umwelt erst ganz real in ihrer Verräumlichung: sie wird direkt selbst zur Natur, die wir ja doch allein im psychischen Gewande kennen. Wie sich diese Realisierung im einzelnen vollzieht, braucht uns hier nicht zu beschäftigen; genug, sie ist ein Faktum und diesem verdanken wir die Existenz unserer Umwelt.

Ist nun aber die Verräumlichung der Objekte der Vermehrung und Variation vergleichbar, so ergibt sich die Perspektive, d. h. die Zentraleinstellung aller Dinge auf unser Gehirn, als eine Absolutbeziehung nach Art der Ursprungsbeziehung im Zeugungskreise und der Abstammungsbeziehung im Entwicklungskreise. Hier nun begegnen wir wieder dem schon zweimal erwähnten Unterschied der lebendigen Welt zur toten. Während in der letzteren nur Relativbeziehungen der Energiesysteme aufeinander gegeben sind, entsprechend der Zufallsgrundlage, die in Dominanz der Energie über die Kraft sich begründet, gibt es im Organischen Absolutbeziehungen der geschaffenen Lebewesen und Objekte, was aus der teleologischen Grundlage des Lebens erfließt. Die perspektivische Zuordnung der Objekte zum Subjekt ist durchaus vergleichbar der gravitativen Zuordnung der Naturmassen zueinander, aber sie ist von dieser wesentlich dahin verschieden, daß sie eine feste, völlig unveränderliche ist, die vom Subjekt abhängt, also einen Körper unter allen als zentralen betont, während die letztere fortwährendem Wechsel unterliegt und in ihr kein einzelner Körper eine bevorzugte zentrale Position einnimmt. Was Ihnen an dieser Aussage noch unverständlich bleiben wird, daß nämlich die Beziehung der Objekte zum Subjekt eine unveränderliche sein soll, wird sich später klären, bleibe aber heute noch unberücksichtigt. Erkennen wir aber die Perspektive als eine Absolutbeziehung, so bleibt uns nur noch übrig, deren eigenartige Beschaffenheit gegenüber der Ursprungs- und Abstammungsbeziehung zu diskutieren. Gerade hier leuchtet der ungeheure Fortschritt des Lebens von der Zeugung zur Handlung ein. Er gibt sich zu erkennen in der Bewußtheit der perspektivischen Relation, für die Entsprechendes bei den anderen äquivalenten Relationen nicht behauptet werden kann. Wohl dürfen wir sowohl Zeugung als auch Entwicklung, als Äußerungen des Lebens, als Bewußtseinsleistungen deuten, aber die Art dieses Bewußtseins kann doch im Vergleich zum Handlungsbewußtsein nur als eine sehr unvollkommene gelten. Denn ganz zweifellos besteht kein Bewußtseinsband zwischen all den gegebenen Individuen und Arten, die vielmehr als bewußtheitlich isolierte zu beurteilen sind, während die Objekte eines Subjekts insgesamt von ihm als Bewußtseinseinheit erlebt werden. In folgender Weise stelle ich mir den Tatbestand vor.

Ich glaube aus dem Vermehrungsbefund schließen zu dürfen, daß das Zeugungsbewußtsein der individuellen Zellen wohl den Teilungsvorgang der Zelle erlebt, daß aber mit der Trennung der Teilprodukte der bewußt- heitliche Zusammenhang aufgehoben wird. Diese Folgerung ist wohl eine ganz selbstverständliche, begründet sie sich doch eben auf der Selbständigkeit der Individuen, die nach dem Teilungsakt beliebig weit voneinander sich sondern: jeder Zeugungsakt stellt sich dar als eine Bewußtseinsäußerung, von der wir nun noch aussagen können, daß sie linearen Charakter an sich trägt, da es sich bei ihr nur um Gegenüberstellung zweier Individuen handelt. In dieser Art, als Setzung einer neuen Individualität, wird jedenfalls der Zeugungsakt erlebt. Auch über das Entwicklungsbewußtsein läßt sich aus- sagen. Hier wird die Entstehung der Persönlichkeit ins Bewußtsein fallen, die schichtweise Entstehung eines pflanzlichen Körpers, der in seinen ein- zelnen Körperschichten — man denke an den Querschnitt eines Baum- stammes, sowie überhaupt an die früher betonte flächige Morphologie — geschlossene Systeme aufweist, die wohl als Einheiten erlebt werden dürften. Ich denke mir die Setzung jeder Körperschicht als einen Bewußtseinsakt. Nehmen wir das als richtig an, so hat das Bewußtsein von der Zeugung zur Entwicklung fortschreitend bedeutend gewonnen, hat an Umfang be- trächtlich zugenommen, ist aus einem linearen zu einem flächigen geworden. Das Problem solch flächigen Bewußtseins ist sicher ein sehr interessantes und wird uns später noch zu beschäftigen haben, doch wollen wir heute von der Diskussion absehen und nun nur noch berücksichtigen, wie sehr ver- schieden davon wieder das räumliche Bewußtsein der Tiere ist. Denn dieses ist nicht nur ungemein viel umfangreicher, sondern es wird dabei auch die Absolutbeziehung der Objekte im ganzen Umfange erlebt. Vom ganzen Umfange dürfen wir allerdings eigentlich nicht reden. Denn dann müßte es eine perspektivische Einstellung aller nur möglichen Objekte auf ein einziges, auf das erste Lebewesen geben, das sich als Zentrum der ge- samten, in Zeit und Raum entfaltenden Umwelt erwiese. Solche Überper- spektive gibt es in der Tat wohl auch: da alle Tiere stammesgeschichtlich aus einer Urform hervorgehen, so wird auch ihr Bewußtsein als genetische Einheit aufzufassen sein, eine Einheit, die vermutlich bei der absoluten Orientierung eine Rolle mitspielt; indessen diese Einheit fällt nicht ins Bewußtsein der einzelnen Individuen, die vielmehr als selbständige Sub- jekte sich erweisen; trotzdem ist die Absolutbeziehung hier vorhanden und so ergibt sich eben der besondere Charakter des tierischen Bewußtseins gegenüber dem pflanzlichen.

So haben wir also das Raumproblem im ganzen Umfange behandelt. Wir haben es mit entsprechenden Problemen des Zeugungs- und Entwick- lungskreises verglichen und es derart in seiner allgemeinen und besonderen Wesenheit werten gelernt. Dabei drängt sich nun aber noch eine Frage auf die heute zum Schlusse noch behandelt werden soll. Wenn die Lokalisation der Mutation — der Abstammung der Spezies von der Urform — entspricht, haben wir dann nicht auch ein Äquivalent der Orthogenese im Handlungs- kreise zu suchen? Die Orthogenese gehört gemeinsam mit der Mutation zur

Deszendenz, in der sie als rein energetische Zerstreuung sich der Formzerstreuung zugesellt. Auch die Lokalisation ist als Formzerstreuung zu beurteilen; gesellt sich dieser nun nicht auch eine Energiezerstreuung, eine Herabsetzung des in der Umwelt primär gegebenen hohen energetischen Potentials, also ein echt energetisches Phänomen, hinzu? Zur Annahme solchen Phänomens sind wir wohl berechtigt, denn bei der gleichen Grundstruktur der Lebenskreise wird man im Handlungskreise eine Entsprechung der Orthogenese suchen dürfen. Sie ist nun auch ohne weiteres erweisbar. Indem wir sie entdecken, werden wir aber bekannt mit einem überaus interessanten Phänomen, dessen kausales Verständnis bis jetzt noch ganz im argen liegt, und dessen Erörterung uns überleiten wird zum Handlungsthema im engeren Sinne, nämlich zur tierischen Bewegungsleistung.

Die Umwelt entsteht phänomenologisch durch Gestaltung und Verräumlichung der Elemente, sensorisch aber durch Setzung der Elemente. Über die phänomenologische Leistung haben wir zur Genüge gesprochen, kehren wir nun nochmals zur sensorischen zurück, von der eingangs die Rede war. Die Setzung nun der Elemente ist ein peripherer, in den Sinnesorganen sich abspielender Vorgang, bei dem es, außer zur Vereinigung von Sinnesqualität und Form des Reizvorganges, auch zur Vereinigung von Erregungszustand des Nervensystems und Energiegehalt des Reizvorganges kommt. Das aber bedeutet Setzung eines höheren energetischen Potentials als ursprünglich in Nervensystem und Außenwelt (Reizvorgang) gegeben war. Die Perzeption ist eine Höherwertung der Energie, die sich der Empfindung innigst verknüpft, von der nun aber vor allem auffällt, daß sie keinen Bestand hat. Denn die Perzeptionen wechseln ununterbrochen; fortwährend folgt der momentan gegebenen eine neue und zwar im gleichen Sinneselement, was doch nur möglich ist, wenn der status quo ante vorher wieder hergestellt ward. Die Art nun, wie er hergestellt wird, kennen wir. Denn vom Sinnesorgan geht bei jeder Reizung ein Energiestrom zum Zentrum, der nichts anderes bedeutet als eine Senkung des in der Sinneszelle momentan gegebenen hohen Potentials. Dieser Strom verläuft nicht im Zentrum, sondern eilt durch dieses hindurch, hier nur der Beeinflussung unterliegend, zur Muskulatur, deren Tätigkeit er auslöst. Das nun eben ist das mit der Orthogenese vergleichbare Phänomen! Der zentripetale, muskulipetale (motorische) Nervenstrom ist ein Absinken eines bei der Umweltsetzung entstehenden hohen energetischen Potentials, ganz vergleichbar dem Absinken des in der Urform gegebenen hohen energetischen Potentials bei der Orthogenese. So stellt sich also der motorische Nervenstrom dar als eine Parallelerscheinung zum Raumerlebnis, zur Lokalisation der Umwelt, und beide insgesamt bedeuten eine Art Deszendenz im Handlungskreise, während die sensorische und formale Setzung der Umwelt eine Art Aszendenz bedeutet.

Das aber ist eine Erkenntnis von größter Bedeutung für das Verständnis der Handlung in ihrer Überlegenheit über die Entwicklung! Sie gestattet uns eine Einschätzung der Handlungsteleologie, durch welche diese von der Entwicklungsteleologie wesentlich unterschieden wird. Der motorische

Nervenstrom nämlich ermöglicht die Verwertung der Muskelbewegung im Dienste der Psychogenese (der Umweltsetzung). In den Nervenströmen, die sich aus Beeinträchtigung der Umwelt ergeben, ist ein Mittel gewonnen, die Entstehung der Umwelt zu fördern: die Psychogenese wirkt auf die Bewegung und gibt ihr Richtung und Form, die zur Annäherung an gewünschte Reizgruppen führen, was wieder der Psychogenese zugute kommt. Können wir von der Orthogenese sagen, daß sie in entsprechender Weise der Aszendenz dient? Keineswegs; die Orthogenese gehört mitsamt der Mutation zur Deszendenz und diese fördert die Entwicklung nicht, bringt vielmehr, wie wir gesehen haben, an den Stammformen nur die zersplitternde Natur zur Geltung. Für die Lokalisation im Handlungskreise gilt entsprechendes; auch sie fördert die Umweltsetzung nicht, vielmehr wird durch sie nur gegebene Umwelt im Raume festgelegt. Die Lokalisation ist in der Tat eine echte Art Deszendenz, dagegen ist nun aber der motorische Strom, die Erregung der Muskulatur, anders zu beurteilen, denn, obgleich sie auch eine Zerstreuungserscheinung ist, so dient sie doch der Umweltsetzung, dem Äquivalent der Aszendenz, und ob sie auch nicht selbst direkt als Aszendenzleistung beurteilt werden kann, so ordnet sie sich dieser doch so innig zu, daß sie vom Raumerlebnis sich bedeutsam scheidet. Daraus aber ergibt sich die besondere Teleologie der Handlung. Vergleichen wir in teleologischer Hinsicht die Handlung mit Zeugung und Entwicklung, so sehen wir ein wachsendes Umsichgreifen des teleologischen Moments. Im Zeugungskreise ist das Telos im Wachstumsziele gegeben, aber weder die Funktion noch die Vermehrung dienen diesem; die Funktion dient den Zellen, abei in deren Betonung lenkt sie gerade ab vom allgemeinen Wachstumsziele, denn dies Ziel ist ja nicht Selbständigkeit der Individuen, sondern die Entstehung einer einheitlichen lebenden Substanz an Stelle der toten. Wir entnehmen dem auch sofort, daß das Telos nichts mit der Individuation zu tun hat, denn eben auch schon diese lenkt ab vom Wachstumsziel. Das Wachstumsziel gilt, wie ich schon früher zur Genüge betont habe, nur für die Substanzbildung, hat keine direkte Beziehung zur Gestaltung. Dagegen hat die Entelechie, in welcher Form uns das Telos im Entwicklungskreise entgegentritt, gerade die allerengste Beziehung zur Gestaltbildung, und wieder der Zweck, diese dritte Prägung des Telos, hat die innigste Beziehung zur Handlung, anders gesagt: zur Funktion, zur Kausalität. Das alles verstehen wir nun klar genug aus dem Gesagten heraus und verstehen demgemäß, daß die Verwandlung des Telos zum Grundbegriff der Handlung verwertet werden kann.

Diese Erörterungen sind für uns Vorbereitungen zum vollen Verständnis der Handlung im engeren Sinne, der tierischen Bewegung, mit der wir uns nun das nächste Mal genauer beschäftigen werden.

19. Vorlesung.

Kausalität der Handlung.　Heteronome Leistungen.

In der letzten Stunde lernten wir folgende zwei bemerkenswerte Tatsachen des Handlungskreises kennen, die der Deszendenz im Entwicklungskreise entsprechen. Gegeben ist die Umwelt als psychogenetische Schöpfung
und zwar einerseits als Formgebilde, andererseits als Summe von Elementen,
die in sich Energie potentiell enthalten, im allgemeinen ein hohes energetisches Potential, das durch die Empfindungen in der Natur entsteht, also
etwas ganz Neues in der Natur bedeutet. Der Deszendenz entspricht nun
die Zerstreuung dieses Form- und Energiegehaltes: die Formen gehen ein
in den Raum und es ergibt sich dadurch erst ganz die reale Umwelt, die für
uns identisch ist mit der vorgefundenen Natur, zugleich strömt aus den Elementen der Energiegehalt ab als Erregungsstrom, der die Muskulatur zur
Arbeit anregt. Der muskulipetale Nervenstrom ist das Äquivalent der
Orthogenese, die Lokalisation ist das Äquivalent der Mutation. Ich hatte
nun zum Schlusse noch betont, daß mit alledem die Möglichkeit gegeben ist,
die Funktion der Substanzbildung, also der Psychogenese, unterzuordnen,
so daß sie teleologische Bedeutung gewinnt[1]). Und in der Tat ist nichts mehr
in die Augen springend, als daß die Handlung der Tiere im Dienste der
Umweltsetzung steht. Untersuchen wir das nun etwas weiter und machen
uns mit dem Wesen der Handlung vertraut.

Die moderne Tierpsychologie erledigt die Handlung kurzerhand durch
das Kausalschema: Reiz-Reaktion. Solche Auffassung trägt dem eben
wiederholten Befund der letzten Stunde, daß der Perzeption ein Nervenstrom folgt, Rechnung, denn das Abströmen des Energiegehaltes aus dem
Sinnesorgan bei den hier statthabenden Perzeptionen wird als zureichende
Ursache der Bewegungen aufgefaßt. In aller Kürze dargestellt, gestaltet
sich der Tatbestand folgendermaßen. Die Sinnesorgane stehen mit dem
Zentrum (Gehirn) durch die sensorischen Nervenbahnen in Verbindung, die
die Reizerregungen dem Gehirn zuführen; das Zentrum wieder verbindet
sich durch die motorischen Bahnen mit der Muskulatur (auch mit dem Darm,
dem Drüsensystem und allen Funktionsorganen überhaupt), schickt ihnen
Impulse zu und löst dadurch die Bewegungen (Sekretionen usw.) aus. Solche
Verbindung der Sinnesorgane mit den Effektorganen nennt man einen
Reflexbogen: die Bewegung reflektiert den Reiz. In den Zentren treten
die Reflexbogen in alle möglichen Beziehungen, so daß Beeinflussung jeder
Bewegung von anderer Seite her möglich wird — sie kann gehemmt oder ge-
fördert werden — und solche Bahnverknüpfung soll eben den Begriff des Zen-
trums ausmachen: von einer ausschließlich im Zentrum sich begründenden

---

[1]) Teleologische Bedeutung hat die Funktion natürlich auch im Zeugungs- und Entwicklungskreise, aber nur insofern, als hier die entsprechenden Naturerscheinungen einer Regulation
unterliegen, nicht aber insofern, daß sie den maßgebenden Lebenserscheinungen direkt dienst-
bar würden.

Arbeitsleistung ist nicht die Rede. Aber dieser Standpunkt genügt nicht. Der Reiz ist nicht nur durch die Außenwelt bedingter Affekt, sondern auch im Zentrum sich begründender Effekt. Das Tier strebt in den Perzeptionen Umweltsetzungen an, die in der zentralen Gegenwelt sich begründen, und diese Setzungen vollziehen sich durch Vermittlung der Bewegungen; die Bewegungen dienen der Objektivation. Daß die Verhältnisse im Nervensystem komplizierter liegen als man im allgemeinen angenommen hatte, hat vor allem von Üxküll betont, der in den motorischen Nervenbahnen nicht nur muskulipetale, sondern auch zentripetale Ströme nachzuweisen suchte, die, wie es heute scheint, auch mit Sicherheit gegeben sind. Ich selbst habe ferner 1912 darauf aufmerksam gemacht, daß es eine Sensibilisation der Sinnesorgane geben muß, für die ja ganz offenkundig die Erscheinungen des Wachens und Schlafens sprechen: das Erwachen stellt sich dar als eine allgemeine Sensibilisation, durch welche die Sinnesorgane aufnahmebereit werden für die Reize. Schon Fabre, der berühmte Erforscher des Seelenlebens der Insekten, hat bei Wespen auf die periodisch gegebene Unempfindlichkeit der Sinnesorgane auf Reize hingewiesen, und in neuester Zeit hat Szymanski, ein Wiener Psychologe, den Wechsel von Aktivitäts- und Inaktivitätsperioden bei den Tieren besonders betont. Er deutet demgemäß den Reiz nicht bloß als Affekt, sondern auch als Effekt. Szymanski zeigt, daß im Labyrinth befindliche Ratten viel intensiver arbeiten, wenn sie nicht nur durch äußere Nötigungen (elektrische Schläge, thermische oder chemische Reize) angetrieben werden, sondern auch durch innere Bedürfnisse, durch Hunger, Trieb zu den Jungen usw., wenn sie also bestimmte Empfindungen anstreben. Noch erwähnt sei, daß auch zentrifugale Ströme in den sensorischen Fasern, wenn auch nicht direkt experimentell erwiesen, so doch als möglich erkannt sind. In dieser Richtung kommen in Betracht die Regenerationsversuche Boekes, der nach Zerschneidung der motorischen Zungennerven, der Hypoglossusfasern, feststellen konnte, daß vom sensorischen Zungennerven, dem Lingualis aus, motorische Endplatten gebildet werden, der sensorische Nerv also motorische Funktion übernimmt.

Die Handlung steht also zur Empfindung in zweierlei Kausalbeziehung: sie wird auf Kosten der Empfindungen durch zentripetale Ströme ausgelöst, andererseits aber schaffen die Bewegungen auch die Grundlage für Sensibilisationen der Sinnesorgane, also für zentrifugale Ströme in den sensorischen Nerven. So sind Funktion und Substanzbildung aufs innigste verknüpft, die Handlung erweist sich teleologisch bestimmt, das Telos tritt uns als Zweck der Handlungen entgegen. Übrigens werden wir das alles noch viel besser verstehen, wenn wir ein wenig tiefer in die Kausalität der Bewegungen hineinzuschauen versuchen. Das ist bei der Handlung unschwer möglich, weil das Bewußtsein hier eingreift und wir demgemäß uns an uns selbst über die Handlungsantriebe unmittelbar unterrichten können.

Schon Aristoteles hatte von der Kausalität der Handlung eine klare Vorstellung, indem er als letzten Antrieb ein Gefühl, die Unlust, erkannte. Die Scholastiker, die an der Aristotelischen Biologie festhielten,

formulierten seine Auffassung in dem Satze: omnia entia appetunt bonum —
alle Lebewesen streben nach Lust. Ausgang jeder Handlung ist in diesem Sinne
die Empfindung eines Mangels, eine Unlust, ein Bedürfnis, ein Trieb, der sich
in einem Lustzustand befriedigt. Dieses emotionale Moment wird von den
Scholastikern als die einzige Handlungsursache, die im Tier selbst sich begründet, gedeutet; von einer Teleologie im früher vertretenen Sinne wollen
sie nichts wissen, denn die Formanlage — im Sinne der Alten ausgedrückt:
die Idee — wurde von der Scholastik in das Bewußtsein Gottes eingelegt,
den Tieren aber abgesprochen. Gemäß den Ideen, so meinte man, habe
Gott die Organisation der Tiere zweckmäßig geschaffen, so daß es genüge,
wenn im Bewußtsein der Tiere ein Gefühlsimpuls auftrete; die spezielle Gestaltung der Handlung soll im Bewußtsein nicht vorbereitet sein, sie er-
gebe sich aus Organisation, Wahrnehmung und Erinnerung. Eine gewisse
Berechtigung hat diese Lehre ja, insofern nicht die Rede davon sein kann, daß
die Gegenwelt in Form klarer Vorstellungen, oder gar von Reflexionsketten
im Bewußtsein der Tiere auftritt, doch kann es andererseits heute gar keinem
Zweifel mehr unterliegen, daß allein mit Berücksichtigung von Organisation
und Erfahrung ein Verständnis der Handlungen ganz ausgeschlossen ist, da
die Handlungsspezifität nur aus gegebenen Formdispositionen begriffen werden
kann. Das Gefühl haben wir zu definieren als das eigentliche Kausalmoment, dem sich die qualitative Handlungsbestimmung als Final-
moment hinzugesellt. In diesem Sinne ist nun das Gefühl nichts anderes
als ein ins Psychische transponierter Kraftantrieb. Wir dürfen sagen,
daß die Schwere, die die anorganen Massen antreibt, im Tiere
als Gefühl auftritt: das Gefühl ist ein Beschleunigungsfaktor,
der den lokomotorischen Energiegehalt der Muskulatur regulativ
beeinflußt. Auch hierin erkennen wir die Bedeutung der Funktion im
Handlungskreise; das Bewußtsein hat sich der Kausalität bemächtigt, was
ganz zweifellos in Zusammenhang steht mit der Erweiterung des Telos. So
tritt die innige Einordnung der Handlung in die Psychogenese bei Berücksichtigung der psychischen Natur der Kausalität noch deutlicher hervor, als
wir es bereits festzustellen vermochten.

Mit diesen Feststellungen haben wir unsere Kenntnis der autonomen
Leistungen im Handlungskreise zum Abschluß gebracht. Vier solche
Leistungen lassen sich, wie überall, so auch hier, unterscheiden: erstens die
Empfindung als Substanzsetzung, zweitens die Wahrnehmung als
Formung dieser neuen Substanz, drittens die Handlung als Funktion und
viertens die Lokalisation als Einlegung der objektiven Umwelt in den
Naturraum. Nun wenden wir uns den heteronomen Leistungen zu, mit
denen wir sehr schnell auf Grund unserer Vorarbeiten fertig werden können.

Das Raumerlebnis hatten wir, in den Beispielen absoluter Orientierung,
kennen gelernt als in Abhängigkeit stehend von der Gegenwelt der Tiere.
In diesem Sinne bedeutet es ein direktes Finden der Örtlichkeiten bestimmter
Reizgruppen, eine Instinktäußerung, wie wir sagen können. Nun habe ich
aber bereits darauf aufmerksam gemacht, daß es Fälle genug gibt, in denen
die Tiere umständlich nach den Örtlichkeiten suchen müssen, und bekannt

ist auch zur Genüge, daß sie sich nicht immer direkt zurückfinden, sondern daß eine Erleichterung der Rückkehr sich nur ergibt durch Festhalten der Eindrücke im Gedächtnis, physiologisch ausgedrückt: durch Einlagerung von Erinnerungsspuren ins Gehirn Man faßt beide Erscheinungen zusammen im Begriff der Erfahrung, sagt also, daß sich die Tiere durch Erfahrung zurecht finden. Mit dem Erfahrungsbegriff rechnet die Theorie der tierischen Handlung, die von dem Amerikaner Jennings aufgestellt wurde und welche die Tierhandlung beurteilt als Methode des Versuchs und Irrtums, als Probierhandlung. Diese Lehre, die eigentlich von dem Engländer Lloyd Morgan stammt, ist heute sehr angesehen und gilt vielfach als die Theorie der tierischen Handlung schlechtweg. Sie läßt sich kurz folgendermaßen formulieren. Die Tiere beginnen auf Grund von inneren Veränderungen, sog. Plasmaumstimmungen (beileibe nicht Bedürfnissen!), sich zu bewegen, und diese Bewegung bedeutet nun, auf Grund gegebener Organisation, ein Absuchen der Umgebung (Abb. 54), das höchst zweckmäßig anmutet, aber mit psychischer Teleologie gar nichts zu tun hat. Hat das Tier Nahrung ge-

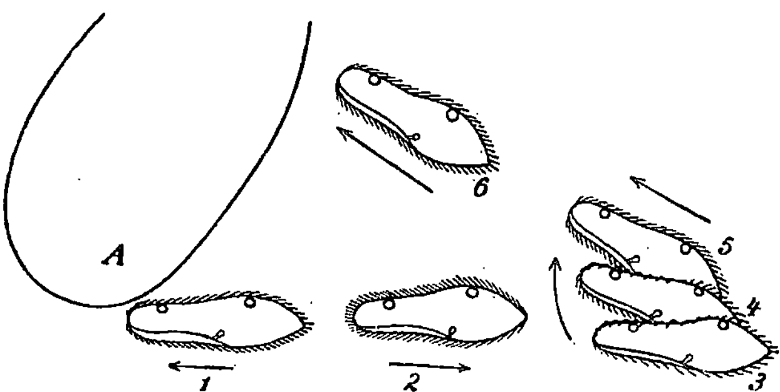

Abb. 54. Fluchtreaktion bei Paramaecium. *A* stellt eine Reizquelle dar, 1—6 aufeinanderfolgende Stellungen des Tieres. Aus Jennings, Verhalten der Tiere.

funden (besser ausgedrückt: Reizgruppen, die als Nahrung verwendet werden können), so hebt die Einverleibung der Stoffe in den Körper die Plasmastimmung auf und das Tier verfällt wieder in Ruhe bzw. andere Plasmazustände machen sich als Antriebe geltend. Bei erneutem Appetit wirken nun die früheren Erlebnisse unterstützend, da durch sie der Organismus so abgeändert ward, daß er sich nun leichter zurechtfindet. Erinnerung (die wir uns aber als etwas rein Physiologisches vorstellen müssen, allein bedingt durch Erinnerungsspuren, durch Engramme, wie Semon sich ausdrückt) greift ein und leitet die Tiere. Damit ist nun etwas gesetzt, was als Surrogat der Gegenwelt gedeutet werden kann. Nicht eine angeborene Struktur führt das Tier zurecht, sondern eine erworbene; nicht eine gesetzmäßig gegebene, sondern eine zufällige. Wir werden hier an den Gegensatz des Bastards zur Urform im Entwicklungskreise gemahnt: der Bastard ist eine sekundäre, zufällige Urform, die, gleich jener, in allerhand Arten von Nachkommen aufspaltet, und so stellen sich die Erinnerungsspuren dar als ein zufälliger Ersatz der Gegenwelt, der nun ebenso bestimmend in die Handlung eingreift, als es die Gegenwelt tut. Nur ist der Eingriff natürlich kein teleologischer, denn die Richtungsbestimmung der Bewegung durch die Erinnerungsspuren spielt sich rein mechanisch ab, wie ja auch die

Bastardspaltung keine teleologische ist. So ergibt sich uns klar die Erfahrungshandlung als heteronome und als Gegenstück zur Instinkthandlung.

Es fällt mir nun gar nicht ein das Gegebensein solcher Erfahrungshandlungen zu bestreiten, da wir sie ja in unserem eigenen Verhalten ohne weiteres
nachweisen können. Nur betone ich, daß es weder die einzigen Handlungen
sind, die wir bei den Tieren vorfinden, noch daß sie rein physiologisch zulänglich begriffen werden können. In ersterer Hinsicht genügt das früher
Gesagte, in letzterer Hinsicht ist wohl zuzugeben, daß das Physiologische,
der Erregungszustand in der Erinnerungsspur, der eigentliche Vermittler
des erleichterten Sichzurechtfindens ist, doch geht es absolut nicht an, das
Psychische dabei ganz auszuschalten, da mit den Erregungen Psychisches
ja untrennbar verknüpft ist. Psychisch entspricht der Spurerregung die
Berührungsassoziation der Vorstellungen, die wir als Reste der
Empfindungen zu beurteilen haben und deren Verwertung an die Erinnerungsspuren geknüpft erscheint. Wir können sagen, daß durch Erregung der
Erinnerungsspuren, bzw. durch Assoziation, die Objekte ebenso miteinander
kopulieren, wie durch Mischung der Keimplasmaelemente und der ihnen verbundenen Formen die Spezies. Was übrigens die manchen.vielleicht befremdliche Tatsache anlangt, daß wir Menschen gerade so sehr auf Erfahrung
bei unseren Handlungen angewiesen sind, nicht derart unmittelbar uns
zurechtfinden, wie die Tiere, so ist zu sagen, daß das ganz selbstverständlich
folgt aus der Entfaltung höherer Bewußtseinsformen, von Verstand und
Vernunft, die den Tieren mangeln und an Stelle des Instinkts treten; es ist
dabei schließlich auch zu bedenken, daß unsere Art, Erfahrungen zu machen,
als von Reflexionen geleitete der tierischen nicht ohne weiteres gleichgesetzt
werden kann.

Wie die Orientierung durch Erfahrung ein heteronomes Gegenstück ist
zur autonomen absoluten Orientierung, so tritt uns als Gegenstück der Triebbewegung die Reizbewegung entgegen. Auf Reize wird die Handlung durch die
heute herrschende Reflexlehre begründet, die in ihrer Einseitigkeit noch
durch die Tropismenlehre Jacques Loebs übertroffen wird. Während
die Reflexlehre immerhin eine psychische Kausalität nicht strikte ablehnt,
vielmehr nicht wenige Reflextheoretiker im Gehirn Psychisches eingreifen
lassen, ohne allerdings darauf eine Autonomielehre begründen zu wollen,
legt Loeb allein Gewicht auf die Reize, die den Organismus so völlig in
Bann schlagen sollen, daß er ihnen wie ein Sklave gehorcht und bis ins
letzte durch sie bestimmt wird. Demgemäß wird auch das Zentrum nicht
als bedeutungsvoll in Betracht gezogen; Loeb verhält sich ablehnend gegen
die Lokalisationsversuche der Gehirnforscher, die bestimmte Erlebnisse bestimmten Hirnbezirken zuordnen, da ihm dadurch die Gefahr einer psychischen Handlungsausdeutung nahe gelegt erscheint. Er sucht Beispiele, in
denen der Reiz trotz gegebenen Zentrums dieses vermeidet und sich direkt zur
Muskulatur hinwendet. Die Reaktion erfließt ihm aus zwangsweiser Einstellung des Körpers zur Reizquelle, der sich unmittelbar die Annäherung
anschließt. Das nennt er einen Tropismus (Abb. 55). Negativ ist dieser, wenn
die Reize nicht Zuwendung, sondern Abwendung, demzufolge Entfernung

von der Reizquelle, zur Folge haben. Je nach den Reizen werden alle möglichen Arten von Tropismen unterschieden, worauf wir hier aber nicht eingehen können.

Es fällt mir nun wieder nicht ein, dieser von vielen Forschern akzeptierten
Lehre die Berechtigung abzustreiten. Es scheint mir ganz selbstverständlich,
daß, ebenso wie die Körpergestaltung durch äußere Einflüsse beeinflußt
werden kann, auch für die Handlung solche Möglichkeit der Beeinflussung
gelten muß, daß anders gesagt, ein starker Reiz sich gegen gegebene Triebe
durchzusetzen und der Handlung Richtung zu geben vermag. Das ist ja
etwas, was wir an uns selbst zur Genüge beobachten. Nur habe ich selbst
mich davon zu überzeugen vermocht, daß durchaus nicht alle von Loeb
und anderen beschriebene Tropismen wirklich solche sind, vielmehr in ihnen

psychische Triebe als eigentlich
wesentliche Ursachen nachgewiesen
werden können. Auch muß ich von
den echten Tropismen die Beteili-
gung psychischer Faktoren behaupten. Ich sage daher, daß es Handlungen gibt, in denen das Affekt-
moment das Effektmoment
übertönt; das Physiologische
drängt in den Vordergrund, der
zentripetale Strom erweist sich
mächtiger als der zentrifugale.

Zur vollkommenen Dominanz
gelangt nun das Physiologische in

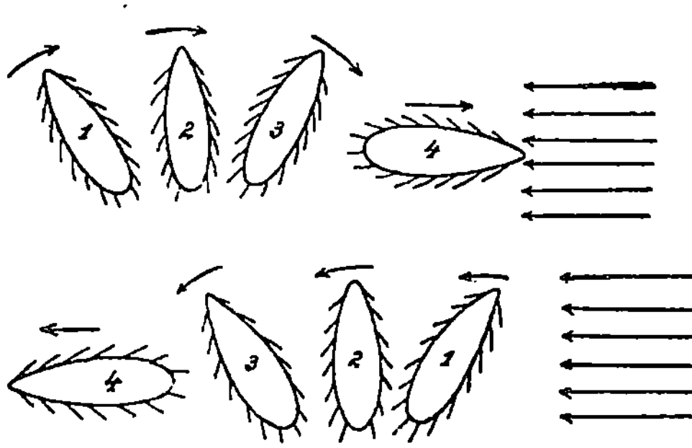

Abb. 55. Tropismenschema. *A* positive,
B negative Reaktion.

einer dritten Gruppe von heteronomen Handlungen, die wir als Willkür-
handlungen bezeichnen können, da sie das genaue Analogon der Willkür-
gestaltungen sind. Hierher gehören jene Handlungen, die man auch als Ausdrucksbewegungen oder als Spiele bezeichnet. Die richtige Definition
der Spiele hat bereits Schiller gegeben, als er von ihnen sagte: In zweck-
losem Aufwand genießt sich die üppige Kraft. Auch Spencer hat die
Spiele in entsprechender Weise charakterisiert, da er sie aus einem Kraft-
überschuß im Organismus ableitete, und in ähnlicher Weise spricht sich
Groos über sie aus, der sich besonders eingehend mit den Spielen nicht nur
der Tiere, sondern auch der Menschen beschäftigt hat. In der Tat springt bei
den Gesängen der Vögel und verwandten Stimmproduktionen der Säuger, bei
den Tänzen der Kraniche und Regenpfeifer (Abb. 56), sowie bei den Flug-
spielen der Raubvögel, nichts so sehr in die Augen, als das Zwecklose derselben,
ein gewisser Übermut, ein Freiheits- und Kraftbewußtsein, eine Freude am Ur-
sachesein — wie Groos sich ausdrückt —, ein Genuß des eignen Körpers, überhaupt der eignen Fähigkeiten. Das Wort Spiel redet für sich selbst. Daß auch
Insekten spielen, scheint zunächst angesichts der von ihnen bekannten Starre
der Instinkte unglaubwürdig; doch kann es als erwiesen gelten, daß die
Ameisen, diese Prototype instinktiven Verhaltens, an schönen Abenden auf
den Nestern spielen, indem sie miteinander kämpfen, ohne sich zu verletzen,

ganz nach Art junger Hunde. Ferner kennt man die so auffälligen Liebestänze der Sprungspinnen (Attiden) (Abb. 57), der Schnecken, Zephalopoden und so mancher Tierformen, von denen man solche Willküräußerungen nicht erwarten würde. Die enge Beziehung zur Sexualität hat für uns nichts. Überraschendes, da ja die Sexualität an sich, sowie die Entfaltung der sekundären Geschlechtscharaktere, eine gewisse Freiheit. der Individuation und Gestaltung bekunden. Hier nun aber möchte ich bemerken, daß man in den Spielbegriff auch Leistungen einrechnet, die nicht zu ihm gehören. So nennt man es Spiel, wenn junge Säuger ihre späteren obligatorischen Bewegungsformen sich ohne Erstrebung eines ernstlichen Effektes einüben, worin doch nur ein sukzessiver Ausbau der Umwelt — auch das Tier. ist sich selbst Objekt und

Abb. 56. Tanz der Jassanas (Jacana jacana). Nach Hudson, aus Doflein, Tierbau und Tierleben.

arbeitet an seiner Ausgestaltung — erblickt werden kann. Solch sukzessiver Ausbau der Umwelt tritt dann besonders deutlich hervor, wenn das Tier sich künstliche Hilfsmittel für Ernährung oder Schutz schafft, wenn es also mit der Fabrikation von Netzen, Nestern, Kokons und ähnlichem sich beschäftigt. Auch darauf wendet man den Spielbegriff an, aber ganz mit Unrecht, da es sich hier vielmehr gerade um ein Gegenstück des Spieles handelt, um Umweltsetzung, die vom Zwecke kommandiert ist, nicht von Willkür. Den wesentlichen Unterschied beider finde ich darin, daß in den Umweltsetzungen Objektivationen, d. h. Verwandlungen der Natur in Psychisches, vorliegen, dagegen in den Ausdrucksbewegungen Subjektivationen, da sich hier die Person, entsprechend irgendeinem Vorbilde oder völlig nach eigenem Gutdünken, einem sonst nicht realisierten Vorbild in der Gegenwelt gemäß, formal und stofflich produziert. Dieser Gegensatz gilt übrigens auch für die Kunstleistungen der Menschen. In gewisser Hinsicht ist es schon richtig, wenn man, wie das heute so beliebt ist, die Kunst von den Spielen der Tiere ableiten bzw. die Verwandtschaft beider zu beweisen sucht, denn in der Tat sind alle jene Kunstleistungen als Spiele zu bezeichnen, in denen der Künstler nur reproduziert, nicht produziert, oder, wenn er Neues schafft, dies am eigenen Leibe in Ausdrucksbewegungen zur Darstellung bringt, nicht in beliebigen Werken. Die Schauspielkunst heißt mit Recht ein Spiel, denn hier ist der Körper Träger des Kunstwerks ebenso wie beim singenden Vogel, während der Maler echte Kunst betreibt, etwas den künstlerischen Schöpfungen der Tiere Vergleichbares.

Nun bleibt uns als letzte tierische Leistung noch der Affekt zu besprechen. Unter Affekt ist hier ein Komplex von physischen und psychischen Leistungen verstanden, der sich dadurch auszeichnet, daß ihm jede einheitliche Direktive fehlt. Es liegt also ganz etwas anderes vor als beim Tropismus, von dem

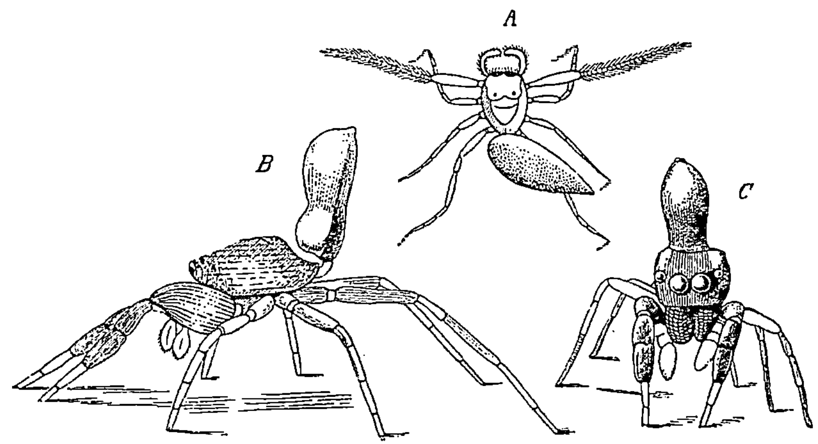

Abb. 57. Liebestänze der Attiden. Stellungen des Männchens. Nach Peckham, aus Hesse-Doflein, Tierbau und Tierleben.

wir ja erfuhren, daß hier der Reiz als Affekt beurteilt werden muß; wohl ist da eine einzelne Affektion von besonderer Bedeutung, doch ist der ganze Zustand kein Affekt, nämlich an sich ein durchaus geordneter, innerlich immer noch vom Zwecke beherrschter, während für den echten Affektzustand gerade der völlige Mangel einer teleologischen Direktive bezeichnend ist. Der Affekt ist eine seelische und körperliche Erschütterung, die durch einen starken Reiz, einen Chok ausgelöst werden kann, wie das z. B. der Fall ist bei einer Panik, die durch einen Brand im Theater hervorgerufen wird, die aber auch ganz von selbst sich entwickeln kann, aus einer Laune, einem Widerwillen heraus. Auf solch negative Ursache des Affekts haben bereits die Stoiker hingewiesen, ohne aber dem Problem ganz gerecht zu werden, nämlich ohne darzutun, wie denn solch innerer, alle Ordnung aufhebender Widerwille möglich sei. Für uns ist es nicht schwer, die Ursache aufzuweisen, da sie ohne weiteres sich darbietet in dem uns bekannten dissoziativen Wesen der Energie, aus dem heraus wir auch den Tod und die Rivalität der morphologisch-histologischen Anlagen begriffen haben. Dies

dissoziative Moment zerstört im Affekt den ganzen teleologischen Aufbau
in der Gegenwelt, löst demgemäß das Reflexbogensystem des Körpers in
seine einzelnen Komponenten auf, so daß an Stelle einer geordneten Handlung
ein Handlungschaos tritt. Daß ein solches in den Affekten vorliegt, wird
der ohne weiteres zugeben, der einmal Zeuge einer Panik war und der vor
allem auch weiß, daß der Mensch bei einer solchen Erschütterung nicht bloß
äußerlich alle möglichen sinnlosen Bewegungen ausführt, sondern daß auch
innerlich seine Eingeweide in völlig ungeordneter Weise arbeiten. Für die
Tiere gilt natürlich ganz dasselbe wie für die Menschen; man braucht nur einer
Biene die Augen mit einem undurchsichtigen Firnis zu bestreichen, um sich
davon zu überzeugen. Wie weit die Erschütterung von Körper und Seele
gehen kann, beweisen die Ohnmachtsanfälle der Erschreckten, die sich zu
plötzlichem Tode steigern können.

Damit nun haben wir die Übersicht über die Handlungsformen abge-
schlossen. Vier autonome Leistungen fanden wir und vier heteronome.
Sie seien zum Schlusse übersichtlich in Form von Paaren antagonistischer
Leistungen angeschrieben, wobei sich folgende Tabelle ergibt.

Tabelle der Leistungen im Handlungskreise.

Empfindung	Umweltgestaltung	Zweckhandlung	absolute Orientierung (durch den Instinkt)
Affekt	Spiel	Reizhandlung	relative Orientierung (durch die Erfahrung)

20. Vorlesung.

Erfahrung. Das vierdimensionale Erlebnis.

Wie ganz anders stellt sich die Handlung dar auf Grund meiner Beurteilung als auf Grund der offiziellen Psychologie! Nach dieser ist sie
Reaktion auf Reize und das Psychische, das im Gehirn spuken soll, gilt
entweder ganz ohne Kausalbedeutung oder doch nur individuell kausierend:
das ist die subjektive Theorie der Handlung, die eigentlich nur die Funktion
im Handlungskreise würdigt, nebenbei auch das Raummoment und die
Erinnerung. Bei mir aber ist das Psychische die objektive Welt, bzw.
geht das subjektive Psychische in die Natur ein und verwandelt sie in psychische Umwelt, und in dem Rahmen nun dieser psychischen Umwelt wirken
sich die Tiere aus, im Dienste dieser Umweltsetzung, angetrieben von der
psychischen Anlage, d. i. von der Gegenwelt, und vom Gefühl, d. i. von
der Beschleunigung. Das ist eine objektive Theorie der Handlung und
in ihr stellt sich die Bewegung dar als eine teleologische Funktion. Das
Telos übergreift hier Substanzbildung, Qualifizierung und Kausalität,
eben die Funktion, nur das Raumerlebnis, die Relationierung der Objekte

im Raume durch Vermittlung des dreiachsigen Koordinationssystems, die perspektivische Anordnung der Objekte im Bewußtsein, ist nicht teleologisch, sondern rein formal. Sie steht noch außerhalb des Telos. Aber es gibt nun einen 4. Lebenskreis, den der Erfahrung (im echten Sinne), in dem das Telos auch Bedeutung für die Relation der Bewußtseinsinhalte gewinnt. Damit vollendet sich die biologische Stufe des Lebens und es beginnt dann etwas ganz Neues, die menschliche Stufe. So ist der Erfahrungskreis in gewissem Sinne ein Abschluß und darum für uns besonders wichtig.

Wenn wir uns jetzt dem Erfahrungskreise zuwenden, so will ich den Übergang zu ihm vom Handlungskreise aus ebenso vollziehen wie ich früher vom Entwicklungskreise zum Handlungskreise zu gelangen versuchte. Ich sprach von Schließung der Phylogenese, wodurch sich die Psychogenese ergibt. Die Anlagenfülle der Urformen, aus der sich alle Mannigfaltigkeit des Organismenreiches ableitet, geht ein ins Nervensystem der Tiere und so werden diese instand gesetzt, die Außenwelt zu verwandeln: sie bringen die stofflichen und formalen Anlagen, die erst nur zum Ausbau der lebenden Körper dienten, an den Reizinhalten zur Realisation und bauen auf diese Weise an einer phänomenologischen Umwelt, die es für die Pflanzen gar nicht gibt. Es ergibt sich dabei der Gegensatz von Subjekt und Objekt: Subjekt ist das Tier, das seinen qualitativen Gehalt objektiv als Umwelt anschaut. Zugleich ist es ein handelndes Wesen, d. h. es bewegt sich in dieser Umwelt, und dies Tun ist teleologisch bestimmt, es dient der Umweltsetzung. Psychogenese und Bewegung gehören zusammen, in beiden offenbart sich der Subjekt-Objektgegensatz. Wenn wir nun fragen, was denn die Erfahrungswesen unterscheidet von den Handlungswesen, so kann es sich nur handeln um Schließung des Handlungskreises, demgemäß aber um Überwindung des Gegensatzes von Subjekt und Objekt, um Überwindung der Bewegung, um Überwindung der individuellen Zweckeinstellung. In das Bewußtsein des Erfahrungswesens muß die Bewegung und Erregung eingehen, also eine Beherrschung des Raumes sich ergeben, mit der zugleich ein eigenartiges Erlebnis der Rauminhalte sich verbindet; es muß schließlich der Gegensatz von Subjekt und Objekt entfallen, der eben folgt aus der Bewegung und Erregung, aus dem Gegensatz von Anlage und Wirklichkeit, aus der Handlungsteleologie. Alles muß Wirklichkeit sein, der Körper nichts mehr zu verwirklichen haben — bzw. nimmt die Verwirklichung einen ganz anderen Charakter an als bei der Handlung —: das dünkt mich die wesentliche Veränderung, in der die Schließung des Handlungskreises sich drastisch offenbart. In dieser Gleichwertung aller Weltinhalte, welchem Ort und welcher Zeit sie auch angehören, erkennen wir das eigentliche Wesen der Erfahrung, und damit vollendet sich die Psychogenese, wie in der Phylogenese die Setzung lebendiger Körper sich vollendet. Natürlich ist das alles cum grano salis zu verstehen. Wie die Phylogenese nicht alle Zeugung auslöscht, nämlich nur einen einzlgen Körper setzt, obgleich die Potenz dazu im Entwicklungswesen zweifellos gegeben ist, so wird auch die Erfahrung, die wir Empiriogenese nennen können, nicht alle Objekte zusammenzufassen vermögen, obgleich eigentlich die Potenz dazu im Erfahrungswesen vorliegt. Es sind dabei noch andere Schwierigkeiten zu überwinden, die die Kräfte der Organismen überschreiten. Jedenfalls bedeutet aber die Schließung des Handlungskreises, daß die Lebenskräfte frei werden für eine neue höhere Leistung, und diese besteht im zusammenfassenden Erlebnis des gegebenen objektiven Materials. Das wird ja im einzelnen auszubauen sein.

Was sich uns angesichts des neuen Kreises am stärksten aufdrängt, ist der Begriff des Vierdimensionalen. Dieser ist die Grundlage allen Erfahrungsverständnisses. Denn wenn in der Erfahrung Bewegung und Erregung erstarren, so erstarrt zugleich der Zeitfluß, ohne den ja Bewegung und Erregung nicht möglich sind, und die Zeit stellt sich dar als Dimension, die sich als vierte dem dreidimensionalen Raume hinzugesellt. Echte Erfahrung ist ein vierdimensionales, die Zeit übergreifendes Erlebnis. So tritt uns also als besonders wichtig der Begriff des Vierdimensionalen entgegen. Ja er tritt uns sogar entgegen in verschiedener Form; wir werden sehen, daß es verschiedene Arten des Vierdimensonalen gibt. So stehen wir vor einem überaus komplexen Thema, das eben wegen dieser Komplexität fast völlig unverstanden geblieben ist. Hier gilt es analysierend tief einzudringen, denn nur durch klare Auflösung des so inhaltreichen Begriffes dürfen wir hoffen, in befriedigender Weise vorwärts zu kommen. Es handelt sich um einen ersten Versuch, einen Versuch, der natürlich vor Verirrungen sich angesichts der Fremdheit des Gegenstandes ganz besonders zu hüten hat, der aber gewagt werden muß, da gerade in unserer heutigen Kultur das Vierdimensionale steigende Berücksichtigung findet. In unserer Zeit regen sich in auffallender Weise Mystik und Okkultismus, die ganz im Vierdimensionalen sich bewegen; wer nicht mit diesen Strömungen sich abzufinden vermag, der kann nicht sagen, daß er zum Verständnis unserer Kultur vorgedrungen sei.

Wenn ich nun versuchen will, Sie in das Wesen des Vierdimensionalen einzuführen, möchte ich von jener Schrift ausgehen, die auch mich seinerzeit in das Vierdimensionale eingeführt hat; Es handelt sich um Fechners kleinen Aufsatz: Der Raum hat vier Dimensionen, der in den Schriften des Doktors Mises erschienen ist. Diese Schrift des berühmten Philosophen Gustav Theodor Fechner macht uns zugleich bekannt mit Irrtümern in der Beurteilung des Vierdimensionalen, wie sie aus Mangel an Unterscheidung der gegebenen Arten des Vierdimensionalen sich erklären, hat also auch darum besonderen Wert. Fechner zieht zum Verständnis des Vierdimensionalen das Zweidimensionale in Betracht. Er geht aus von zweidimensionalen, flächenhaften Wesen, die in einer flächenhaften Welt leben sollen. Diese Schattenwesen, wie er sie nennt, können aus ihrer Fläche so wenig herausschauen wie wir aus unserer räumlichen, für sie wird daher alles in der dritten Dimension Gegebene, wenn sie es überhaupt erleben, nur in einer Folge sich darbieten, wobei dann zugleich die Erlebnisse wechseln: erlebt wird immer nur der Zustand in einer Fläche, aber es wechseln die

Flächen und so zieht vor dem Schattenwesen der Gehalt der dritten Dimension vorüber, wie vor uns der Gehalt einer vierten Dimension. Das Schattenwesen erlebt, so meint Fechner, die dritte Dimension, wie wir die Zeit erleben. Es verschiebt sich durch die dritte Dimension, die ihm etwas Flüssiges ist, während sie uns als etwas Starres gegeben ist; was wir als festen dreidimensionalen Körper erleben, erlebt es als eine Sukzession von Zuständen. Wir werden daraus folgern dürfen, daß es um uns ähnlich steht, daß wir als eine Zustandsfolge erleben, was vierdimensional erlebende Wesen als Körper erleben würden. So ergibt sich für Fechner der Begriff des vierdimensionalen Körpers, der nach Analogie des dreidimensionalen Körpers beurteilt wird. In ihm werden die Objekte, die ja unsere dreidimensionale Welt aufbauen, zusammengefaßt mit den Objekten früherer und späterer Momente, die alle insgesamt die vierdimensionale Welt aufbauen; Körper ergeben sich, die wir armen, dreidimensional anschauenden Wesen nicht im entferntesten überblicken können, von deren Beschaffenheit wir uns keine Vorstellung zu machen imstande sind.

Das ist der wesentliche Inhalt der kleinen Fechnerschen Schrift. Wenn ihre Angaben zu recht bestünden, stünde es allerdings schlecht um die Möglichkeit, sich in die Verhältnisse des Vierdimensionalen hineindenken zu können. Bei genauerem Zusehen ergibt sich aber, daß die Fechnersche Auffassung ganz verkehrt und nur die Folge ist einer Vermengung verschiedener Arten des Vierdimensionalen, die wir fein säuberlich auseinander halten müssen. Schon der Begriff eines zweidimensionalen Erlebens ist ganz falsch bestimmt. Fechner spricht von Flächenwesen, die nach Art von uns sich in ihrer Fläche bewegen und deren Inhalte anschaulich erleben sollen. Das ist doch aber eine ganz unmögliche Vorstellung. Solche Wesen müßten Sinnes- und Bewegungsorgane haben nach unserer Art, davon kann doch aber bei ihrer flächenhaften Konstitution nicht die Rede sein. Auch müßten wir diese Wesen kennen, denn ihre Existenz könnte sich unmöglich unserem Bewußtsein entziehen, vermögen wir doch weitgehend die Körper in Flächen aufzulösen. Aber wenn wir auch die Fechnerschen Wesen nicht kennen, woraus auf ihre Nichtexistenz zu schließen ist, so kennen wir doch andere Wesen, denen wir mit großem Recht eine zweidimensionale Erlebnisform zuschreiben dürfen. Diese Wesen sind die Pflanzen. Ich habe darauf schon früher hingewiesen, als ich versuchte, alle uns bekannt gewordenen Lebensleistungen als besondere Bewußtseinsleistungen zu deuten. Dabei machte ich darauf aufmerksam, daß wir den Pflanzen nur ein zweidimensionales Bewußtsein zusprechen können, dessen Eigenart gegeben ist im Erlebnis des geschichteten Körperbaues, genauer gesagt. im Erlebnis der Entstehung und Struktur der sukzessiv sich ergebenden Körperschichten. Erlebt wird das flächige Spannungsmoment in diesen Schichten, dem eine besondere elastische Kraftwirkung zugrunde liegt. Wenn man überhaupt den Pflanzen ein Bewußtsein zuschreiben will — und solche Bemühungen sind uralt und machen sich gerade heute sehr bemerkbar —, so kann man es sich nur nach diesem Schema vorstellen, denn die Behauptungen, daß die Pflanzen empfinden, wahrnehmen und fühlen sollen nach unserer Art, nur wesentlich schwächer, scheitern unbedingt an der so großen Verschiedenheit des Körperbaues, an dem Mangel eines Nerven- und Muskelsystems. Ich sage also, die Pflanzen erleben zweidimensional und erleben dabei das Werden ihrer Schichtstruktur, wobei sich ihr Bewußtsein von Schicht zu Schicht verschiebt. Sie erleben nicht die Totalität ihres Wesens, denn das setzt eine sinnliche Erlebnisform voraus, wozu hier die Grundlagen fehlen; man kann höchstens sagen, daß sie eine Ahnung ihrer Totalität haben, insofern sie über eine Art von Gedächtnis verfügen, nämlich sich an das Erlebnis älterer Schichten in irgendeiner Weise erinnern. Um dreidimensionale Körper erleben zu können, bedarf es einer tierischen Organisation, d. h. einer Verwandlung der Strukturanlagen in psychische Anlagen, des Histologischen und Morphologischen in Sensorisches und Phänomenologisches, was eben beim Entwicklungsschritt von der Pflanze zum Tier sich vollzieht. Das tierische Erlebnis ist als ein dreidimensionales vom pflanzlichen als einem zweidimensionalen fundamental unterschieden, demgemäß aber der Fechnersche Vergleich ganz und gar verfehlt.

Wie wird nun das vierdimensonale Erlebnis aufzufassen sein? Nach Fechner ist es ein Ganzheitserlebnis der in der Zeit aufeinander folgenden phänomenologischen Darstellungen der Objekte, die ja den Inhalt unserer Welt bedeuten. Also etwa das Erlebnis einer Schere in allen ihren Einzellagen und Bewegungszuständen, auch in ihrem Werden und Vergehen; ein geradezu ungeheuerliches Erlebnis, von dem wir uns, wie schon bemerkt, nicht die geringste Vorstellung machen können. Wir können das nicht, weil hier dem Bewußtsein überhaupt Unmögliches zugemutet wird. Denn wie sollte es wohl möglich sein, den psychischen Empfindungsstoff zweier oder gar vieler Momente zugleich zu erleben, da er doch offenbar eben nur geschaffen ist zur Ausfüllung von momentanen Raumzuständen? Zum Psychischen gehört der Raum und auch die Zeit; ändere ich an beiden, so kann es entweder das Psychische nicht mehr geben, oder Raum und Zeit müssen sich ihm anbequemen. Es gibt in der Tat die Möglichkeit, alle zeitlichen Zustände eines Objekts einheitlich zu erleben, das ist dann aber kein anschauliches Erlebnis, sondern ein begriffliches, das die Fähigkeit des Denkens voraussetzt und das uns hier, wo wir es mit Dimensonalität, also mit Ausgedehntem, zu tun haben, nicht interessiert. Es ist ferner zuzugeben, daß wir formal überzeitlich zu erleben vermögen, wovon ja schon früher, bei Besprechung des Formerlebnisses im Handlungskreise die Rede war; aber das bezog sich eben nur auf die Form, nicht auf den stofflichen Inhalt der Formen, der dabei nicht in Betracht kommt. Denn ich kann wohl eine Melodie als Formganzheit erleben, und durch dies Erlebnis komme ich überhaupt allein zum Bewußtsein der Melodie als eines Ganzen; aber dabei erlebe ich nicht die Töne alle zugleich, denn das würde ja gerade die Melodie zerstören und einen gräulichen Mißton ergeben. Ob man dabei Vorstellungen oder Empfindungen in Betracht zieht, ändert am Tatbestand gar nichts, denn ich kann auch die Vorstellungen von aufeinanderfolgenden Tönen nicht gleichzeitig erleben, ohne daß sie sich gegenseitig vernichten. Somit bleibt mir nur die Annahme, daß sich Raum und Zeit dem sinnlichen Materiale irgendwie anbequemen müssen, wenn überhaupt das vierdimensionale Erlebnis ein Psychisches ist. Das muß es aber sein, denn es läßt sich doch unser Gedächtniserlebnis gar nicht anders denn als ein vierdimensonales auffassen, ist es doch das Wiedererleben von Vergangenem, dieses aber eben in der vierten Dimension von uns distanziert, einer vierdimensionalen Welt angehörig. Die Erinnerungen sind unzweifelhaft verwandt den Erfahrungen, sind die Grundlage der Erfahrungen, wie aus dem Begriff der Schließung des Handlungskreises mit Evidenz hervorgeht; nur ist die Erfahrung eine modifizierte Erinnerung und diese Modifikation ist nur zu begreifen aus einer Modifikation von Raum und Zeit heraus.

Wie haben wir uns also die Situation vorzustellen? Zu einer Vorstellung gelangen wir durch Berücksichtigung des eingangs Gesagten. Im Erfahrungsbewußtsein ist Zeit und Bewegung im Subjekt überwunden, d. h. aber: das Subjekt steht vom Anfang an mit allen von ihm — als Handlungssubjekt — geschaffenen Objekten in unmittelbarem Zusammenhang. Es setzt nicht Objekte, sondern es hat sie. Und es hat sie nicht bloß als Vorstellungen, als abgeschwächte Wahrnehmungen, in welcher Form sie an das Erinnerungserlebnis, von dem früher die Rede war, gebunden sind — die Vorstellungen sind Wahrnehmungsreste, die übrig bleiben, wenn aus der Wahrnehmung der Energiegehalt in der gleichfalls früher geschilderten Weise abströmt — sondern es hat sie in besonderer Form, so lebendig wie in den Wahrnehmungen, ja vielleicht noch lebendiger, trotzdem davon verschieden, nämlich als Halluzinationen. Halluzinationen sind psychische Welterlebnisse, die nicht an Reize gebunden sind, in denen nur gegebene Vorstellungen vom Nervensystem aus wieder mit Energie gefüllt werden, die hier sozusagen für die Dauer — jedenfalls für längere Dauer als in den Wahrnehmungen — zur Erstarrung kommt. Zuzugeben ist ohne weiteres, daß in den Halluzinationen auch Neues entstehen kann, doch nur auf Grund gegebener Formunterlagen, die den Anschluß an die Außenwelt vermitteln. Dies Thema braucht uns hier als ein spezielles nicht weiter zu beschäftigen; wie nun Halluzinationen sich darbieten, das ist uns ja andeutungsweise bekannt aus den Träumen, in denen wir frei zu allem Erlebten in Beziehung zu treten vermögen und es mit größter Lebendigkeit vor uns haben. Zwar werden wir später sehen, daß das Traumerlebnis seine Besonderheiten hat, aber zum allgemeinen Verständnis der Eigenart echt vierdimensionalen Erlebens können wir es hier schon in Betracht ziehen; es erläutert uns immerhin den halluzinativen Charakter des Erlebens.

Aber in dieser Weise gegeben ist nun nicht nur das von uns selbst als Handlungswesen geschaffene Objektive, sondern auch das von anderen Geschaffene. Das ist eine selbstverständlich überaus wichtige, aber mit Notwendigkeit sich ergebende Folgerung. Denn mit der neuen Einstellung der Objekte zum Subjekt sind sie eigentlich direkt zu Bausteinen des Subjektes geworden: das Objekt ist ja nicht mehr ein Oppositum zum Subjekt,

sondern ein integrierender Teil seines Bewußtseins, darum nun aber, da es ja
auch integrierender Teil des Bewußtseins anderer Subjekte ist, treten in
ihm die Bewußtseine in direkten Zusammenhang, sie öffnen sich gegen-
einander, sie verfließen zu einem gemeinsamen Schauplatz, in dem es räumliche Grenzen gar nicht mehr gibt. Indem die Zeit zum Raum wird, lösen
sich die Bewußtseinsgrenzen, die erst so messerscharf uns von den Erlebnissen der Anderen trennten, auf und die Objekte stehen nun nicht mehr
da in begrenzter Schau, nur gegeben entsprechend unsern eigenen Positionen,
sondern in allgemeiner Schau, als freie körperliche Gebilde, um die wir
sozusagen rund herum sehen können. Sie stehen da als Dinge an sich,
nicht als Dinge für mich. Das Objekt wird zum Ding an sich und wird
dabei zum Ding überhaupt, d. h. zu etwas Selbständigem, dessen Existenz
nicht an ein einzelnes Subjekt gebunden ist. Das Ding ist nichts Phäno-
menales mehr, sondern, wie man besser sagt, etwas Metaphänomenales[1],
nämlich wohl etwas Psychisches und darum an die Existenz von Bewußtsein gebunden, aber trotz seines psychischen Charakters eine in jeder
Hinsicht geschlossene, die psychische Unterlage in sich beschließende Einheit, die auftritt in einem Allgemeinbewußtsein, das in sich alle individuellen
Bewußtseine absorbiert. Metaphänomenalität ist nicht identisch mit metaphysischer Existenz! Das Metaphysische ist unmittelbar Bestandteil der
Natur, als solcher aber völlig ungeformt, nämlich phänomenologisch ungeformt, nur als Energiegebild durch Kraftäußerungen zusammengehalten;
es ist ein Wirkgebilde, nichts Anschauliches, ein Energiesystem, von dessen
Beschaffenheit wir als anschauende Wesen nichts wissen. Das Metaphänomenale dagegen ist uns unmittelbar in der Anschauung gegeben, ist angehörig
unserm Bewußtsein, ist ein Bestandteil von uns selbst, ist aber in diesem
Sinne allen anschauenden Bewußtseinen überhaupt zugehörig und demgemäß Inhalt eines Allgemeinbewußtseins, der für alle entsprechend begabte Lebewesen bestehenden Erfahrung.

Eigentlich ist das ja etwas durchaus Selbstverständliches, denn es gehört
zum Begriff der Erfahrung, daß sie allen Menschen gegeben oder doch
direkt zugänglich ist. Aber unsere Erfahrungen sind uns gegeben in Worten,
denen wir einen bestimmten Sinn beilegen, hier aber ist die Rede von einer
Erfahrung, der direkt die Inhalte anschaulich gegenwärtig sind. Wie
es kommt, daß unsere gewöhnliche Erfahrung nicht dieser Art ist, ist ein
Problem für sich, über das ich hier nur kurz aussagen will, daß es mit der
Entwicklung unseres Verstandes zu tun hat. Unser Verstand steht in
innigster Beziehung zum Kausalgeschehen in der Natur. Ein Kausalgeschehen, d. h. ein Geschehen überhaupt, kann es aber nur geben in der
Zeit, und demgemäß verwertet der Verstand bei seinen Denkoperationen
das sinnlich gegebene Bewußtseinsmaterial, das er sich in Worten parat hält,
nicht aber das übersinnlich gegebene, das den eigentlichen Gehalt der Erfahrung ausmacht. Erfahrung ist primär immer übersinnlicher

---

[1] Der Begriff des Metaphänomenalen ist durch die Wiener Breuer, Wiesner und Höfler
in die Philosophie eingeführt worden.

Natur. Wir werden uns darüber genauer informieren können bei Prüfung der Mentalität der Wilden, der Naturmenschen, doch wollen wir uns heute damit noch nicht befassen, vielmehr zunächst im Begriff des Vierdimensionalen vordringen versuchen. Was das übersinnliche Erlebnis anlangt, sei hier nur noch angeführt, daß man es auch als Hellsehen bezeichnet. Hellsehen ist das Gegenwärtigsein der metaphänomenalen Dinge im Bewußtsein, ganz absehend von ihrer genetischen Zuordnung zu einem Handlungswesen. Es ist das Gegenwärtigsein von Erscheinungen, Phantomen, wie man in der Sprache des Okkultismus das hellseherisch Erlebte nennt. Ich werde künftig das Wort Erscheinung in Anwendung bringen. Und noch ein Terminus sei zum Schlusse eingeführt: das Handlungswesen nennen wir ein Subjekt, aber diesen Titel werden wir einem Erfahrungswesen auch nicht verweigern können, da es die Objekte zwar nicht schafft, doch anschauend erlebt; ich nenne es deshalb ein sensorisches Subjekt zum Unterschied vom Handlungswesen, als motorischem Subjekt. Ich könnte es auch ein Medium nennen, denn das ist der im Okkultismus eingebürgerte Ausdruck für ein Wesen, dem etwas erscheint. Indessen sei auf diesen Terminus, der aus ganz anderen Gesichtspunkten heraus geschaffen wurde — Medium als Mittler zwischen Mensch und Geist (Gespenst), worauf ich hier noch nicht Bezug nehmen will —, verzichtet und der zweifellos sehr geeignete des sensorischen Subjekts in Anwendung gebracht.

Ich drücke mich also nomenklatorisch folgendermaßen aus: Ein sensorisches Subjekt erlebt hellseherisch die metaphänomenal gegebenen Objekte als Erscheinungen. So macht es Erfahrungen. Die Erfahrung ist Erlebnis eines gegebenen Objektiven in halluzinatorischer Art und Weise, in einem Akt des Hellsehens. Was sonst noch die Erfahrung charakterisiert, davon wird in den nächsten Stunden die Rede sein.

21. Vorlesung.

Der Sinn. Physikalische Vierdimensionalität.

Der Fortschritt vom Handlungs- zum Erfahrungskreis, der uns das letzte Mal beschäftigte, bedeutet Schließung des ersteren als Grundlage einer neuen vierdimensionalen Erlebnisform. Ich betonte, daß der Begriff des Vierdimensionalen im Zentrum des Erfahrungserlebnisses steht und daß er selbst ein sehr komplexer Begriff ist, mit dem wir uns zunächst etwas genauer bekannt machen müssen. Dabei war ich ausgegangen von Fechners Beurteilung des Vierdimensionalen, die er im Anschluß an einen Vergleich des zwei- und dreidimensionalen Erlebens entwickelt, und hatte gezeigt, daß er in falscher Weise vergleicht, da alle drei Erlebnisformen etwas ganz Besonderes bedeuten, sich nicht unter den Begriff des sinnlichen Erlebens, unter Weglassung oder Zufügung einer Dimension

zusammenfassen lassen. Wesentlich für das vierdimensionale Erlebnis ist
die Erstarrung von Zeitfluß, Erregung und Bewegung, die dem dreidimensionalen sinnlichen Erlebnis eignen und den Gegensatz von Subjekt
und Objekt begründen. Im Vierdimensionalen gibt es kein motorisches
Subjekt und das sensorische, das die Objekte erlebt, ist seiner Sonderstellung beraubt, erscheint eingegangen in eine allgemeine Bewußtseinssphäre, an der alle früheren Einzelsubjekte partizipieren, in der die Objekte
als selbständige (metaphänomenale) Dinge, als Erscheinungen, frei dastehen
und halluzinatorisch erlebt werden. Der Charakter der Umwelt ist ein
psychischer geblieben, sonst aber alles von Grund aus geändert, da die
Zeit hier dem Raume gleichwertig, alles als Ewiges gegeben, alles gegenwärtig und dem Bewußtsein zugänglich ist. Als Subjekt erweist sich das
Erfahrungswesen nur dadurch, daß es beliebig nach allen Richtungen hin
in Beziehung tritt zu den Dingen, die in einen allgemeinen teleologischen
Zusammenhang eingewoben erscheinen. Dies Beziehungserlebnis ist
das eigentlich für die Erfahrung charakteristische und ist ein
vierdimensionales. Folgendes ist dazu noch auszusagen.

Mit der Bewegung geht das teleologische Moment in das höhere Bewußtsein ein. Bedenken wir das genau: das Telos beherrscht als Zweck
die Bewegungen, d. h. die Bewegungen dienen der Umweltsetzung. Allen
Außenweltdingen sind alle Subjekte zugeordnet und tragen zu ihrer Objektivierung bei; so sammelt sich an den Außenweltdingen das Psychische und
verbindet sie mit den Subjekten, derart, daß teleologische Beziehungen
nach allen Richtungen hin ausstrahlen. Diese Beziehungen sind dem vierdimensionalen Bewußtsein offenbar; es überschaut die teleologischen Zusammenhänge, ja es ist eigentlich selbst gar nichts anderes als ein Zweck-
gewebe, das ohne Ende die ganze Welt durchgreift. Für den Zweck, der
als anschaulicher Zusammenhang im Bewußtsein auftritt, wendet man
besser den Ausdruck: Sinn an; Sinn ist die in der Erfahrung anschaulich
erlebte teleologische Beziehung der Objekte auf die Subjekte, ist das im
Erfahrungsbewußtsein auftretende Telos. Erfahrung ist ein Sinngewebe. Das hat andeutungsweise auch Driesch erkannt und auf das
Erlebnis solcher Sinnbeziehungen einen Beweis des Vitalismus begründet.
Er führt als Beispiel folgendes an. Wenn mir jemand sagt: „Mein“ Vater
ist gestorben, so wird mich das vermutlich wenig berühren, außer Mitleid
keine weitere Erregung in mir auslösen. Sagt er aber: „Dein“ Vater ist
gestorben, so trifft mich die Nachricht vielleicht wie ein Schlag und ver-
setzt mich in die stärkste Erschütterung. Worauf beruht nun der Unterschied beider Aussagen, der so differente Zustände in mir auslöst? Die
Ursache kann nicht darin gefunden werden, daß sich die beiden Aussagen
durch einen Buchstaben unterscheiden: an Stelle des M im ersten Satze
steht im zweiten ein D im ersten Worte; diese Differenz kann nicht zum Verständnis genügen, denn ich kann z. B. den ersten Satz in französischer Sprache
sagen und die Wirkung wird dadurch gar nicht beeinflußt. Nur im Sinn,
der den Sätzen innewohnt, kann der Grund gefunden werden, also in
etwas Psychischem, nicht aber in der materiellen Buchstabenkonstellation.

In dieser Beurteilung ist Driesch selbstverständlich zuzustimmen, und wir brauchen dem nicht weiter nachzugehen; ich möchte nun aber hier betonen, daß Sinnerlebnisse auch den Tieren nicht fremd sind. Nämlich den Tieren des zweiten Tierstammes, den Übertieren, den Cölenteriern, speziell den Wirbeltieren. Wenn eine Kuh einen Maler auf der Wiese malen sieht, so läuft sie herbei, um ihm neugierig zuzugaffen — worin sie sich durchaus ähnlich verhält den zweibeinigen Gaffern, die so gern mit ihrer Neugierde den Maler belästigen; damit beweist sie die Fähigkeit des Sinnerlebnisses, natürlich in sehr unvollkommener Form, denn ihre Wißbegierde ist rasch befriedigt, doch bedeutet das nur gradweise Differenz, nicht qualitative. Bei Hunden und vor allem bei Affen ist ein derartiges Erleben ja viel höher entwickelt, besonders von den Menschenaffen hört man immer wieder sagen (erst neuerdings von Wolfgang Köhler, dem Leiter der wieder eingegangenen Menschenaffenstation auf Teneriffa), daß die Schimpansen, Orang-Utans usw. intelligente Wesen seien. Davon kann gar keine Rede sein. Um die Handlungen der von Köhler geprüften Tiere zu verstehen, ist es nicht nötig, ihnen logisches Denken, analytisches Experimentiervermögen zuzuschreiben, sondern es genügt vollkommen das Zugeständnis von Sinnerlebnissen, in denen die Tiere teleologische Zusammenhänge überschauen. Nicht die Kausalität des Geschehens wird verstanden, sondern ein Zweckbezug erlebt, eine Situation in ihren Sinnbeziehungen überschaut; das darf man nicht Intelligenz nennen, sondern nur Erfahrung; will man jedoch durchaus von Intelligenz reden, so ist diese wenigstens nur als anschauende, nicht als reflexive, zu charakterisieren. Von unserem analytischen Denken ist der im Menschenaffen sich abspielende Prozeß vollkommen verschieden.

Vom Sinnerlebnis ist noch auszusagen, daß es sehr leicht zum Mißbrauch verleitet. Einerseits scheinen oft Sinnbeziehungen vorzuliegen, wo es nicht der Fall ist, und anderseits werden gegebene Sinnbeziehungen übersehen. So wird gar oft ein toter Körper als Subjekt betrachtet und von ihm ausgesagt, daß er gleich uns andere Körper zu erleben und dies Erlebnis sein Verhalten zu bestimmen vermöge. Die sog. Anthropomorphisierung der Natur macht sich geltend, die Tendenz zur Naturbelebung, die selbst den winzigsten Stoffteilchen Bewußtsein zuschreibt, der sog. Hylozoismus. Und weiterhin: wenn man ein Ereignis nicht teleologisch zu durchschauen vermag, so möchte man ihm doch eine Sinnbedeutung nicht absprechen und meint, daß es teleologisch abhängig sei von einem unsichtbaren Wesen, einer Gottheit, einem Dämon usw. Es fällt dem teleologisch orientierten Erfahrungsbewußtsein schwer, an einen Zufall zu glauben, darum verirrt es sich oft in krasser Weise in seinen Ausdeutungen; aller Aberglauben hat hier seine Wurzel. Anderseits wird die eigentliche Einstellung allen Sinnes auf das Leben, auf ein erstes Lebewesen und seine Weltmission, übersehen und die teleologische Genese der Organismen gar nicht beachtet. Beide Fehler liegen einander sehr nahe, entspringen aus der gleichen Wurzel. Denn, wie wir bei Vergleich der Lebenskreise erkennen, geht das Leben bei seiner fortschreitenden Entwicklung immer mehr in die Natur ein und dabei verliert es seine Bedeutung für die Entstehung einer psychischen Welt aus dem Auge. Folgende vergleichende Betrachtung wird Sie darüber informieren.

Mit Absicht gebe ich die folgende Übersicht. Ich möchte, daß Ihnen die Lebenszusammenhänge immer recht frisch vor Augen stehen, daß Sie über dem Neuen, das sich ununterbrochen darbietet, das Alte nicht vergessen, daß Sie dauernd eine Vorstellung vom Lebensganzen, vom Lebenszweck haben. In dieser Hinsicht ist die jetzt zu bietende Übersicht sehr interessant. Sie geht aus von den zelligen Individuen, den Vertretern des Zeugungskreises, die, so winzig sie auch sind, doch die stärkste Lebensleistung vollbringen, die Assimilation, aus der nun gerade erhellt, wie scharf sie von der Natur getrennt sind: ihre Bestimmung ist ja Verwandlung der Natur in Lebendiges, also stehen sie im denkbar größten Gegensatz zur Natur, sind vollkommene Antipoden dieser. Für die Personen des Entwicklungskreises, also für die Pflanzen, die hier typische Vertreter sind, gilt so große Differenz schon nicht mehr. Denn sie sind in erster Linie Träger des Formgehaltes, den sie am lebenden Stoffe zur Geltung bringen, dieser Formgehalt aber entstammt der Natur: Die Formung des Lebendigen ist nichts Naturfremdes, da ja auch alles in der Natur geformt ist, nämlich Kraftformen die Energieäußerungen beherrschen, dagegen bleibt Zeugung von Lebendigem aus Naturkräften unbegreifbar. Immerhin ist die Formbildung an den lebenden Stoff gebunden, ist Organisierung eines naturfremden Materials, und so bestehen Differenzen genug zum Naturgeschehen. Für die motorischen Subjekte, die in den Tieren gegeben sind, ist die Differenz wieder wesentlich geringer. Ist es hier doch direkt die Natur, die als Umwelt angeschaut wird, und die bei diesem Prozeß nicht lebendig wird, sondern nur ein psychisches Gewand übergeworfen bekommt, bzw. nur eine wenig tiefgreifende Verwandlung erfährt. Die Objekte sind Naturbestandteile und zwar gilt das nicht nur für das psychisierte Tote, das vorher echte Natur war, sondern auch für das in Objektform auftretende Lebendige; die Natur hat also bei der Objektivierung gleichsam das Lebendige verschluckt, hat es sich angeähnlicht. Doch ist Träger solcher Verwandlung nicht die Natur selbst, sondern das Leben, die motorischen Subjekte, in denen die Natur nur besonders stark sich geltend macht. Am stärksten nun aber macht sie sich geltend in den Erfahrungswesen, den sensorischen Subjekten. Ein motorisches Subjekt steht immerhin als Bildner des Psychischen in einem gewissen Gegensatz zu den Objekten; eben der Gegensatz: Subjekt—Objekt bringt das zum Ausdruck; es handelt sich dabei in erster Linie um eine bedeutungsvolle Kausalbeziehung, die die Tiere von den anorganen Massen fundamental unterscheidet. Bei den sensorischen Subjekten entfällt aber auch dieser Unterschied, denn für sie gilt keine Psychogenese und keine damit engst verbundene Handlung, sie haben keine besondere Kausalbeziehung zur Umwelt, die sich als Gegenstellung von Subjekt als Bildner und Objekt als Gebildetem darstellt, sondern sie sind selbst Objekte, richtiger gesagt erleben sie sich selbst nicht anders, als sie die Umweltdinge erleben, sie sind Erscheinungen unter Erscheinungen, Glieder in einem metaphänomenalen Ganzen, und der einzige wesentliche Unterschied zur Umgebung besteht darin, daß sie die grundlegenden Beziehungen in der Umwelt erleben, die Sinnbeziehungen, die der reinen Natur ganz abgehen, die durch das Leben, vor allem durch die motorischen Subjekte, in sie hineingetragen werden. Der Sinn ist die teleologische Beziehung aller Objekte auf ein allgemeines Subjekt und das wird von den sensorischen Subjekten erlebt als ein allgemeiner gesetzhafter Zusammenhang, während es in der Natur nur die Zufallsbeziehung gibt, den Wahrscheinlichkeitszusammenhang, der besteht ganz unabhängig von Subjekten, der eine selbständige Beziehung ist von Ding zu Ding. Der Sinn ist eine Absolutbeziehung, dagegen der Zufall eine Relativbeziehung. So groß nun dieser Unterschied auch ist, so betrifft er doch eben nur einen äußerlichen Zusammenhang, der in beiden Fällen in Frage steht und für ein und dieselben selbständigen Dinge gilt: Der Sinn gilt für die metaphänomenalen Erscheinungen, der Zufall für die metaphysischen Energiesysteme, aber in beiderlei Dingen an sich steckt ein und derselbe Wesenskern.

Kann es da Wunder nehmen, daß das Erfahrungsbewußtsein gern über den Strang haut und auch die anorgane Welt vom Zweck beherrscht glaubt? Daß es anderseits die eigentliche Quelle des Teleologischen gar nicht entdeckt? Beide Verirrungen finden ihre Erklärung und Entschuldigung im ungeheueren Übergewicht der Natur über das Leben im Erfahrungskreise: An Stelle der Einheit des Lebens setzt man gern die Einheit der Natur. So entstand der Pantheismus, an dem ja auch unsere heutige Naturwissenschaft noch krankt, wie ein genauerer Einblick in das Thema der Vierdimensionalität sehr beredt ergeben wird. Indem wir uns nun der physikalischen Vierdimensionalität zuwenden, werden wir merkwürdige Dinge erfahren, die uns zeigen, daß die Naturwissenschaft überaus schwer vom Pantheismus loskommt. Wir werden dabei auch zwei Fliegen mit einem Schlage schlagen, nämlich zwei Arten von physikalischer Vierdimensionalität kennen lernen, die einen ungeheuer interessanten Einblick in die Natur bieten; es wird sich weiterhin das ganze Thema der Vierdimensionalität in rascher Folge vor uns entrollen.

Von physikalischer Vierdimensionalität war schon zweimal die Rede, so bei Erörterung der Kosmogenese, zu der uns das Thema des Physiovitalismus hinführte, und bei Besprechung des Raumthemas im Handlungskreise. Beginnen wir mit letzterem, das uns heute noch beschäftigen wird. Nach Einstein ist der Raum ein vierdimensionaler, d. h. er wird durch die in ihm gegebenen Massen gekrümmt — um so stärker, je energiereicher eine Masse —; auf Grund dieser Krümmungen gilt er als Träger der Gravitationswirkungen, gilt als Summe von Gravitationsfeldern. Die Raumkrümmung nun soll Ausdruck sein einer vierdimensionalen Struktur, die sich ergibt durch das Einbezogensein der Zeit als Dimension in den Raum. Nach Einstein und Minkowski ist die Zeit eine Koordinate des in der Natur gegebenen vierdimensionalen Raumes und ist den anderen

Koordinaten prinzipiell gleichwertig. Die Vierdimensionalität des Raumes bekundet sich darin, daß, wie auf einer Kugeloberfläche alle scheinbar geraden Linien in sich zurücklaufen, also eigentlich gekrümmte sind, gleiches auch gilt für alle Bewegungen im Raume, die, ob sie auch keiner Kraft unterstehen, nicht ins Unendliche weiterlaufen, sondern in sich zurückkehren. Der Raum ist daher wohl unendlich, weil er in sich zurückläuft, doch ist er nicht grenzenlos, wie auch eine Kugel es nicht ist, sondern zweifellos begrenzt. Auch die Menge der Materie gilt ja bei Einstein als eine begrenzte.

Aber diese so bedeutsame Lehre ist in zweierlei Hinsicht zu beanstanden. Erstens genügt sie nicht zum Verständnis der Gravitation. In dieser Hinsicht müssen wir, wie ja schon früher gezeigt ward, bei der alten Kraftlehre bleiben, nur ist die Kraftäußerung nicht als Fern-, sondern als Nahwirkung aufzufassen, hat doch, wie Seeliger zeigt, der Raum als Energiefeld zu gelten, durch dessen Vermittlung sich die Schwerkraft auswirkt. Vom dynamischen elektromagnetischen Feld ist allerdings das Raumfeld wesentlich verschieden, doch ist ein leerer Raum überhaupt eine unvollziehbare Vorstellung, wovon uns spätere Betrachtungen noch instruktiv überzeugen werden. Zweitens aber, und das ist für uns ganz besonders wichtig, ist die ganze Art der Raumbetrachtung unanwendbar auf die Natur. Sie spricht von Dimensionen des Naturraumes, die doch hier ganz unmöglich sind, da der Raum dimensional struiert nur ist im Bewußtsein. Einsteins Raumlehre ist in dieser Hinsicht ganz Kantisch gefärbt, denn sie unterscheidet nicht Natur- und Bewußtseinsraum; bei Kant ist, wie ich ja früher dargelegt, der Raum direkt nichts anderes, als Bewußtseinsform, und wenn nun auch Einstein in dieser Richtung Kant nicht folgt, da er einen echten Naturraum anerkennt, so macht er diese richtige Anschauung doch dadurch wieder hinfällig, daß er dem Naturraume eine Bewußtseinsstruktur zuspricht. Er erneuert in dieser Hinsicht — worauf ich schon anspielte — den alten Pantheismus, der im Raume die Bewußtseinsweite einer Weltgottheit erkannte, eine Anschauung, die ja in Newtons Idee eines absoluten Raumes fortklingt. Einstein schwankt zwischen Kant und Newton und es ist sehr unterhaltsam, in dieser Hinsicht die vielen Schriften über die Relativitätstheorie vergleichend zu durchblättern, da die Schüler des Meisters Anschauung über den Raum bald im Sinne Kants, bald in dem Newtons ausdeuten. Leider gibt es keinen Gott in der Natur — er wäre im Sinne der Relativitätstheorie auch eine schöne Mißgeburt — und so gibt es in ihr auch keine Koordinaten, wie sie die Physik verwertet, sondern es gibt hier nur Kraftwirkungen, gibt eine Kraftstruktur. Diese Kraftstruktur gilt für Energiezustände, die Dimensionen aber gelten für Psychisches. Darum ist also der Naturraum weder drei- noch vierdimensional; was Einstein und Minkowski so definieren, ist der Bewußtseinsraum und zwar der mathematische, in dem uns die Weltinhalte gegeben sind

Lassen wir das einstweilen außer Betracht, so haben wir zu fragen: Gibt es in der Natur nicht etwas, auf das wir die Einsteinsche Krümmungsstruktur, ins Physikalische übersetzt, beziehen können, was sich also dem Vierdimensionalen direkt wirklich vergleichen läßt? Das muß es doch geben, denn die Bewußtseinsstrukturen entspringen aus der Natur und sind nur da in Hinsicht auf die Natur, die dabei ins Psychische übersetzt wird. Nun, in der Tat gibt es einen sozusagen vierdimensionalen Raum in der Natur, zu dem uns übrigens Einstein selbst hinführt, indem er den gekrümmten Raum identisch faßt mit dem Weltäther. Mit Recht vollzieht er diese Gleichsetzung, denn den Äther kann man in der Tat vierdimensional nennen. D. h. er ist es so, wie der gewöhnliche Raum dreidimensional ist: In ihm wirkt sich eine Kraft aus, die dem vierdimensionalen Achsensystem des mathematischen Raumes ebenso unterlagert, wie die Gravitation dem dreidimensionalen sinnlichen. Ich habe diese Kraft auch bereits früher als Urkraft eingeführt (zum erstenmal in meinem großen philosophischen Hauptwerk: Die Welt, wie sie jetzt ist und wie sie sein wird, 1917) und es gilt nun ihre Wirkung genauer zu begreifen, da wir dann erst die physikalische Vierdimensionalität ganz verstehen werden. Davon soll in der nächsten Stunde die Rede sein.

22. Vorlesung.

Äther und Leere.

Ich hatte die Besprechung des Vierdimensionalitätsbegriffes weiter geführt und war zu dem Resultat gekommen, daß das Fechnersche vierdimensionale Erlebnis eigentlich auszudeuten ist als ein Beziehungserlebnis am metaphänomenalen Psychischen. Im Metaphänomenalen steht alles in Sinnzusammenhang und in diesem erleben wir das die Bewegungen beherrschende Telos als relationierendes Prinzip. Erfahrung ist Erlebnis von Sinnbeziehungen. Zu welchen Mißdeutungen dies Erlebnis leicht verführt, habe ich eingehend dargelegt, insofern man alles Naturgeschehen beherrscht glaubt von einem Sinn und demzufolge der Natur eine Gottheit zugrunde legt, woraus der Pantheismus erwuchs. Der Fehler wird besonders deutlich bei Betrachtung des physikalischen Vierdimensionalen, dem wir uns zum Schluß der letzten Stunde zuwandten. Physikalische Vierdimensionalität wird von Einstein dem Naturraume zugeschrieben, der eine aus der Union von Raum und Zeit sich ergebende Krümmungsstruktur haben soll, durch welche wieder die Gravitation erklärt wird. Damit können wir uns nicht einverstanden erklären, denn erstens ist die Gravitation anders zu begreifen — als Auswirkung der Schwerkraft durch Vermittlung des energetisch zu beurteilenden Raumes — und zweitens ist dem Naturraume überhaupt keine dimensionale Struktur zuzuschreiben, nur eine Kraftstruktur: Er ist eben Träger der Gravitationswirkung. Darin aber müssen wir Einstein zustimmen, daß es einen Raum gibt, in dem sich die Kraft analog zu einem vierdimensionalen Bewußtsein überzeitlich auswirkt. Einstein identifiziert seinen gekrümmten Raum, das sog. Gravitationsfeld, mit dem Äther und damit hat er zweifellos eine Raumform ins Auge gefaßt, in der eine Kraft in überzeitlichem Sinne sich auswirkt: Der Äther ist nicht ein gravitativer Raum, aber ein Raum höherer Ordnung, in dem die Urkraft, von der ich schon 1917 gesprochen habe, sich betätigt. Um also einer überzeitlichen Kraftwirkung auf die Spur zu kommen, müssen wir die Urkraft in ihrer speziellen Äußerungsweise zu begreifen versuchen.

Anhaltspunkte zur Beurteilung der Urkraftwirkung können wir zunächst der Psychologie entnehmen. Das Bewußtsein des Handlungswesens, von dem wir früher eingehend gehandelt haben, ist nicht nur ein räumlich anschauendes, sondern auch ein dynamisches, die Bewegung kausierendes, weshalb man ja auch hier von einem motorischen Subjekt redet; in dieser Hinsicht ist es durch das Gefühl als Bewegungsantrieb charakterisiert: Gefühl und Koordinatensystem sind die wesentlichen Kennzeichen des sinnlichen Bewußtseins — Qualität und Form sind ja bloß aus dem Entwicklungskreise übernommen und in Raum und Materie hineinprojiziert. Dem sinnlichen Bewußtsein aber liegt die Schwerkraft zugrunde, wie das ja zur Genüge ausgeführt ward, und so sehen wir denn auch diese einerseits den Raum übergreifen, anderseits dynamisch die Bewegung der Massen beherrschen. Das Bewußtsein nun des sensorischen Subjekts, des Erfahrungswesens, ist im Gegensatz dazu allein ein räumlich anschauendes, kein dynamisches, denn in der Erfahrung geschieht nichts, entsteht und vergeht nichts, ändert sich nichts, es werden nur die Beziehungen am Gegebenen erlebt. Wie sie erlebt werden, sahen wir schon, allerdings nur ungenügend, wovon noch die Rede sein wird. Wenden wir nun diese Einsicht auf die Urkraft an, so kann diese auch nur Beziehung sein, kann es nur mit Extensivem, nicht mit Intensivem, zu tun haben. D. h. aber nichts anderes, als daß im Äther Energie nur als Potenz vorliegt und daß sie in diesem Sinne raumartig ist, aber eben raumartig in höherem Sinne, wie man so sagt: vierdimensional. Die Energie ist hier nur in einerlei Art gegeben, als Extensität, Raum, Ausdehnung, also undynamisch, doch als Möglichkeit aller Dynamik: Das aber eben ist der Ätherzustand. Im Äther ist die Natur sozusagen vergeistigt. Schon das Altertum setzte Äther gleich mit Pneuma und mit Geist: Dem Soma wurde die Psyche zugerechnet als sinnliches Bewußtsein, aber über diesem sollte sich noch das Pneuma aufbauen als ein Bewußtsein höherer Art. Auch moderne Denker äußern sich in verwandter Form, so nennt Wiechert den Äther den Mutterboden allen geistigen Lebens. Ich komme auf diese Beziehung des Äthers zum Geiste in der nächsten Stunde zurück, zunächst aber wäre zu sagen, daß der Äther der Mutterboden der Materie ist: Was in ihm potentiell enthalten ist, ist in der Materie aktuell gegeben. Aktuell aber wird es durch Vermittlung der Zeit: Das folgt ja aus dem bereits Gesagten ganz von selbst. Im Äther ist die Zeit als Dimension — ich komme darauf sofort genauer zu sprechen — enthalten, der Materie ordnet sich aber die Zeit als Sukzession zu; was liegt da näher, als die Verwandlung des Äthers in Materie auf die Entbindung der Sukzession zurückzuführen? Die Zeit erscheint als Vorbedingung für die Existenz des Raumes und der Massen, die sich im Raume bewegen. Was ist sie demgemäß? Sie ist erste aktuelle Regung der Energie im Äther, ist die Einleitung zum Verwandlungsprozeß in Materie, ist die der Urkraft eigentlich zugeordnete Energieart, die in zweierlei Form auftritt: Erstens als Ewigkeit — in diesem Sinne untersteht sie der Urkraft und schafft den Äther aus der Materie, vergeistigt Materie, verwandelt sie aus aktueller Energie in potentielle Ausdehnung —, und zweitens ist sie Zeit — in diesem Sinne aber verwandelt sie den ruhenden Äther in bewegliche Materie, energetisiert den Geist, schafft aus der ruhenden Ausdehnung die Tätigkeit. Verzeitlichung ist Einleitung der Kosmogenese. Damit stehen wir beim Problem der Kosmogenese, über das schon viel früher einmal gesprochen wurde. Wir wollen uns hier einen raschen Überblick über die Folgezustände der Kosmogenese verschaffen; genauere Betrachtungen biete ich in meinem Periodenkolleg.

Bei der Kosmogenese, d. h. bei der Entstehung eines Sonnensystems, entwickelt sich aus gegebenem Äther zuerst ein Nebel, der zu rotieren beginnt, dann bilden sich die Massen, d. h. Sonnen, Planeten und Trabanten, mit Elastizitätsstruktur, dann die rein molekulare Struktur der Materie, dann folgt die chemische Prägung, die Bildung der Stoffarten, Stoffeinheiten, zuletzt treten freie Elektronen auf, die wieder die noch freieren Lichtstrahlen — unter denen hier Strahlen aller Art verstanden seien — aussenden; das letzte Entwicklungsstadium wäre die Rückverwandlung in Äther unter Erstarrung der Zeit. Diese Prozesse brauchen sich durchaus nicht in der hier angegebenen Reihenfolge abzuspielen; vielleicht ist sogar die Lichtausstrahlung einer der ersten Prozesse in der Kosmogenese, anknüpfend an die sofort hervortretende Elektronenstruktur; doch darauf kommt es hier nicht an, jedenfalls ist die Kosmogenese eine Folge von Auflösungsprozessen und demgemäß als Materialisation charakterisiert (was der Biogenese gerade entgegenläuft, worauf ich schon viel früher hingewiesen habe und noch zurückkommen werde). Was uns nun an dieser Verwandlung besonders interessiert, ist die Entstehung des Lichtes. Das Licht stellt sich dem Gesagten gemäß dar als Gegenstück zum Äther. Im Äther hat die Kraft (als Urkraft) alle Energie verschluckt, auch die Zeit, die zur Ewigkeit erstarrte, im Licht aber hat sich alle Energie freigemacht und die Zeit ist im elektromagnetischen Felde verschwunden. Das ist ja die so ungeheures Aufsehen erregende Entdeckung der Relativitätstheorie, daß sich das Licht zeitlos bewegt: Wer mit Lichtgeschwindigkeit reist, reist ohne Zeit. Lesen Sie in Thirrings Buch über die Relativitätstheorie nach, so finden Sie eingehend dargelegt, wie ein Weltreisender, der auf seinem Fluge von Gestirn zu Gestirn Lichtgeschwindigkeit zu erreichen vermag, die derart zurückgelegten Strecken zeitlos durchfliegt, so daß er auch auf den entferntesten Sternen in kürzester Zeit anlangt; die von ihm verbrauchte Zeit wurde nur verbraucht zur Erwerbung der Lichtgeschwindigkeit und zum Bremsen dieser. Das heißt nun aber gar nichts anderes, als daß im Licht die Zeit nicht mehr als besondere Energieform neben der Verschiebung im Raum existiert, sondern in sie eingegangen ist. So erweisen sich Licht und Äther als extreme Zustände an der Energie.

Hier nun erkennen wir die ungeheure Bedeutung der Relativitätstheorie, die die von der klassischen Physik behauptete Beziehung des Lichtes zum Äther leugnet, also den Äther nicht auffaßt als ein Medium, an dem sich das Licht als eine Art Wellenbewegung ausbreitet, sondern die das Licht als freie Materie deutet, die den Raum durcheilt. Den Raum? Nein, diesen gewiß nicht! Hier stehen wir wieder vor einer Errungenschaft der Relativitätstheorie, die vielleicht bedeutsamer ist als alle anderen. Nach Weyl darf man nicht einmal sagen, daß sich die Materie im Raume bewegt, denn sie ist nichts Räumliches (Extensives), sondern etwas Tätiges (Intensives) und darum der gerade Gegensatz zum Raume. Weyl vergleicht sie einem wollenden Ich, nennt sie direkt Wille. Im vierdimensionalen Raumzeitkontinuum, so meint er (in dem Artikel: Was ist Materie? in den Naturwissenschaften Bd. 12 auf S. 611), gibt es begrenzte Kanäle, in deren Innerm kein Raum ist, vielmehr Materie als Ladung, als Monade im Sinne von Leibniz. Der Raum, der diese Kanäle umgibt, ist der Wirkungsbereich der in den Kanälen gegebenen Monaden, der elektromagnetischen Ladungen, die durch Felder aufeinander wirken. Diese Felder stehen bei den Elektronen in direktem Zusammenhang, verbinden positive und negative Ladungen, aber beim Lichte fehlt dieser Zusammenhang, sie sind frei im Leeren gegeben, durcheilen die Leere. Was ist die Leere? Kann es eine Leere geben, die nicht Raum ist? Allerdings. Wir können auch verstehen, was sie ist, wenn wir wieder ein Ergebnis der Relativitätstheorie beachten, nämlich die Erkenntnis, daß eine Überlichtgeschwindigkeit nicht möglich ist. Könnte man einer Masse Überlichtgeschwindigkeit induzieren, so würde ihre Masse unendlich sein, d. h. sie wäre an allen Orten zugleich. Das ergäbe ein Feld ganz eigner Art, ganz verschieden vom elektromagnetischen Felde, ein Feld, das undynamisch erscheinen müßte, weil eben seine Allgegenwart seine Dynamik ist, das darum aber auch ganz ungleich wäre dem Äther, in dem die Energie Potenz, Ewigkeit ist, während sie in der Leere die vollkommenste Aktualität aufweist, eben die Allgegenwart. Eigentlich ist erst Allgegenwart der vollkommene Gegensatz zum Äther. In der Allgegenwart ist die Energie ganz frei vom Einfluß der Kraft, ist frei von jeder Bindung, ist demgemäß aber auch für uns ganz unerfaßbar, ist eine Wirkung, die wir als transzendente bezeichnen müssen, da sie in der Welt nicht unmittelbar erweisbar ist: unsere Sinnesorgane und Instrumente können nur Energien erweisen, die irgendwie abhängig sind von einer Kraft, aber eine Energie, für die keine Formung durch eine Kraft gilt, läßt sich in keiner Art in meßbaren Wirkungen erweisen.

Doch ist trotz solcher Unerweisbarkeit diese sonderbare Energie nicht als bedeutungslos für die Welt zu beurteilen. Denn ob sie auch nicht als Bewegung sich darstellt, so kann sie doch als Ursache von Bewegung gelten, da ja Bewegung im Grunde auch nichts anderes ist als das Bestreben, überall zu sein. Ich finde in der hier hypothetisch eingeführten Leere die Ursache aller Bewegung gegeben, den Urstoß, ohne den wir die Existenz weltimmanenter Bewegung gar nicht begreifen. Die Leere ist der unbewegte Beweger des Aristoteles. Dieser unbewegte Beweger ist bei Aristoteles

die Gottheit, und da auch die Allgegenwart als ein Attribut der Gottheit
gilt, so hätten wir in der Leere die transzendente Gottheit gegeben. Aber
gegen eine solche Ausdeutung der Gottheit muß ich aufs entschiedenste
Stellung nehmen. Das wäre mir eine schöne Gottheit, die wohl überall
ist, aber nichts anderes als völlig zerstäubte Energie, eigentlich ein Nichts,
nicht einmal Raum, sondern einfach Leere. Die Gottheit ist ganz wo anders
zu suchen als im Untergrund der Natur und ganz anders vorzustellen:
nur als Bewußtsein können wir sie bestimmen und in diesem Sinne ist sie
ein Beisichsein, Insichsein, nicht aber Außersichsein, in welcher Weise doch
die Leere allein charakterisiert werden darf. Allgegenwart kann kein Attribut
Gottes sein, denn sie löst radikal die Einheit auf. Es ist bemerkenswert,
daß auch die Ewigkeit als Attribut Gottes gilt, die wir in gleicher Weise
der Energie zuschreiben müssen, allerdings auf Grund der Gegenwart von
Kraft, die die Energie in Potenz verwandelt. Aber auch solche Ewigkeit
kann Gott nicht zugeschrieben werden, da sie nur als völlig unbewußte
vorgestellt werden kann, und eine derartige Vorstellung widerspricht dem
Gottesbegriff. Von Gott haben wir ganz anders zu denken, wovon in der
nächsten Stunde die Rede sein wird.

Ich muß gestehen, daß mir erst durch die Annahme, daß in der Natur
der Ewigkeit des Äthers die Allgegenwart der absoluten Energie, der Leere,
gegenüber steht, die Struktur der Natur ganz verständlich ward. Tritt
uns doch die Natur in zweierlei Gestalt entgegen: einerseits sehen wir die
Energie in Abhängigkeit von der Kraft und das ergibt den Ätherzustand.
Anderseits aber wird die Energie aus diesem entbunden: warum löst sich
der Äther auf in Materie, was als Kosmogenese sich darstellt? Dieser Prozeß
ist ein periodischer, denn es kommt wieder zu einer Spiritualisierung, aber
warum findet er überhaupt statt? Da muß doch hinter der Energie etwas
Übermächtiges stehen, das in Wettbewerb tritt zur Kraft und dieser den
Wechsel abnötigt, die Mannigfaltigkeit des Naturseins, aller Tätigkeit.
Dies Etwas erkannte ich in der Leere als der vollkommen kraftfreien Energie,
die in dieser Hinsicht eigentlich der Welt nicht angehört, aber dem Natur-
zustand zur Unterlage dient; aus ihr erfließt der Energie die sprengende
Macht: die Allgegenwart sprengt die Ewigkeit. Ich möchte nun sagen,
daß alle Energie als Aktus nicht im Raume ist, sondern in der Leere — als
eine Modifikation der Leere! —, während dagegen Energie als Potenz
im Raume ist — als eine Art von Feld. Leere und Feld erbauen die ganze
Natur; erst unter Berücksichtigung beider begreifen wir die Natur. Die Kosmogenese nun gilt immer nur für ein einzelnes Sonnensystem, nicht für die Welt
als Ganzes. Als Ganzes aber stellt sich die Welt dar als Wahrscheinlichkeits-
gebilde — im Sinne Boltzmanns —, in dem alle energetischen Zustände
immer nebeneinander gegeben sind. Am Himmel nehmen wir alle möglichen
Entwicklungszustände der Materie wahr und das eben ist der Wahrscheinlichkeitszustand des Alls. Und dieser begründet sich
in der Leere, wie die Kosmogenese sich im Äther, in der Fülle
begründet. Hier möchte ich einflechten, daß die Begriffe der Fülle und
der Leere uralter Herkunft sind. Sie haben immer in der Philosophie eine

Rolle gespielt, ganz besonders in der Gnosis, die vom Pleroma und Kenoma sprach, von der Fülle des Geistes und der Leere des Chaos. Nun, beide Begriffe: Geist und Chaos, können wir auf Äther und Leere in Anwendung bringen, denn zweifellos ist der Äther der Mutterboden des Geistes (wovon das nächste Mal die Rede sein wird) und eine völlig der Kraftregulation entbehrende Energie (Materie) können wir ruhig das Chaos nennen. Doch das nur nebenbei. Was nun zuletzt für uns heute von Bedeutung ist, das ist die Einsicht, daß wir die Leere ebensogut als ein vierdimensionales Prinzip bezeichnen können als den Äther. Vierdimensional im wahren Sinne sind sie ja beide nicht, denn Vierdimensionalität kann es eben nur im Bewußtsein geben, aber von Unendlichkeit dürfen wir in Hinsicht auf beide Naturzustände reden. Das folgt ganz von selbst daraus, daß man ja früher sowohl die Allgegenwart als auch die Ewigkeit als Attribute Gottes, der zugleich unendlich genannt wurde, betrachtete. Beide Zustände sind in sich geschlossen und darum unendlich, nur ist der eine — Allgegenwart — der aktuellste Zustand, der möglich erscheint, und der andere — Ewigkeit — der potentiellste, den man sich vorstellen kann. So führt uns die von der Relativitätstheorie vorgetragene Beurteilung des Raumes als eines vierdimensionalen Gebildes zur Entdeckung zweier Vierdimensionalitäten — richtiger gesagt: Unendlichkeiten — in der Natur. Das nun aber bedeutet für uns einen ungeheuren Gewinn, denn nun erst werden wir ganz die psychischen Vierdimensionalitäten verstehen, von denen bereits geredet ward und noch zu reden sein wird.

Zum Schlusse möchte ich mir noch eine nomenklatorische Bemerkung erlauben. Ich bin überzeugt, daß das Nebeneinander der Worte Raum, Äther, Leere Sie nicht wenig verwirren muß, da diese Worte ungemein schwer unterscheidbaren Begriffen zugeordnet sind. Für all das in Raum, Äther und Leere Gegebene möchte man am liebsten das Wort Raum anwenden. Denn ob der Raum dreidimensional oder vierdimensional ist, ob er Energiepotenz oder Energieaktus bedeutet, das sieht man ihm so leicht nicht an, man denkt bei alledem doch nur an etwas Ausgedehntes und eben Ausdehnung sind wir gewohnt gleich Raum zu setzen. Mir würde es nun am zweckmäßigsten erscheinen, wenn man das Wort Raum auf die Leere anwendete. Der in der Leere gegebene Allgegenwartszustand der Energie ist zweifellos der grundlegende Zustand, der dem Ewigkeitszustand und gar dem des dreidimensionalen Raumes vorausexistiert. Bevor die Welt bestand, bestand die absolute Energie — wie an andrer Stelle zu besprechen sein wird — : Raum und Äther sind im modernen Sinne nur potentielle Zustände an dieser Energie, die für die Welt charakteristisch sind (neben den bekannten aktuellen Zuständen). Das Wort Raum aber ist so eingebürgert und uns so wohl vertraut, daß wir es doch am liebsten auf den bedeutungsvollsten Zustand, der hier in Betracht kommt, anwenden möchten. Und im Grunde ist das auch ohne weiteres durchführbar. Anstatt vom Raum (als dreidimensionalem Gravitationsfeld) können wir direkt vom Gravitationsfeld reden, welcher Ausdruck ja doch nicht mehr aus der Physik verschwinden wird und einen klar umschriebenen

Sinn hat. Den vierdimensionalen, die Zeit und die Materie als Potenz in sich beschließenden Raum, das Urkraftfeld, können wir ruhig mit Einstein Äther nennen; dieser Ausdruck wird hier immer am Platze sein, denn der Äther galt von je als etwas Ewiges, Überzeitliches. So bleibt also ganz von selbst das Wort Raum übrig für die Leere, für die absolute Energie. Raum ist in diesem Sinne das Gegenstück zur Gottheit. Raum ist das Nichts, wenn Gott das Etwas ist. Raum ist das vollkommen Unbewußte, das, wie ich bereits sagte, Außersichsein, Überall- und Nirgendssein, während Gott das vollkommen Bewußte, das Insichsein, das wahre Sein ist. Das alles klingt ganz selbstverständlich und darum möchte ich am liebsten setzen statt Raum, Äther, Leere: Gravitationsfeld, Äther, Raum.

23. Vorlesung.

Mathematische Vierdimensionalität.

Wir waren in den letzten Stunden zu folgenden Erkenntnissen, das Thema der Vierdimensionalität betreffend, vorgedrungen. Zuerst war uns bekannt geworden eine psychologische Vierdimensionalität — oder sagen wir besser: Unendlichkeit, entsprechend dem in der letzten Stunde eingeführten allgemeineren Terminus —, die sich als Sinnbeziehung der metaphänomenalen psychischen Dinge darstellt. Dann hatten wir kennen gelernt zwei Formen der physikalischen Unendlichkeit: die Ewigkeit des Äthers und die Allgegenwart der Energie. Die Ewigkeit des Äthers bedeutet vollständige Potenzierung der Energie (auch der Zeit) durch die Urkraft, bedeutet einen spirituellen Zustand der Materie, der außer als Äther auch als Urkraftfeld zu bezeichnen ist. Die Allgegenwart dagegen der Energie bedeutet vollkommene Aktualität der Energie, die frei ist von aller Kraftregulation und demgemäß nicht Bewegung, sondern Leere ist. Zu beiden Begriffen ist die Relativitätstheorie, wenn auch noch ganz ungenügend, vorgedrungen. Jedenfalls unterscheidet sie die Leere als Energieaktualität vom Raume als Energiepotenz. Die Leere spielt in der Natur die Rolle des Bewegungsantriebes und ist die Unterlage der Bewegung, welch letztere unter dem Einfluß der Kraft zur Potenz erstarrt. Ich sagte bereits das letzte Mal, daß wir in der Leere den unbewegten Beweger des Aristoteles zu erkennen haben, und möchte nun heute noch hinzufügen, daß wir im Äther auch die reine Potenz, die Materia prima des Aristoteles festzustellen vermögen. Denn diese Potenz trägt in sich alle Formmöglichkeit neben der energetischen Möglichkeit und gerade das besagt die Aristotelische reine Potenz, wie wir ja schon viel früher erkannten. In der Leere haben wir den allgemeinen Untergrund der Natur vor Augen, dem die Natur ihre Wahrscheinlichkeitsstruktur verdankt, während wir im Äther den Untergrund der Kosmogenese erblicken müssen, dem die Natur ihre Entwicklungsstruktur, die Periodizität, verdankt. Das ist die

Situation, bis zu welcher wir vorgedrungen waren. Ich hatte zum Schlusse noch angedeutet, daß wir das Wort Raum wohl am besten auf die Leere anwenden dürften und daß demgemäß die angegebenen Energiepotenzen als Gravitationsfeld (sog. dreidimensionaler Raum) und als Urkraftfeld (sog. vierdimensionaler Raum = Äther) zu bezeichnen wären.

Aus dem Nachweis zweier physikalischer Unendlichkeiten erfließt für uns die überaus wichtige Erkenntnis, daß es neben der psychologischen Unendlichkeit noch zwei weitere Unendlichkeiten im Psychischen geben muß, die wir auch leicht erweisen können und im folgenden besprechen wollen.

Zunächst kehre ich nochmals zu Einsteins früher erörterten Gedanken zurück. Einstein spricht vom vierdimensionalen Raume als dem Medium, in dem sich das Weltgeschehen abspielen soll, und meint, daß wir in ihm jedes Geschehen beziehen können auf vier Koordinaten, deren eine die Zeit ist. Ich zeigte, daß es dies Koordinatensystem in der Natur nicht geben kann, habe nun aber damit ganz und gar nicht behaupten wollen, daß es dies System überhaupt nicht gibt. Das wäre ja unverkennbarer Unsinn, denn dies Koordinatensystem ist ein mathematisches, als welches es schon vor Einstein von Gauß und Riemann erkannt und verwertet wurde. Der Physiker wendet dies mathematische Koordinatensystem auf die Natur an, deren Vorgänge er damit anschaulich — als extensive — zu erfassen vermag[1]. Das nun ist im Auge zu behalten: nicht gibt es direkt in der Natur dies Koordinatensystem, aber es ist anwendbar auf die Natur. Mit seiner Hilfe können wir uns ein lichtvolles mathematisches Bild vom Naturgeschehen machen. Es ist also falsch, wenn Artur Haas die Physik direkt eine geometrische Notwendigkeit nennt, doch ist die Mathematik imstande, die physikalische Notwendigkeit scharf zu erfassen. In dieser Hinsicht möchte ich hier erwähnen, daß Haas direkt auch die Zahl auf das elementare Wirkungsquantum der Natur bezieht, beide identi-

---

[1] Nach Schlick (Erkenntnistheorie) wäre das mathematische Koordinatensystem nichts Anschauliches, sondern etwas Begriffliches. Anschaulich ist ihm nur der an den Empfindungen haftende Raum — bzw., wie er meint, die den verschiedenen Empfindungsarten zugeordneten Raumarten, die selbst ganz verschieden sein sollen —, dagegen soll der geometrische Raum — gleichgültig, ob als Euklidischer, ebener Raum oder als Einsteinscher, sphärischer — etwas Unanschauliches, nur begrifflich Konstruiertes sein. Das erscheint mir ganz verkehrt. Die dimensionale Struktur des geometrischen Raumes ist ganz gewiß etwas Anschauliches. Selbst Conturat (Die philosophischen Prinzipien der Mathematik), dieser extreme Logistiker, hat anerkannt, daß in den Dimensionen ein empirisches (anschauliches) Moment vorliege, das durch die logische Behandlung nicht ersetzt werden könne. Man kann nur sagen, daß im geometrischen Raume die dimensionale Struktur rein an sich, nicht in Abhängigkeit von den Sinnesdaten — in einem reinen Formbewußtsein, nicht im sinnlichen Bewußtsein — gegeben sei, nicht aber, daß sie hier etwas Unanschauliches bedeute. Gegen Schlick u. a. möchte ich ferner noch bemerken, daß durch den Nachweis eines sphärischen Raumes der Apriorismus Kants nicht im geringsten widerlegt ist. Es gilt nur das Grundgesetz dieses Raumes aufzufinden und es werden sich dann auch die Gesetze des ebenen Raumes als Spezialgesetze aus ihm ableiten lassen. Alle Dimensionalität gibt es allein im Bewußtsein und wird von diesem in die Welt hineingetragen; sie muß deshalb eigengesetzlich sein und es liegt nur an unserer unzulänglichen Bewußtheit, wenn wir dies Eigengesetz nicht herauszufinden vermögen.

fiziert und demgemäß die Natur durchaus mathematisiert. Ich zitiere ein paar Sätze von ihm aus einem Artikel in den Naturwissenschaften (im 8. Bd. S. 127); hier sagt er: „Die sog. Quantentheorie gründet sich auf die Annahme, daß die mit bestimmten physikalischen Erscheinungen verbundene Wirkungsmenge ein ganzzahliges Vielfaches eines sog. elementaren Wirkungsquantums sei. Da aber in mathematischer Hinsicht die noch mit der konstanten Lichtgeschwindigkeit multiplizierte Wirkung nach dem eben Gesagten als eine reine Zahl erscheint, so erscheint die Frage nach der Grundlage der Quantentheorie wiederum auf das engste verknüpft mit dem Grundproblem der Arithmetik, mit der Frage nach dem Wesen der Zahl. Immer deutlicher wird so die Erkenntnis, daß die Grundlagen der Physik dieselben sind wie die der Mathematik. Durch die Physik erhält erst die allgemeine Geometrie einen Sinn und einen Inhalt; und umgekehrt ist vielleicht die Physik nichts anderes als die in eine andere Sprache übersetzte Geometrie der vierdimensionalen Mannigfaltigkeit, die wir durch die Art unserer Interpretation in Raum und Zeit spalten."

Dem ist natürlich nicht zuzustimmen und es haben denn auch andere Relativitätstheoretiker, so z. B. Freundlich, dagegen Stellung genommen. Es geht nicht an, die Zahl direkt dem elementaren Wirkungsquantum gleich zu setzen, sondern wir können nur sagen: das Wirkungsquantum wird erlebt in der Zahl. Die Zahl ist ja nichts Dynamisches, was dagegen für die Ladung des Wirkungsquantums gilt. Aber der Begriff des Wirkungsquantums besagt doch auch zugleich, daß an ihm etwas Nichtdynamisches, etwas Quantitatives, partizipiert, und eben dieses Quantitative wird in der Zahl erfaßt. Die Zahlen beschließen in sich alle in der Natur gegebene Vielheit. Zugleich beschließen sie auch in sich alles Extensive, das im Raume und in der Zeit, im Feld und in der Bewegung vorliegt. Was die Bewegung anlangt, so haben wir ja im Unendlichkleinen das Mittel zur Hand, sie anschaulich in Zahlenwerten zu meistern: mittelst unendlich kleiner Zahlenwerte vermögen wir die Kontinuität der Bewegung, ja sogar die Geschwindigkeitsänderung, zu erfassen. Mit der Einführung der Infinitesimalrechnung durch Leibniz und Newton wurde einer der größten Fortschritte in der Mathematik der neueren Zeit erzielt. So verwandelt sich in den mathematischen Formeln des Physikers die ganze Natur in Anschauliches, erstarrt das Geschehen, wird die Aktivität zu Raum, und zwar nicht zu physikalischem Raum, in dem ja das Geschehen nur als aufgehobenes, als Potenz, vorliegen kann, sondern zu mathematischem Raum, der die Aktualität als solche in sich beschließt, nur eben in Gestalt von Zahlen und Zahlenwerten, die wir auch als aktuelle Form bezeichnen können. Die Energie ist hier aktuell und doch starr, allgegenwärtig und doch undynamisch, in einer so bemerkenswerten Verwandlung, wie sie nur dem Bewußtsein möglich ist. Vor einem Wunder stehen wir: in einer anschaulichen Breite überschauen wir die ganze unendliche Welt. Wieder sehen wir die Besonderheit des Erfahrungsbewußtseins, in dem alles einerlei Art ist, das den Gegensatz von Extensivem und Intensivem, von Dynamik und Ruhe, nicht kennt, sondern in dem alles ruhig und extensiv ist, in dem es nur Anschauliches gibt und dieses sich darstellt als Zahl. Und alle Zahlenwerte, die möglich sind, sind umschlossen in der Zahl Unendlich. Das Unendlichgroße und das Unendlichkleine umgrenzen alles Zählbare, bewirken den Übergang von einem Werte zum anderen, integrieren und differenzieren alles. Das ist das mathematische Unendliche und ist zugleich das wahrhaft Vierdimensionale, das, worauf der Begriff des Vierdimensionalen wirklich unmittelbar paßt, der eben gebunden ist an die formale Struktur des anschauenden, des Erfahrungsbewußtseins.

Der vierdimensionale, mathematische Raum ist das Zahlenkontinuum, dessen besondere Struktur noch lange nicht genügend durchschaut ist. Es ist die Menge, während der dreidimensionale Raum die Größe ist. Sie wissen jedenfalls, daß es eine Mengenlehre in der Mathematik gibt und daß diese uns bekannt gemacht hat mit allerhand Paradoxien des Unendlichen. Von diesen Paradoxien muß ich hier doch eines erwähnen, nämlich jenes, das besagt, daß eine unendliche Teilmenge einer unendlichen Menge äquivalent dieser letzteren ist. Ich will mich nun in die Mystik des Unendlichen nicht einlassen, da ich kein Mathematiker bin, aber soviel ist mir klar, daß es vierdimensionale Zahlwerte geben muß, die unendliche Teilglieder im Unendlichen sind, also von gleicher Art wie das Ganze, nur an Mächtigkeit von ihm unterschieden, mit einer gewissen Selbständigkeit ausgestattet. Wir können uns den Tatbestand auch verdeutlichen, indem wir ihn in Beziehung setzen zum früher erwähnten psychologischen Tatbestand, daß es nämlich viele in sich geschlossene Sinnbeziehungen gibt, die doch alle insgesamt in einem allgemeinen Sinn sich vereinigen. Dieser Vergleich nun der unendlichen Zahlenwerte mit den Sinnbeziehungen scheint mir außerordentlich fruchtbar: in den unendlichen Zahlenwerten ist, so dünkt mich, die Form für die einzelnen Sinnbeziehungen gegeben. Solche unendliche Zahlenwerte, die in sich Sinnbeziehungen beschließen, nennt man Symbole. Symbole gibt es allerhand Art; sie entsprechen in letzter Instanz organischen Formen, aber es haftet ihnen Beziehung an zu deren Leistungen, die in den Symbolen mit einbegriffen sind. Darum eben ist das Symbol ein Zahlenwert: in solchen Zahlenwerten kommt der Formgehalt der Idee, der allgemeinen Formpotenz, am vollkommensten zur Darstellung. Vielleicht wird ihnen die Deutung eines Symbols als eines Zahlenwertes sonderbar erscheinen, da ein Symbol, etwa ein Posthorn, doch ein rein formales Gebilde sei. Aber es kommt darauf an, wie es erlebt wird. Vertiefen wir uns ganz in das Symbol, so ersteht vor uns alles, was zum Postwesen Beziehung hat, und nicht nur die zugehörigen Personen und Dinge, sondern auch ihre Leistungen, die als zweckmäßige alle zugehörigen Gebilde verbinden. Ein ungeheuerer Sinnkomplex tut sich vor uns auf und dieser Komplex erscheint geformt durch die betreffende Gestalt, die in ihrer vierdimensionalen Erstreckung als Zahlenwert sich darstellt. Man wendet auf diese unendlichen Zahlenwerte auch den Ausdruck: mystische Zahlen an. Was es mit diesen mystischen Zahlen auf sich hat, soll uns erst bei Besprechung der Mentalität der Naturmenschen beschäftigen, ich möchte hier nur noch darauf hinweisen, daß die Hieroglyphen solch mystische Zahlen sind und daß die innigste Beziehung besteht zwischen den Zahlen und den Worten. Die Mathematik der Alten, von der wir nicht verächtlich denken dürfen, so mystisch sie uns auch anmutet, war zugleich Sprache. Doch lassen wir das heute unberührt, ich konstatiere nur nochmals, daß in den Symbolen unendliche Zahlenwerte gegeben sind, in denen der Ideegehalt des Lebens in vollkommenster Weise sich entfaltet und in denen vierdimensionale Sinnbeziehungen angeschaut werden.

Was ist nun über die Herkunft des Mathematischen zu sagen? Was zunächst die Idee anlangt, die allgemeine Formpotenz des Lebendigen, so ist sie ohne weiteres abzuleiten aus dem Formgehalt der Natur. Sie ist in Bewußtseinsstruktur verwandelte Kraftstruktur. Demgemäß begegnet uns in der Idee nichts anderes als die Urkraft, die nur aus einem Formprinzip für die Energie verwandelt erscheint in ein Formprinzip für Psychisches. Idee und Zahl verhalten sich zueinander wie Äther und Materie, oder, da im Äther die Energie als Potenz (Ewigkeit) vorliegt und in der Materie als Aktus (Allgegenwart), so verhalten sie sich zueinander wie Ewigkeit und Allgegenwart. Die Idee ist Formpotenz wie der Äther Energiepotenz ist und die Zahl ist Formaktus wie die Allgegenwart Energieaktus ist. Idee und Zahl (Zahlenkontinuum) sind mathematische Unendlichkeiten, denen Äther und Allgegenwart als physikalische Unendlichkeiten zugrunde liegen.

Und nun stehen wir vor dem letzten Problem im Unendlichen, wie nämlich die psychologische Unendlichkeit sich verhält zu beiden mathematischen und physikalischen Unendlichkeiten. Wie kommt es, so fragen wir, daß die Ewigkeit verwandelt wird in Idee und diese in sich aufnimmt die Allgegenwart, in der sie sich arithmetisch entwickelt? Das ist nun nur möglich durch das Leben, durch das Telos, das in der aktuellen Natur einmal einsetzte und nun als Naturverwandler fungiert. Mit der Entwicklung des ersten Lebewesens war die Verwandlung im Äther eingeleitet, denn, wie ja ganz selbstverständlich, war die Idee bereits im ersten Individuum, in der Urindividualität, gegenwärtig, nur kam sie hier bloß andeutungsweise zur Darstellung. Der Entwicklungsgang des Lebens ist nichts anderes als immer vollkommenere Enthüllung der Idee, die in den Zahlen, als angeschautem Unendlichen, ihr Höchstmaß erreicht. Im Erfahrungsbewußtsein vollzieht sich der letzte Schritt; durch den Sinn wird die Idee im Vierdimensionalen offenbar. Der Sinn ist der teleologische Zwang, der alle Wirkung einer Anschauungsform einordnet, die dabei aus Idee (Formpotenz) zu Zahl (Formaktus) wird. Im Sinn ist die Allgegenwart, der Zufall, psychisch gebunden und diese Bindung erweckt die Idee aus ihrem Ätherschlaf und bringt sie an der Energie, die dabei zu Zahlwerten erstarrt, zur Darstellung. Das vermag natürlich nur ein Übernatürliches, Göttliches, und so tritt uns denn die Gottheit, die wir in Allgegenwart und Ewigkeit vergebens suchen, im Sinn entgegen, der eben der große Weltverwandler ist. Durch ihn wird die Idee zum Herrn der Energie, die erst ihr Spiel mit ihr trieb — allerdings noch in sehr unvollkommener

Weise, denn es kann ja gar keine Rede davon sein, daß unser Erfahrungsbewußtsein die Welt beherrscht! Es vermag nur in vierdimensionaler
Schau zu erleben, was vom Telos bereits in. Leben, in Psychisches, verwandelt ward; aber bis zur Weltherrschaft ists noch unendlich weit; zu
solcher ist das organische Leben nicht befähigt. So sehen wir, indem zugleich eine unendliche eroberte Welt vor uns sich öffnet, noch in uneröffnete
unendliche Fernen hinaus. Wir entnehmen dem, daß es auch weiterhin an
Stoff für die menschliche Leistung nicht fehlen wird.

Und dazu möchte ich doch noch ein paar Worte sagen. So weit,
als es mir zur Zeit möglich ist, möchte ich diese schwierigen Probleme auf-
zuhellen versuchen. Das Verhältnis der Idee zur Zahl, zum Äther und
zur Allgegenwart ist nur mit größter Vorsicht zu erfassen, ist so überaus
verwickelt und doch für das Weltverständnis so überaus bedeutungsvoll,
daß es wohl dafür steht, sich hier noch ein wenig tiefer einzubohren. Die
Idee, ich wiederhole nochmals, ist nichts anderes als die Urkraft, die die
Ewigkeit des Äthers bedingt und in der Idee nur ins Geistige (Mathematische)
transponiert erscheint durch den Sinn, den allgemeinen Weltverwandler,
das Lebenswunder. Die Urkraft ist aber nicht nur gegenwärtig im Äther,
sondern auch in der Materie, deren Rückverwandlung in Äther sie ja bedingt. Doch wird die Materie auch beherrscht von der Allgegenwart (Leere,
Raum im allgemeinsten Sinne) und beiderlei Herrschaft nun ergibt gemeinsam die Wahrscheinlichkeitsstruktur der Welt. Das sensorische (Erfahrungs-)
Subjekt findet sich also nicht bloß dem Äther gegenüber, sondern auch
der Materie, trägt demgemäß den Sinn in die ganze Welt hinein. Und
eben damit zugleich die Idee, die aus der Ewigkeit des Äthers erwächst
und nun auch die Materie beherrschen, auch ihr die Ruhe des Äthers auf-
prägen soll. Das ist die Verwandlung der Materie in Zahl, ins Zahlenkontinuum, an dem die Idee als Vierdimensionalität, als Symbol, als Einheits-
struktur zur Geltung kommt! Im Zahlenkontinuum ist der Äther
auf die ganze Welt erweitert, bzw. sind Äther und Materie in
ein Drittes verwandelt, das nur durch den Sinn möglich ist und
nur Bedeutung hat in Hinsicht auf die Idee (Symbol) als dem
zugehörigen Ordnungsprinzip. Die Idee ist die für die gesamte Welt
(in Zahlenform) gültige Absolutbeziehung! Das ist das wesentliche Moment!
Und diese Absolutbeziehung entsteht durch das Leben als Träger des Sinns.

Ich betone nochmals, daß mit Setzung dieser Absolutbeziehung etwas
geleistet ward, das zu einem großen Irrtum, zum Pantheismus verführte.
Man glaubte die Absolutbeziehung realiter in der Welt gegeben, während
sie doch nur durch das Erfahrungsbewußtsein in die Welt hineingetragen
wird. Man glaubte an einen Gott in der Welt, in dem alles Weltgeschehen
als Sinnvolles zentriert sein sollte, während der Sinn nur durch das Leben
in die Welt kommt, als eine Anschauungsform, die wohl verweist auf die
Möglichkeit einer Verwandlung des Weltunsinns in Sinn, aber sie doch
eben nur andeutet, nicht vollzieht. Darauf doch sei hier nur ganz kurz
verwiesen; ich werde mich mit diesem Problem an anderer Stelle zur Genüge zu beschäftigen haben.

Damit nun endlich haben wir das Thema des Vierdimensionalen zum Abschluß geführt. Fünf Arten des Unendlichen fanden wir und kamen uns auch ins klare über ihre näheren Beziehungen, soweit diese eben im Psychischen sich eröffnen. Lassen Sie mich zum Schlusse das alles zusammenfassen in einem Schema, das ich an die Wandtafel schreibe.

Schema der Unendlichkeiten (Arten des Vierdimensionalen).

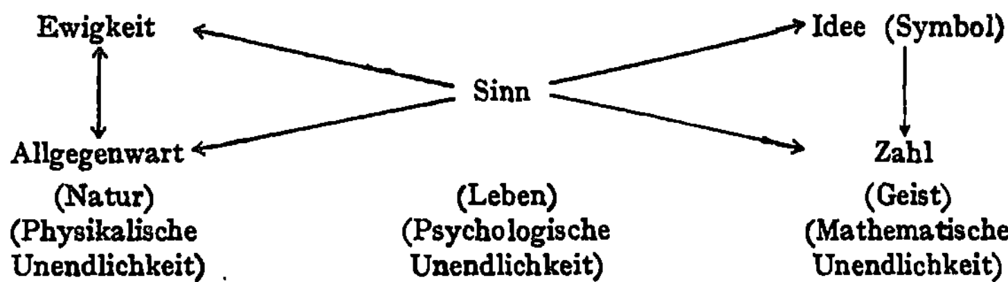

Die Pfeile deuten das gegenseitige Verhältnis dieser fünf Arten von Unendlichkeiten an. Ewigkeit und Allgegenwart sind die Grundlagen der Natur und demgemäß engst aufeinander bezogen. Der Sinn tritt auf als Naturverwandler, besser gesagt: das Telos tritt auf und wird als Sinn erlebt. In einer Form, die durch die Idee bestimmt wird und in der Zahl sich aktuell darbietet.

Wir werden nun in den nächsten Stunden diese Ergebnisse auf die Mentalität der Naturmenschen anzuwenden haben.

24. Vorlesung.

Die Mentalität der Primitiven.

Nun war die Untersuchung des Themas der Vierdimensionalität, besser gesagt: der Unendlichkeit, zu Ende geführt! Wie kompliziert haben sich doch die Verhältnisse erwiesen! Volle vier Stunden mußten wir uns mit dem schwierigen Thema beschäftigen und haben dabei drei Hauptarten von Unendlichkeiten zu unterscheiden vermocht, die für Natur, Geist und Leben sich charakteristisch erwiesen. So erwies sich uns die Natur charakterisiert durch die physikalische Unendlichkeit, die wieder in zweierlei Gestalt uns entgegentrat. Wir lernten kennen die an den Äther gebundene Ewigkeit, die auf der vollkommenen Dominanz der Kraft, speziell der Urkraft, über die Energie beruht, und daneben die an die Leere gebundene Allgegenwart, die auf der vollkommenen Aktualität der Energie, auf vollkommener Freiheit von der Kraft, auf einem Zustand absoluter Aktualität, einem eigentlich transzendenten Zustand der Energie, der trotzdem für die Welt als letzter Bewegungsantrieb die größte Bedeutung besitzt, beruht. Ohne die Allgegenwart begreifen wir nicht die Materialisationen, in denen

Äther sich verwandelt in Materie, d. h. in aktuelle Energie, wie wir anderseits wiederum ohne die Ewigkeit nicht die Spiritualisationen begreifen, in denen Materie zurückverwandelt wird in Äther. Aus Allgegenwart und Ewigkeit erfließt also der kosmogenetische Prozeß, der eben nichts anderes ist als Wechsel von Materialisation und Spiritualisation. Wenden wir uns nun dem Geiste zu, so ist für diesen charakteristisch die mathematische Unendlichkeit. Was die moderne Relativitätstheorie als Vierdimensionalität der Natur beschreibt, hat direkt überhaupt gar nichts mit der Natur zu tun, sondern ist rein geistige, mathematische Unendlichkeit, die wohl aus den Naturunendlichkeiten (durch Vermittlung des Sinnes) hervorgeht, aber ganz und gar nicht unmittelbar identisch ist mit diesen. Die mathematische Unendlichkeit ist ein Produkt des Bewußtseins, in dem die Natur zu einer neuen, als Zahl zu bezeichnenden, also echt geistigen Wesenheit ersteht — in quantitativem Sinne nämlich, nicht in dynamischem! Quantitativ erscheint die Kraft gegeben in der Idee und die Energie im Zahlenkontinuum, so daß also auch die mathematische Unendlichkeit in doppelter Form vorliegt. Die Idee ist das aus der Kraft erwachsende vierachsige Koordinatensystem, auf das eigentlich allein die Bezeichnung Vierdimensionalität angewendet werden sollte, und das Zahlenkontinuum ist die aus der Energie erwachsende Unendlichkeit, in der die Idee als Absolutbeziehung zur Geltung kommt. Genauer gefaßt wäre also zu sagen, daß auch das Kontinuum aus der Kraft, nicht aus der Energie, erwächst, denn das Quantitative an der Energie, das doch allein in den Zahlen erlebt wird, haftet an der Kraft, die ja auch im letzten Wirkungsquantum, in den Lichtstrahlen, sich synthetisch äußert. Aber die Kraft tritt uns hier entgegen in stärkster Abhängigkeit von der Energie, während sie im Äther über die Energie absolut dominiert. Daraus doch folgt eine innere Verwandtschaft der Idee mit dem Zahlenkontinuum: das Zahlenkontinuum ist sozusagen aktuelle Zahl, während die Idee Zahlpotenz ist.

Das aber, was die Idee aus dem Äther entstehen läßt und sie verwandelt in die aktuellen Zahlenwerte, das ist das Leben. Das Leben als Sinn, als psychologische Unendlichkeit, steht hier in Frage. Und hier nun ist noch ein letztes Wort zu sagen, in dem sich das Verständnis aller hier in Betracht kommenden Probleme vollendet. Der Sinn hat zur stofflichen Unterlage das Sensorische in Form von Halluzinationen, die das eigentliche Substantielle im Erfahrungskreise sind. Sie sind zugleich, und das ist für uns das wichtigste, Träger der Energie als eines Dynamischen. In den Halluzinationen ist die Energie als wirkende wirklich unmittelbar gegenwärtig, während in den Zahlen nur das Quantitative an den natürlichen Wirkungsquanten erlebt wird; so ist die Halluzination echteste Natur, dagegen die Zahl nur deren geistige Einkleidung. Auf diese Erkenntnis wollen wir das größte Gewicht legen. Im Erfahrungsbewußtsein ist in der Tat die Natur in ihrer ganzen Wesenheit — soweit das in dynamischer Hinsicht möglich ist! — gegeben: als Zahl das Quantitative und als Halluzination das Intensive und beiderlei Gegebenes ersteht durch den Sinn, der eigentlich das

Psychische ist an der Halluzination. Erfahrung vereinigt derart in sich Natur und Geist. Wobei wir unter Natur den Intensitätsgehalt der Natur und unter Geist den Quantitätsgehalt der Natur zu verstehen haben. Gerade in dieser Vereinigung von Energie und Kraft in einer neuen, andernorts noch genauer einzuschätzenden Art, liegt die Bedeutung des Lebens, das dazu da ist, die Natur zu verwandeln, nämlich die Energie ganz einzuordnen in die Idee. Daß es sich dabei um eine Durchdringung männlicher und weiblicher Substanz handelt, leuchtet ganz von selbst ein; die halluzinatorische Substanz ist vergleichbar der assimilatorischen, histologischen und sensorischen Substanz, die wir alle als weibliche beurteilen mußten, und die Zahlsubstanz ist vergleichbar der individuatorischen, morphologischen und phänomenologischen Substanz, die als männliche zu gelten haben. Wir können nun weiterhin das Leben als Durchdringung männlicher und weiblicher Substanz in Vergleich stellen mit der Kosmogenese, die eine wechselnde Durchdringung von Kraft und Energie bedeutet. Das Leben tritt an Stelle der Kosmognese: statt des ewigen Wechsels von Materialisation und Spiritualisation ergibt sich der sukzessive Ausbau eines sinnvollen Ganzen, der selbstverständlich im Biologischen nicht seinen Abschluß findet, sondern weit über die Erfahrung hinausweist.

Ich möchte nun diese Errungenschaften Ihnen genauer illustrieren an der Hand einer Analyse der Mentalität der Naturmenschen, der Wilden oder Primitiven. Die Naturmenschen haben als die eigentlichen Träger der Erfahrung zu gelten. Für sie gilt wohl auch Zeugung, Entwicklung und Handlung, wie für die Tiere, aber daneben die Erfahrung als besonderes Kennzeichen, und zwar nicht nur im Sinne von Erinnerung, die ja auch schon den Tieren eignet, sondern als das machtvolle Erlebnis sinnvoller Einheiten, in denen sie sich die Welt subjektivieren. Das Sinnerlebnis ist charakteristisch für die Wilden aller Regionen. Wir stellen es fest bei den Indianern von ganz Amerika, bei den Negern aller Art in Afrika, bei den Dravidas und Weddas in Vorderindien und Ceylon, bei den Negrito und Minkopie in Hinterindien und Indonesien, bei den Ainu in Sacchalin, bei den Australiern, Papua, Maori, den Polynesiern und Melanesiern des pazifischen Gebietes, bei den Eskimos des Nordens: welche Typen wir auch herausgreifen, sie alle zeigen eine besondere Mentalität, die von der des Kulturmenschen fundamental verschieden ist. Wo die Naturvölker sich höher entwickelten, wie in Amerika bei den Nahua-, Maja- und Inkavölkern, in Afrika bei der Bevölkerung von Benin (deren Kultur von Frobenius beschrieben ward) und anderorts, im pazifischen Gebiet bei den Javanen u. a., da kann man sicher sein, daß irgend ein eingewandertes Kulturvolk dahinter steckt, daß sie die Kultur nur übernommen haben, um sie dann allerdings zähe festzuhalten. Der moderne Evolutionismus hat natürlich auch eine allmähliche Herausbildung der Kultur aus primitiven Zuständen behauptet, aber ihm ist überhaupt das eigentliche Kulturmoment gar nicht aufgegangen; er weiß gar nicht anzugeben, was Natur- und Kulturmenschen eigentlich unterscheidet. Wenn z. B. die Wissenschaft von

Animismus in Hinsicht auf die Wilden redet, ihnen also eine Seele nach Art der des Kulturmenschen zuschreibt, so hat sie sich den Seelenbegriff gar nicht klar gemacht: sie verwechselt die Seele mit dem Spirit, von dem wir in der nächsten Stunde werden zu reden haben. Erst in neuester Zeit hat man das Sonderwesen der Wilden zu begreifen angefangen; die französische Schule von Dürckheim, Levy-Brühl an der Spitze, in Deutschland Preuß u. a., haben erkannt, daß die Psyche der Wilden keine kausal und dynamisch erlebende ist, sondern eine sinnhaft und anschaulich erlebende. Levy-Brühl spricht von der magischen Erlebnisform der Primitiven, von ihrem alogischen Denken und kollektiven Empfinden, vom Glauben an geheimnisvolle Mächte, die nach Art der menschlichen vorgestellt werden, die die Welt regieren und in allen Dingen gegenwärtig sein sollen. Alles dünkt dem Wilden lebendig, dünkt ihm Subjekt nach seiner Art, es gibt für ihn nichts Totes. Ein geheimnisvolles Weltleben wirkt sich in allem aus, ein Weltgeist durchatmet alles, das Mana, Orenda, Wakanda, Mulunga, oder wie man das Weltgöttliche sonst noch nennt, gilt als die Einheit in allem, verbindet alle Weltinhalte zu einem großen Sinnganzen, an dem auch die Menschen partizipieren. Spezialisiert erscheint dieser allgemeine Sinnbezug im Schutzgeist des einzelnen Stammes, der das Leben und Gedeihen von Menschengruppen verknüpft mit dem Geschick irgendeines für den Stamm besonders wichtigen Tieres, einer hervorragenden Nährpflanze oder auch mit einem anorganen Gebilde; man spricht vom Totem als dem Träger des Stammlebens und so läßt sich die psychische Einstellung der Wilden auch charakterisieren als Totemismus. Im Totem erlebt sich der Stamm mitsamt der Umwelt als bewußtheitliche Einheit, wird sein Empfinden zu einem kollektiven. Das individuelle Subjekt verschwindet in einem übergeordneten, zu allerhöchst im allgemeinen Weltsubjekt.

Wenn wir das bewußtheitliche Erlebnis des Naturmenschen von dem des Kulturmenschen recht scharf sondern wollen, so müssen wir sagen, daß für uns wesentlich ist ein tiefdringendes Handlungserlebnis, dagegen für den Wilden ein höchst entwickeltes Anschauungserlebnis. Wir sind ausgesprochen motorische Wesen, die ihre Handlungen kausal und rational bis ins letzte erleben, für die demgemäß wichtig ist die sinnliche Struktur der Welt, die, wie wir ja sahen, zum motorischen Verhalten engst hinzugehört. Davon wird an anderer Stelle zu reden sein, wenn ich mich der Untersuchung des Wesens des Kulturmenschen näher zuwende. Der Wilde erlebt natürlich in gewisser Weise auch motorisch, denn er ist, wie ich ja auch schon betonte, nicht bloß Erfahrungs-, sondern auch Handlungswesen, das Tierische steht ihm noch sehr nahe; doch ist ihm die Anschauung weit mehr Selbstzweck als uns, er erlebt aufs stärkste sensorisch, und zwar übersinnlich, halluzinatorisch, erlebt hellseherisch Dinge, die das Auge nicht sehen kann, lebt derart in einer spukhaften Welt, in einer Welt der Erscheinungen, Geister, Gespenster, die ihm unbezweifelbare Wirklichkeit bedeuten. Das gilt nicht nur für die Zauberer und Priester in den Stämmen, für die sog. Medizinmänner, bei denen allerdings diese Fähigkeiten besonders stark entwickelt sind, sondern gilt für alle Stammitglieder, die die allgemein gegebene Anlage noch durch spezielle Prozeduren zu steigern versuchen. Durch allerhand Mittel der Erregung, durch Zeremonien der Beschwörung, durch Tänze, Berauschung, Wiederholung von Gesten und bestimmten Wortfolgen von. Symbolbedeutung, wird der eigentümliche Trancezustand geweckt, der dem Wilden ein heiliger ist. Die künstlich gestachelte Erregung schlägt dann um in einen schlafartigen, in einen Erstarrungszustand, der die Voraussetzung der Halluzinationen ist.

Die Halluzination ist das Grundelement des übersinnlichen Erlebnisses. Betrachten wir uns ihre Eigenart nochmals möglichst genau. Es handelt sich bei den Halluzinationen um sensorische Erlebnisse, die keine Reize zur Voraussetzung haben, sondern gegebene Vorstellungsreste der Wahrnehmungen mit Energie speisen, so daß sie die volle sinnliche Lebhaftigkeit, eventuell sogar eine gesteigerte, gewinnen. Der Erregungszustand im Nervensystem wird hierbei aufgehoben, die Welt erstarrt ringsum im eindrucksvollen Erlebnis und innerlich erstarrt der Energiegehalt zum Ätherzustand, der die tragfähige Grundlage des übersinnlichen Erlebens ist. Wie sich das sinnliche Erlebnis dem Erregungszustand und der motorischen Körperleistung zuordnet, so das übersinnliche dem Ätherzustand, der für das sensorische Subjekt kennzeichnend ist. Das hängt ja damit zusammen, daß das sensorische Subjekt nicht psychogenetisch sich betätigt, sondern bloß in innigste Beziehung tritt zu gegebenem Psychischen. Es erlebt nur Relationen des Psychischen, in die dabei der subjektive Energiegehalt einfließt; dieser Energiegehalt ist wegen seiner Ewigkeitsnatur, seiner Spiritualität, eben zur Herstellung von Beziehungen geeignet, vermittelt die Halluzination und in dieser wieder die Relation der Objekte zueinander unter Aufhebung des Gegensatzes von Objekt und Subjekt. Halluzinationen ermöglichen das Eingehen des Subjekts ins Objekt, ermöglichen die Verselbständigung des letzteren und demgemäß wird das Telos erlebt als eine anschauliche Beziehung zwischen selbständigen, metaphänomenalen Dingen. Das Hauptmoment ist die Aufhebung der motorischen Subjektität und die Subjektivation der Objekte. In diesem Erlebnis einer Welt von Subjekten erstarrt das Bewußtsein zu Sinnbezügen dieser. Dabei geht es nicht ab ohne Vergewaltigungen der Objekte, denen eben eine Subjektnatur aufgedrungen wird. Nur in einem halluzinierenden Bewußtsein sind Aussagen möglich, wie sie den Wilden geläufig sind, daß nämlich irgendein toter Körper lebendig sei, ein Weg sich bewege wie eine Schlange, ein Stein spreche oder esse wie ein Lebewesen. Halluzination gestattet derart unsinnig erscheinende Aussagen, die einem dynamischen Bewußtsein ganz unmöglich sind. Der rein anschauend sich Verhaltende trägt eben seine eigene Subjektnatur ganz hinein in die Objekte und dann ist es kein Wunder, wenn diese lebendig werden. Und ist uns Kulturmenschen denn ein derartiges Empfinden ganz fremd? Auch in uns, besonders bei großen Gemütserregungen, lebt die Mentalität der Wilden, die doch immerhin unsre Urahnen sind, zeitweise wieder auf, ist bzw. als psychische Unterströmung immer gegeben: uralte Sinnerlebnisse unterlagern unserm höheren seelischen Erlebnis und

melden sich immer wieder, auch gegen unseren Willen zu Wort. Wir stecken
noch tief im Aberglauben drin, die Zahl 13 hat noch immer ihre Unglücks-
bedeutung für uns, im Kriege trägt fast jeder ein Amulett mit sich. Warum
ist das der Fall? Wir glauben an Sinnbezüge, die stärker erscheinen als
alle mechanischen Hilfsquellen und stärker auch als die Hilfsbereitschaft
eines transzendenten Gottes, wie ihn das Christentum predigt. Der Weltgeist liegt uns näher als der Christengott; das Symbol, dessen Wert sich
in jenem begründet, näher als das Gewehr, das uns dieser in die Hand drückt;
der Zauber erscheint uns wirksamer als alle klug berechnete Kausalität.
So sind wir immer noch halbe Wilde.

Ein wesentliches Moment nun aber für das Sinnerlebnis ist dessen
Formung durch die Idee. Die Einheit des Sinnerlebnisses wird ermöglicht durch seine vierdimensionale Formierung, die sich darstellt als
Symbolerlebnis. Wie die sinnlichen Empfindungen hineingetragen werden
in den dreidimensionalen Raum und hier dreidimensionale Gestaltung
empfangen, wodurch sie erst ganz zu den phänomenologischen Objekten
werden, so werden die übersinnlichen Halluzinationen hineingetragen in
den vierdimensionalen Raum, durch den sie eine vierdimensionale Gestaltung empfangen, die wieder erst ihre metaphänomenologische Selbständigkeit bedingt. Im Symbol ist der Sinn, der die Erscheinungen ins
Leben ruft, formal gefaßt, in ihm wird er zur ewigen, heiligen Erfahrungs-
gestalt. Ich muß hier noch ein Wort über die Beziehung des Symbols
zum Sinn sagen. Sinn ist die Triebfeder der Erfahrung, ist das die
Halluzinationen aufwerfende Bewußtsein, ist Grundlage für die Subjektivation, für die Entstehung der metaphänomenalen Welt; aber im Symbol
wird dem Bewußtsein die Form gegeben, in der der Trieb erstarrt. Sinn
und Symbol sind aufeinander angelegt, weshalb man auch das Symbol
ein Sinnbild nennt; das Sinnbild ist nur da in Hinsicht auf den Sinntrieb,
aber der Trieb kommt voll zum Bewußtsein nur im Bild. Wie es in der
Entelechie für die Entwicklung der lebenden Körper gilt: der Entwicklungstrieb, der an die Gewebe anknüpft, ergibt die Organisation nur dadurch,
daß ihm die Form entgegenkommt, und so ergibt der Erfahrungstrieb,
der an die Halluzination anknüpft, die Erfahrung nur durch das Entgegen-
kommen der Form, die als Symbol ihn gestaltet. So ist das Symbol als
vierdimensionale Sinngestalt Former des nach Sinn begehrenden Erfah-
rungstriebes.

Die ungeheuere Bedeutung des Symbols tritt uns nirgends klarer
entgegen als in der Mentalität der Wilden. Man hat oft behauptet, daß
die Wilden nicht über 10 hinaus zu zählen vermögen, daß wenigstens gewissen primitiven Stämmen ein Verständnis höherer Zahlenwerte abgehe.
Das ist selbstverständlich unrichtig, denn leicht sich das Gegenteil feststellen: ein Naturmensch, der eine Herde beaufsichtigt, erkennt sofort,
ob ein Tier in dieser fehlt oder eines mehr da ist, er vermag also zählerisch
die Menge zu gliedern, das Ganze baut sich ihm auf aus einer bestimmten
Zahl von Teilen. Trotzdem werden die niederen Zahlen bevorzugt, weil
ihnen Symbolwert zukommt. Die vier ist vielen Wilden eine heilige Zahl

— obgleich der Europäer erwarten würde, daß gerade die 5 bevorzugt wird, da sie ja in der Fünfzahl der Finger und Zehen eine sozusagen unmittelbar gegebene materielle Grundlage hat! Aber die 4 ist die Zahl der Himmelsgegenden, der Farben, der Winde, der Tiere (der Tierarten, z. B.: Drache, Vogel, Tiger, Schildkröte), kurz an ihr haftet eine Fülle von Sinnbezügen, die ihr den höchsten Wert verleihen. Bei der 5, die auch als heilige Zahl gelten kann, ist es nicht der Bezug auf die Fingerzahl, der sie dazu stempelt, sondern gleichfalls eine kosmologische Beziehung, indem zu den Himmelsgegenden der Zenith als oberster Weltpunkt hinzugerechnet wird. Bei der 6 kommt noch der Nadir hinzu und bei der 7 die zentrale Position des zählenden Individuums. So wird von Levy-Brühl angegeben, doch glaube ich nicht, daß sich damit der Symbolgehalt dieser Zahlen erschöpft. Was die 1 anlangt, so gilt sie als das Prinzip des Guten, der göttlichen Einheit und Vollkommenheit, die 2 als das Prinzip des Bösen, da mit ihr ein erster Gegensatz eingeführt wird, die 3 wiederum als Vereinigung der Gegensätze in einer höheren Totalität: die Heiligkeit der Trinität soll sich davon ableiten. Auch für die 8 und 9 gelten besondere Bedeutungen; es sei hier hingewiesen auf die Hochschätzung dieser Zahlen in den alten Kulturkreisen der Elamiten und Arier. Auch für die alten Kulturen waren die niederen Zahlen heilige Gebilde, da sie irgendwelche Weltstrukturen symbolisierten; die 9 war den Ariern die für den Weltbau grundlegende Zahl, die 8 hatte entsprechende Bedeutung für die Elamiten, die 7 für die Semiten, die 6 für die Babylonier: sie alle betonten irgendeinen wesentlichen Charakter am Weltgebäude, den wir zumeist gar nicht klar aufzuzeigen vermögen.

Für die Kulturvölker läßt sich nun auch die hohe Bedeutung höherer Zahlenwerte nachweisen. Die neueste Erforschung der orientalischen Sprachen hat in dieser Hinsicht sehr bemerkenswerte Ergebnisse geliefert. Sie zeigte auf, daß im hebräischen Alphabet — aber auch im griechischen, man vergleiche dazu die Arbeit von Oskar Fischer: Orientalische und griechische Zahlensymbolik — jeder Buchstabe einen bestimmten Zahlenwert hat, der bemerkenswerterweise den aus ganz verschiedenen Buchstaben aufgebauten Wortfassungen verwandter Begriffe gleichfalls bestimmte identische Zahlenwerte verleiht. So charakterisiert nach Fischer die 59 den Unterweltsbegriff, den chthonischen Faktor, und ist demgemäß nachweisbar in allen Worten, die zu diesem Begriff in Beziehung stehen, also z. B. in dem Namen des Dionysos, des chthonischen Gottes, im Namen seiner Priester und der ihm heiligen Tiere (Bock, Stier, Löwe, Schlange usw.), auch im Namen heiliger Kultstätten. Für die Zahl 23 ergibt sich Zuordnung zum Zeugungsbegriff, für die 15 Zuordnung zum Begriff des Werdens u. a. m. Diese Beziehungen, in deren Erforschung noch unendlich viel zu leisten ist, können wir nur verstehen, wenn wir uns sagen, daß Sprache, Schrift und Mathematik aus einer einheitlichen Grundlage, und zwar aus den vierdimensionalen Symbolen, herausgewachsen sind, also aus Formen, die in sich den Zweckgehalt des Lebens, den denkbar tiefsten Sinn, umschlossen, in denen alle Erfahrung kristallgleich sich gestaltete. Das Symbol ist die

Grundlage aller Wort-, Schrift- und Zahlzeichen und hat demgemäß für das Verständnis unserer Kultur eine gar nicht hoch genug einzuschätzende Bedeutung; im Symbol ist eben alle Erfahrung in ihrer Ewigkeit und Heiligkeit gegeben, etwas wovon wir heute gar keine Ahnung mehr haben. Hier entrollt sich uns eine ungeheure künftige Arbeit, die alle diese verloren gegangenen Kulturschätze erst wieder heben muß.

Es entrollt sich uns auch die Möglichkeit einer neuen Mathematik. Einer Mathematik nämlich, die zum ersten Male imstande sein wird, das Wesen des Lebens exakt zu erfassen. Es wird uns mit dem Leben gehen, wie es uns mit der Natur gegangen ist: diese wurde der Mathematik erst vollkommen zugänglich, als durch Leibniz und Newton der Zahlenwert des Unendlichkleinen, des Infinitesimals, entdeckt ward und sich nun die Möglichkeit ergab, den kontinuierlichen Fluß des Naturgeschehens, der Bewegung und Beschleunigung, auch das Raumkontinuum, präzis in bestimmten Zahlenwerten, im Differentialquotienten, zu erfassen. So wird man auch entdecken, daß für die Erfassung des Lebens ein bestimmter Zahlenwert unentbehrlich ist, dieser Zahlenwert kann aber nur das Symbol sein, das bis heute in der Mathematik keine Rolle gespielt hat. Die heutigen Versuche, die Lebensvorgänge mit den üblichen Zahlenwerten zu erfassen, bedeuten nur eine Spielerei, die gerade am wesentlichen Kern des Lebens vorbeisieht; erst die Zukunft wird uns die wahre Mathematik des Lebens bringen.

25. Vorlesung.

Der Mythus. Materialisation und Spirit.

Bei Prüfung der besonderen Erlebnisform des primitiven Menschen waren wir zur Betrachtung von Sprache, Schrift und Mathematik der Natur- und Urkulturvölker vorgeschritten, wobei ich Sie, natürlich in aller Kürze, darauf aufmerksam machte, daß all das aus dem vierdimensionalen Formerlebnis der Naturvölker hervorgegangen ist, aus dem Symbolerlebnis, das den Rahmen bildet aller primitiven Erfahrung. Es wäre nun überaus interessant, das weiter zu verfolgen, aber unsere Kenntnisse sind in dieser Hinsicht außerordentlich gering; ich zeigte, daß man heute eigentlich erst wieder beginnt, sich der Bedeutung der Symbole für Sprache, Schrift und Mathematik bewußt zu werden, und so könnte ich doch nur Andeutungen geben, nichts auch nur einigermaßen Geschlossenes. Sehen wir also von diesem Thema ab, so interessiert uns doch hier noch etwas anderes, nämlich die Frage, wie sich das Symbol (die Idee) verhält zum einzelnen Erfahrungserlebnis. Charakterisieren wir erst nochmals dieses letztere.

Erfahrung erwies sich uns als das Erlebnis der Objekte als selbständiger psychischer Dinge an sich, erwies sich als eine Verselbständigung der Wahrnehmungsinhalte, die um den physischen Außenweltskern sich zusammenschließen zu unabhängig gegebenen Erscheinungen im Rahmen einer allgemeinen Bewußtseinssphäre. Die Unabhängigkeit dieser Sphäre besteht, wie wir nun noch hinzufügen können, gerade im vierdimensionalen Formerlebnis. Denn dieses bedeutet ein Erlebnis der den Außendingen entsprechenden Formen im ganzen Ausmaße: unabhängig von einzelnen räumlichen Einstellungen, die ja doch nur aus der momentgebundenen Empfindung sich ableiten, also der Formen an sich, anders gesagt: der Dinge an sich in formaler Entfaltung (als Bewußtseinsinhalte). Das heißt eben Eingehen des Subjekts in die Objekte, denn nur durch die Gegenwart des anschauenden Subjekts in den Objekten gewinnen diese die volle Dingnatur, werden sie zu Dingen an sich — natürlich zu metaphänomenalen, nicht metaphysischen! Die Unabhängigkeit besteht, weil die Subjekte nicht mehr den Objekten gegenüberstehen, sondern in ihnen verschwunden sind; dagegen besteht die größte Abhängigkeit der Dinge voneinander, die selbst teleologischer Natur und durch Sinnbeziehungen innigst miteinander verbunden sind. Erfahrung ist das Erlebnis der Einzelheiten als sinnvoll beschaffener und sinnvoll verbundener. Der Sinn aber hat seine formale Grundlage in den Symbolen; diese sind die gesetzhafte Form der Erscheinungen. Wie sehr sie das sind, das eben möchte ich jetzt noch einigermaßen klar herauszuarbeiten suchen, indem ich auf das Verhältnis der Symbole zu den Einzelerscheinungen eingehe.

Da knüpfe ich an an den Begriff des Mythus. Der Mythus ist nichts als ein allgemeines Erlebnisschema, entsprechend welchem die Einzelfälle geformt werden. Der Mythus ist sozusagen das Ursymbol, die Idee, die allen Erscheinungen in dieser oder jener Spezifizierung zugrunde liegt. Was sind denn die Gestalten des Mythus? Sind es historische Einzelwesen oder sind es Idealgestalten, die es realiter gar nicht gibt? Zweifellos ist das letztere der Fall. Der König und die Königin, der Prinz und die Prinzessin, bzw. Held und Heldin, Weltgott und Weltgöttin des Märchens und des Mythus, sind keine Gestalten, die zu dieser oder jener Zeit gelebt haben — bezeichnenderweise beginnen die Märchen immer mit den Worten: es war einmal ein König usw. —, sondern sind allgemeine Typen, denen ein allgemeines Schicksal zugeordnet ist. Ich möchte das bereits hier betonen, da es eine überaus wichtige Einsicht bedeutet; an anderer Stelle wird es ja weiter auszuführen sein. Und welche Bedeutung dem innewohnt, das wollen wir uns illustrieren an einem einzelnen Beispiel.

Nehmen wir als Beispiel die Gestalt Christi. Christus ist eine historische Gestalt, woran wohl ein Zweifel gar nicht möglich ist. Es liegen zwar keine schriftlichen Zeugnisse von seiner Existenz vor — die älteste Erwähnung der Person Christi scheint gegeben zu sein in einem Papyrus aus dem Jahre 41, in dem der Kaiser Claudius im Rahmen eines an die Alexandriner gerichteten Edikts einer in Syrien verbreiteten, sich gegen den Bestand des Reiches wendenden neuen Lehre Erwähnung tut und vor ihr warnt—, aber die in den Evangelien dargebotenen Worte Christi sind so überaus individuell und lebensvoll, daß sie unbedingt einer historischen Persönlichkeit zugeschrieben werden müssen. Trotzdem wird Christus von Jensen, Drews, Paul Koch und nicht wenigen anderen als mythische

Figur hingestellt und dabei auf die Eigenart seines Geschicks verwiesen, die ganz dieselbe sei, wie die aller mythologischen Gestalten. Weil Christus erlebte wie Osiris, Mithra, Siegfried, Gilgamesch, Simson, Moses, Herakles und all die bekannten heroischen Gestalten der Sage, die ja vom Mythus schwer abzugrenzen ist, so soll auch er eine mythische Gestalt sein wie diese. Für all diese Gestalten ist es nämlich charakteristisch, daß der Held als Kind von den Eltern ausgesetzt wird, um irgendeiner Gefahr willen, die durch ihn dem Vater droht, daß er nun in der Wildnis bei Tieren oder Hirten heranwächst, dann sein Werk vollbringt und schließlich tragisch zugrunde geht. Natürlich variiert dies Geschick im einzelnen außerordentlich, aber die Hauptzüge lassen sich doch bei jedem Helden nachweisen, so nun auch bei Christus, dessen Geburt im Stall unter Ochsen, Eseln und Hirten, seine Flucht vor Herodes, vor allem auch sein tragisches Geschick, die Kreuzigung, dem Mythenschema entspricht.

An dieser Verwandtschaft des Geschicks mit dem Mythus kann nun allerdings kein Zweifel sein; trotzdem halte ich die Folgerung für ganz verkehrt, nur entspringend aus einer ganz unzulänglichen Einsicht in das Wesen aller Form. Wir müssen im Gegensatz zu den genannten Autoren sagen, daß das Historische dem Mythus entsprechen muß, weil das Geschick des Helden einer bestimmten Formvorlage, die im Mythus erlebt wurde, sich zu fügen hat. In der Idee, die vom Mythus in allgemeiner Form erfaßt wird, ist die Schicksalsgestalt der großen Menschen, der Menschen von kosmologischer Bedeutung, in ganz bestimmter Weise vorgezeichnet; wie alles in der Welt in einer bestimmten Form sich abspielt, so auch das Geschick der Menschen, das durchaus nicht vom Zufall bestimmt wird, sondern einer bestimmten Schicksalsform gehorcht. Der Mythus ist die selbstverständliche Erlebnisform des Menschen, kein Wunder darum, wenn die historischen Persönlichkeiten erleben wie die Helden der Sage und die Gottheiten des Mythus: es gibt für sie eben gar keine andere Erlebnismöglichkeit. In diesem Sinne ist auch die Astrologie zu verstehen. Die Astrologie sagt, daß der Zeitpunkt der Geburt über das Schicksal der Menschen bestimmt, entsprechend den zur Geburtsstunde gerade gegebenen Gestirnkonstellationen; im Horoskop erscheint das künftige Geschick festgelegt. Auch das vermögen wir zu begreifen aus unserer Einsicht in das Wesen der Form. Denn für die ganze Welt gilt ein und dasselbe Formprinzip, das die Geschicke des Himmels ebenso bestimmt wie die der Menschen; nur der Unterschied besteht, daß der Mensch dies Geschick zu erleben vermag, während am Himmel ein blindes, ehernes Gesetz waltet, das durch die Urkraft bestimmt wird. Das Unbewußte taucht im Menschen ins Bewußtsein auf, in der Idee wird die Kraft zur Lebensform, die nun als Mythus unmittelbar gedichtet, in der Astrologie vom Himmel abgelesen, in der Historie erlebt und in den Symbolen bildhaft angeschaut wird. Lassen wir das Historische bei Seite, so werden also in den Symbolen, in den Zahlwerten, Schriftzeichen und Worten direkt Geschicke angeschaut, die der Wirklichkeit vorgezeichnet sind, und so ist der Mythus die Grundlage allen vierdimensionalen, aktuellen Erlebens. Damit also erfassen wir erstmalig klar den Unterschied von Idee und Erscheinung, von Formpotenz und Formaktus.

Das Sinnbedürfnis ists, das die mythischen Formen in die Wirklichkeit hineinträgt. Nun wenden wir uns einem anderen Thema zu, das unsere Einsicht in die spezifische Veranlagung der Primitiven erweitert. Wir haben das Erfahrungserlebnis in seinem ganzen Umfang kennen gelernt, nun steht aber auch eine physische Leistung dazu in Beziehung, wie wir das ja bis jetzt in allen Lebenskreisen gefunden haben. Der Wilde ist nicht nur Erfahrungswesen, d. h. vermag nicht nur in bestimmter Weise, eben vierdimensional, anzuschauen, sondern er vermag sich auch praktisch in der Welt in einer eigentümlichen Weise zu äußern. Diese steht in Beziehung zu seiner Anschauung, zugleich aber auch zur Handlung, die dem Wilden auch eignet, da er ja nicht nur ein Erfahrungswesen, sondern auch ein Handlungswesen — wie ferner auch ein Zeugungs- und Entwicklungswesen — ist. Die Handlung nun gewinnt unter dem Einfluß der vierdimensionalen Erlebnisform einen besonderen Charakter, sie wird zur sog. Materialisation. Doch versuchen wir erst uns in die Psyche des Wilden hineinzudenken. Halluzinativ erlebt der Wilde alles mögliche in der vierdimensionalen Raumzeit, das ihm doch als Materielles nicht zur Verfügung steht. Z. B. das anschauende Erlebnis einer Jagd ist immer möglich, denn der vierdimensionalen Anschauung steht die Zeittiefe ebenso zur Verfügung wie die Raumestiefe, aber als materielles Geschehen muß die Jagd der Gegenwart angehören, denn alles materielle Geschehen vollzieht sich in der Zeit. Eine konkrete Jagd ist nur erlebbar im gerade gegebenen Zeitmoment, nicht in der Vergangenheit, und so versucht denn nun der Primitive das anschaulich erlebte Wild in die Gegenwart herein zu ziehen, es vollkommen zu materialisieren. Das liegt durchaus im Bereich der Möglichkeit. Es ist eigentlich die natürliche Ergänzung des Hellsehens: bei diesem begibt sich das Subjekt anschauend zu dem irgendwo in Raum und Zeit gegebenen Objekt, bei der Materialisation aber wird dieses in die Gegenwart hereingezogen. Wir müssen uns immer bewußt bleiben, daß das sensorische Subjekt auf Grund seines Bewußtseins und Äthergehaltes in direkte Beziehung zu treten vermag mit irgendwo und irgendwann gegebenen psychischen Dingen, denen ein metaphysischer Untergrund zukommt oder ihnen doch hinzugefügt werden kann durch das sensorische Subjekt; die Erscheinung kann eine Ergänzung erfahren in Hinsicht auf ihre metaphysische Wirklichkeit. Es muß möglich sein, durch Vermittlung des subjektiven Äthergehaltes eine tiefer greifende Wirkung auf die Erscheinung auszuüben, sei es, indem ihr Energiegehalt, wenn sie in der Gegenwart irgendwo realiter existiert, beeinflußt wird in seinem Verhalten, sei es, daß der an sich energiefreien Erscheinung überhaupt Energie zugeführt wird. Beides begreift man unter dem Begriff der Materialisation. Es wird dabei im sensorischen Subjekt gegebener Äther materiiert, denn nur in Materie verwandelt vermag er auf Materie einzuwirken. Die Materialisation kann sich nun in sehr verschiedener Weise abspielen, wovon wir die Hauptfälle kurz ein wenig betrachten wollen.

Zunächst berücksichtigen wir die Telekinese (Fernwirkung). Wenn halluzinatorisch die Gegenwart von Wild in räumlicher Entfernung erlebt wird, so können die Tiere durch magische Einwirkung, d. h. eben durch Fernwirkung, die der Äthergehalt im Subjekt vermittelt, herbeigelockt und somit die Bedingungen einer konkreten Jagd geschaffen werden. Bei der Telekinese braucht auch gar kein halluzinatives Erlebnis vorauszugehen, sondern es genügt überhaupt das Wissen um die Gegenwart der Tiere bzw. lebender Wesen, deren Annäherung oder sonstwie bestimmtes Verhalten gewünscht wird. Telekinese heißt eben nur Wirkung in die Ferne, die möglich wird durch Verwertung des Äthergehaltes. Dieser kann auch in Verwendung treten in der sog. Magnetopathie, bei der durch energetische Ausstrahlung auf den gesundheitlichen Zustand eines anderen Wesens eingewirkt wird. Es handelt sich dabei nicht um magnetische Einwirkung, sondern um noch nicht genauer analysierte energetische Ausstrahlungen, die vom Äthergehalt ausgehen. Reichenbach hat dafür den Ausdruck Odstrahlung geprägt und versteht unter Od eine das ganze Weltall durchströmende Kraft, die wir wohl ohne weiteres auf den Äther, bzw. die aus dem Äther bei der Kosmogenese sich zunächst entwickelnde Nebelsubstanz, werden zu beziehen haben. Daran, daß durch solche Ausstrahlungen der Gesundheitszustand eines lebenden Wesens beeinflußt werden kann, ist wohl ein Zweifel nicht möglich. Ebensowenig werden wir zweifeln dürfen, daß durch solche Ausstrahlungen auch das Verhalten toter Körper bestimmt werden kann. Nach den Untersuchungen Schrenck-Notzings u. a. erfahren die Effloreszenzen dabei eine mehr oder weniger weitgehende Verfestigung, die ihre mechanische Arbeitsleistung gestattet; es kommt dabei zu allerhand spukartigen Erscheinungen: zu dem bekannten Tischklopfen, dem Spiel von Instrumenten, dem Schweben aller möglichen Gegenstände, auch der Versuchspersonen, der sog. Medien, selbst; möglich sind ferner die sog. Apporte, in denen Gegenstände, die nicht im Versuchsraume sich befanden, von außen eingeführt werden, zumeist wohl indem sie vorher eine Verwandlung in Äther und dann eine Rückverwandlung in Materie erfuhren. Die Effloreszenzen können weiterhin zu bestimmten Gestaltungen verdichtet werden, wofür der Begriff der Teleplastie eingeführt ward. Dabei entstehen hand- oder kopfartige, überhaupt beliebig geformte Gebilde, deren Kausalität noch nicht genügend erforscht ist. Noch vielerlei Erscheinungen sind möglich, doch will ich mich zum Schlusse auf eine einzige beschränken, die allerdings ganz besondere Bedeutung hat. Sie gehört in das Kapitel Spiritismus: es handelt sich um Materialisationen Verstorbener, womit wir ein heiß umstrittenes, doch begreiflicherweise überaus wichtiges Thema zur Sprache bringen. Das Thema von der Fortexistenz der Menschen nach dem Tode wird uns zu beschäftigen haben.

Der Spiritismus behauptet, daß von den Menschen nach dem Tode ein spiritueller Körper, ein sog. Spirit, Fluid, Geist, Astralkörper, übrigbleibt, der unsterblich ist. Gleiches behaupten auch die Wilden aller Weltteile, die unzählige, hier nicht zu zitierende Namen dafür geprägt haben. Daß der Spirit nichts zu tun hat mit der Seele, die wir Wilden ja überhaupt nicht zusprechen dürfen, sei hier nur kurz erwähnt; das Verhältnis beider zueinander wird anderorts, bei Analyse der Seele, erörtert werden. Was ist nun der Spirit eigentlich? Er soll schon intra vitam des sensorischen Subjekts den Korper verlassen können und spielt dann die Rolle des Doppelgängers, von dem ja in der okkultistischen Literatur und in der Dichtung so viel die Rede ist. Als Doppelgänger lebt er gewissermaßen auf Kosten des Korpers des Subjekts, dessen Materialität bei der Materialisierung des Spirits beeinträchtigt ist. Besonders bei der Trennung des Spirits vom Körper scheinen ihm bemerkenswerte Fähigkeiten zuzukommen, denn es gibt zahllose Angaben darüber, daß Sterbende fernen Familienmitgliedern erscheinen und sich verschiedenfach bemerkbar machen. Nach dem Tod nun soll der Spirit weiter existieren und den Medien zugänglich sein: die Medien sollen auf Grund ihrer besonderen Veranlagung den Geistern von ihren Kräften leihen und ihnen derart eine vorübergehende Materialisation ermöglichen können. Was ist nun zu alledem zu sagen?

Ich bin der Meinung, daß wir nicht den mindesten Grund haben, an der Moglichkeit der spirituellen Fortexistenz nach dem Tode und an der Materialisation durch Vermittlung der Medien zu zweifeln. Wenn beides nicht so bekannt wäre, müßten wir es als Notwendigkeit fordern. Wir erfuhren ja, daß das sensorische Subjekt geradezu charakterisiert ist durch seine Beziehung zum Äther, daß es einen Ätherkörper in sich enthalten muß, da wir ohne dessen Annahme überhaupt die Erfahrung nicht zu verstehen vermögen. Das sensorisch-motorische Erlebnis fordert den Erregungszustand im Nervensystem, dem wieder die Materialität des Korpers sich zuordnet, ohne die ja Bewegungen nicht möglich sind; das halluzinatorische Erlebnis nun aber fordert den Ätherzustand, einen Erstarrungszustand der Erregung, der Voraussetzung ist der Subjektivation der Objekte, denen dabei vom eignen Wesen mitgeteilt wird. Daran ist ein Zweifel nicht möglich, da das vierdimensionale Erlebnis eben nur durch das Gegebensein einer ewigen energetischen Grundlage, des Ätherzustandes im Gehirn, zustande kommen kann. Unser Problem reduziert sich also eigentlich nur auf die Frage: Wie verhält sich der Äthergehalt zum materiellen Körper des sensorischen Subjekts? Zweifellos ist der Äthergehalt etwas recht Selbständiges im Subjekt. Vergleichen wir einen Protisten mit einer Pflanze, so ist das Gewebe, das die Pflanze charakterisiert, wohl zu unterscheiden von der simplen Plasmastruktur, die für die Zeugung und die Zellfunktionen in Betracht kommt; die Gewebe gehen hervor aus selbständigen Gewebsanlagen und erfüllen wohl den Zellkörper — sie können übrigens auch aus ihm heraustreten —, doch beharrt daneben das elementare Plasma, wenigstens solange das Gewebe lebendig bleibt. Das ist ja früher eingehend diskutiert worden. Was nun den Unterschied des pflanzlichen Körpers vom tierischen anlangt, so sehen wir beim Tiere im Neuromuskelsystem ein ganz neues Gewebe auftreten, das, ob es auch den ganzen Körper durchsetzt, doch gegenüber den anderen Geweben äußerst selbständig erscheint. All diese höheren Systeme durchdringen die niederen, aber sie sind diesen gegenüber etwas Besonderes. Entsprechendes werden wir nun auch fordern müssen in Hinsicht auf die sensorischen Subjekte, die Primitiven. Die Äthergrundlage der Erfahrungen wird auch selbständig erscheinen gegenüber den anderen Geweben; um ein System wird es sich handeln, das als spirituelles das gesamte Nervensystem durchdringt, da es ja in Beziehung steht zu allen psychischen Setzungen, die in ihm festgehalten und ins Halluzinatorische transponiert werden. Und gerade hier wird die Selbständigkeit eine besonders große sein müssen, da ja der Äthergehalt auch Anschluß zu vermitteln vermag an Psychisches, das nicht vom Subjekt selbst gebildet ward. Die Bedeutung des Äthersystems besteht überhaupt darin, Beziehungen herzuzellen zu allem moglichen Psychischen und demgemäß wird es im Korper wie etwas sehr Selbständiges sich verhalten. Ich möchte ubrigens bemerken, daß es sich um ein organisches Äthersystem handeln muß, nicht etwa um ein anorganisches. Was daranter im speziellen zu verstehen ist, kann ich Ihnen natürlich nicht genauer darlegen, ich möchte nur ganz im allgemeinen reden von einem Äthergewebe, das im sensorischen Subjekt Träger der Sujektivationen und Materialisationen ist, wie im motorischen Subjekt das Neuromuskelgewebe Träger ist der Objektivationen und Lokomotionen. Wie nun das Neuromuskelgewebe die eigentliche tierische Wesenheit repräsentiert, so das Äthergewebe die eigentliche Wesenheit des sensorischen Subjekts, und so ist in ihm gegeben der Spirit, von dem der Spiritismus redet. Der Spirit muß wegen seiner Äthernatur notwendigerweise unsterblich sein. Das ist der wahre Untergrund des Geisterglaubens, des Spiritismus. Es geht nicht an, ihn abzulehnen, denn unsere biologische Forschung führt ganz von selbst zu ihm. Wenn der Körper stirbt, wird der Spirit sich vom materiellen Gewebe trennen und selbständig im Vierdimensionalen weiter existieren, d. h. aber: das Erfahrungsbewußtsein dauert an, es ist nur die Fähigkeit, neue sinnliche Eindrücke zu gewinnen und die Fähigkeit zur motorischen Leistung, auch zur Zeugung und Entwicklung, verloren gegangen. Auch die Fähigkeit zur Materialisation dürfte wesentlich eingeschränkt sein. So selbständig auch das Äthergewebe gegenuber dem ubrigen Gewebe sich erweisen muß, so kann ich mir doch nicht vorstellen, daß seine Arbeitsleistung nicht irgendwie den materiellen Körper zur Voraussetzung hätte. Den freien Spirit kann ich mir deshalb nicht voll lebendig vorstellen, kann nicht glauben, daß er in der Gegenwart materialisierend sich zu äußern vermag. Vielmehr möchte ich glauben, daß er eingebannt sein wird in seine Vergangenheit, und was die Einflußnahme auf die Gegenwart anlangt, abhängig ist von der Unterstützung lebender Medien.

Darum kann ich mir das Leben nach dem Tode nicht gerade als ein ideales vorstellen. Einem Wilden mag es wohl genügen, schon weil dessen Leben intra vitam nicht allzusehr sich davon unterscheiden dürfte, ist es doch ein vorwiegend anschauendes Erleben, das in das Jenseitsleben unmittelbar übernommen wird. Aber für dynamisch erlebende Wesen, wie wir es sind, muß solch Jenseitsleben nach den anfänglichen Überraschungen ein entsetzlich langweiliges sein. Allerdings wird. es in dieser Langeweile wesentlich gemildert durch die seelischen Fähigkeiten, die bei uns sich dem Erfahrungserlebnis hinzugesellen; so ist das Erlebnis von Himmel und Hölle nur Kulturmenschen gegeben. Indessen auch Seligkeit und Qual verlieren mit der Zeit an Bedeutung gegenüber dem Bedürfnis nach erneuter dynamischer Leistung und darum kann ich es ausgezeichnet verstehen, wenn der verstorbene Achill zu Odysseus, der ihn in der Unterwelt aufsucht, die folgenden Worte von Homer in den Mund gelegt erhält:

> Lieber ja wollt ich das Feld als Tagelöhner bestellen
> Einem dürftigen Mann ohn' Erb' und eigenen Wohlstand,
> Als die sämtliche Schar der geschwundenen Toten beherrschen.

26. Vorlesung.

Idee und Erscheinung. Heteronome Leistungen.

Mit dem Erfahrungserlebnis fanden wir die Materialisationen engst verbunden, in denen das sensorische Subjekt sich, wie wir sagen müssen: kosmogenetisch äußert. Bei der Besprechung der Materialisationen nun, also der Verwandlung von im sensorischen Subjekt gegebener Äthersubstanz in Materie war ich eingegangen auf das spiritistische Problem, gemäß welchem es im sensorischen Subjekt einen Leib besonderer Art, einen sog. Astralkörper oder Spirit, geben soll, und es hatte sich gezeigt, daß es derartiges in der Tat gibt, d. h. es gibt in den entsprechend veranlagten Lebewesen einen Ätherleib, der sich vom materiellen Korper zu sondern vermag und unsterblich ist. Ohne Voraussetzung dieses Ätherleibes vermöchten wir die Erfahrungsleistungen nicht zu verstehen. Lassen Sie mich zur Klärung der Situation nochmals die Bedeutung dieses Ätherleibes scharf kennzeichnen.

Die Erfahrung ist ein psychischer, oder, wie man auch gern sagt: ein parapsychischer oder metapsychischer Akt, in dem vierdimensionale psychische Gebilde, die Erscheinungen, gesetzt werden, die als Objekte allerdings nicht neu entstehen, denen vielmehr bereits gebildetes Psychisches zugrunde liegt, das nun aber vom sensorischen Subjekt halluzinatorisch erlebt wird: die Vorstellungsreste der Wahrnehmungen werden mit Energie gespeist, werden quasi wieder lebendig gemacht, und zwar durch Vermittlung des Ätherleibes in uns, der in Beziehung zu treten vermag zu allem, nicht bloß zu dem von uns gebildeten Psychischen auf Grund seiner überzeitlichen und überräumlichen Beschaffenheit. Ohne den Ätherleib wären die halluzinatorischen Erlebnisse nicht möglich, so wenig wie die sinnlichen Erlebnisse ohne den Erregungszustand im Nervensystem; wie dieser die Empfindungen vermittelt und demgemäß das Subjekt im Gegensatz zum Objekt charakterisiert, so vermittelt der Ätherleib die Halluzinationen, in denen das Subjekt eingeht in die Objekte, weshalb wir hier auch direkt von Subjektivationen reden können. An diesen Objektsubjekten, d. h. am selbständigen halluzinatorischen Material, partizipieren auch die Symbole als

Formgebilde vierdimensionaler Natur, die vor allem die Selbständigkeit der Erscheinungen, ihre Metaphänomenalität, vermitteln. So ist Erfahrung Erlebnis der Welt als eines Subjekts und die unentbehrliche Voraussetzung dafür ist die Existenz des Ätherleibes als des Vermittlers aller parapsychischen Setzungen.

Das ist die psychische Seite des Erfahrungsproblems. Dieser gesellt sich nun noch eine physische Seite zu, die in den Materialisationen gegeben ist. Man spricht hier auch von Paraphysik oder Metaphysik, doch ist mindestens der letztere Ausdruck zu vermeiden; denn unter Metaphysik ist man ja gewohnt, etwas ganz anderes zu verstehen, nicht eine physikalische Leistung besonderer Art, bei der geheimnisvolle Materialisationen die Hauptrolle spielen, sondern das Erlebnis des dynamischen Ansichseins der physikalischen Vorgänge, und zwar aller möglichen physikalischen Leistungen, nicht nur am Äther, sondern auch an der Materie. Das Wort Paraphysik kann aber ganz gut identisch gesetzt werden mit einer Physik des Äthers, wobei allerdings zu beachten bleibt, daß diese Physik gebunden ist an die besondere organische Form des Äthers, der in geweblicher Einkleidung zur Geltung kommt. Dieses Äthergewebe ist der Spirit, und die an ihm sich abspielenden Materialisationen stehen unter der Leitung des Bewußtseins, sind teleologische. Für sie wendet man auch den sehr bezeichnenden Ausdruck: magische Prozesse an, bzw. spricht man vom zaubern, und so ist der Zauber die physische Funktion der Naturmenschen — der Medizinmann, also der Priester der Wilden, heißt ja auch deshalb direkt der Zauberer. Ich betone nochmals, daß der Zauber, die Magie, nichts anderes ist als ein teleologisch gearteter kosmogenetischer Prozeß, eine Kosmogenese im Banne des Lebens.

Damit nun ward über die autonomen Leistungen der Wilden genug gesagt. Sie schließen in sich, um eine Übersicht zu geben, die Halluzinationen, die durch die Symbole geformt und im Vierdimensionalen als Erscheinungen erlebt werden, denen sich nun als physische Prozesse die Materialisationen, die magischen oder Zauberprozesse, gesellen. Ich möchte nochmals hervorheben, daß der Begriff de Erfahrung nur in solcher Fassung voll zur Geltung kommt. Unter Erfahrung versteht man ja mancherlei. So nennt man einfache Erinnerung Erfahrung und spricht demgemäß den Tieren Erfahrung zu, obgleich in Hinsicht auf sie der Ausdruck Erinnerung besser am Platze ist. Dann redet man von Erfahrung in spezieller Berücksichtigung der rationalen Zergliederung unserer Erlebnisse, wobei die Wahrnehmungen und Vorstellungen in Begriffe verwandelt werden. Hier gibt der Verstand den Erlebnissen eine feste Grundlage, hebt sie heraus aus dem sinnlichen Flusse, bringt die Objekte zu einer besonderen Art der Erstarrung, die wir als wissenschaftliche bezeichnen können. Aber die eigentliche Form der Erfahrung ist das nicht. An sich bedeutet Erfahrung keine Erkenntnis, sondern nur Kenntnis, und erst die rationale Zergliederung macht aus der echten Kenntnis eine Erkenntnis, wandelt das halluzinative Erlebnis um in Wissen. Die symbolische Halluzination ist kein Wissen, wird sie doch von Levy-Brühl mit Recht direkt als alogisches

Denken, also demgemäß überhaupt nicht als Denken, bezeichnet; aber sie ist ganz zweifellos die eigentliche Art der Erfahrung, da sie das psychisch Erlebte sozusagen für alle Ewigkeit dem Bewußtsein einmeißelt, indem sie es in voller Selbständigkeit in die Welt hineinstellt. Erfahrung ist ewiger, unverlierbarer Besitz und der ist eben ausschließlich gegeben in Halluzinationen, weshalb denn auch niemand alles eigene Erlebnis und das des Stammes, wir können auch sagen: der ganzen Menschheit, zäher festhält als der Wilde. Nur der Wilde kennt echte Erfahrung, während uns dagegen ein Wissen eignet, das wieder dem Wilden fremd bleibt. — Dies Erfahrungserlebnis nun eignet dem Wilden aber in zweierlei Weise: erstens als mythologisches Erlebnis, in welcher Gestalt es ein allgemeines typisches ist, in dem die Idee unmittelbar zur Geltung kommt, und zweitens als Einzelfall, der sich auf die einzelne konkrete Halluzination bezieht. Das halluzinatorische Erlebnis fordert direkt die Vereinzelung des allgemeinen mythischen Erlebnisvorbildes.

Hier liegt eigentlich ein Zerstreuungsprozeß vor, der uns erinnert an die Individuation im Zeugungskreise, an die Deszendenz im Entwicklungskreise und an die Verräumlichung der Umwelt im Handlungskreise. Die Urindividualität, die mit dem Plasma entsteht, wird bei dessen Wachstum aufgelöst in zahllose Einzelindividuen. Die Kollektivform, die ein Akt der Aszendenz setzt, wird aufgelost in die zahlreichen Spezies. Die unräumliche, am Sinnesorgan haftende Umwelt wird eingetragen (lokalisiert) in den Naturraum. Und so wird nun auch die mythische Urform, die Idee, das Symbol, hineingetragen in die einzelnen Erscheinungen und Ereignisse, die als individuelle, reale dem vierdimensionalen Kontinuum angehören. Es handelt sich dabei unverkennbar um eine Art der Individuation, die bis jetzt ganz und gar nicht klar durchschaut wurde. Wie die Idee sich zu den Erscheinungen verhält, daruber hat sich die Menschheit schon zur Genüge den Kopf zerbrochen. Plato sprach von der Methexis (Teilnahme) der Erscheinungen an der Idee und von der Parusie (Gegenwart) der Idee in den Erscheinungen. Was beidem aber eigentlich als wesentlicher Prozeß zugrunde liegt, das hat er nicht aufgezeigt; niemand auch nach ihm wußte bis jetzt aufzuzeigen, warum die Idee in die Erscheinungen eingeht, so ganz besonders auch Driesch nicht, dessen Formvitalismus doch gerade auf der Auswirkung der Idee sich aufbaut. Das Verhältnis der Idee zu den Erscheinungen ist eben nur zu begreifen unter Berücksichtigung des Lebens als eines Sinntriebes, als eines besonderen Erfahrungsbewußtseins (des Bewußtseins überhaupt), das auf gar nichts anderes zielt als auf Realisierung der Idee in der Welt. Die konkreten Erfahrungen sind nicht bloß Symbole, denn dann wären sie wegen des undynamischen Wesens der Idee überhaupt nicht möglich, sondern es sind vor allem psychische Setzungen, deren Zweck ist, den Zweckgehalt des Lebens in der entsprechenden Gestalt anzuschauen. Nirgends tritt uns das teleologische Moment so übermächtig entgegen wie gerade bei den Erfahrungen, bei denen, was gar nicht genug betont werden kann, das Telos direkt angeschaut wird, nämlich als Relationsprinzip, als Sinngefüge, auftritt, während es bei der Handlung nur als Kausalmoment,

bei der Entwicklung gar nur als Organisationsmoment und bei der Zeugung
wieder erst recht nur als substanziierendes Prinzip zur Geltung kommt.

Sie sehen, daß hier, im 4. Lebenskreise, das Telos die umfassendste
Bedeutung gewinnt, denn es wird in die ganze Welt eingetragen, überspannt,
anders gesagt, auch die geistige Anschauung, in der als Absolutbeziehung
die symbolische Durchdringung der Naturinhalte gegeben ist. Das Telos
hat auch die Relation in sich absorbiert. Dem entspricht eben die
Verlebendigung der Welt, die Subjektivation der Objekte, die Vergött-
lichung der Natur. So ist Erfahrung notwendigerweise Pantheismus. Diese überaus wichtige Tatsache wird an anderer Stelle genügend
zu diskutieren sein, hier möchte ich aber unsere Betrachtung über den Zer-
streuungsvorgang vervollständigen, indem ich Sie darauf aufmerksam
mache, daß neben dem Analogon zur Mutation auch das zur Orthogenese
im Erfahrungskreise nicht fehlt. Nicht nur die Erscheinungen sind im
mythischen Urerlebnis zur teleologischen Einheit verbunden, sondern auch
die sensorischen Subjekte, genauer bestimmt: die spirituellen Ätherkörper
stehen in einem teleologischen Zusammenhang, der dem objektiven Sinngewebe parallel läuft und der nun ihre Materialisationen, ihre kosmogenetische Tätigkeit beherrscht. Alle sensorischen Subjekte stehen in einem
innigen Rapport, auf dem sich der Begriff des Kollektivsubjekts
bei den Wilden begründet. Nicht nur die objektive Welt repräsentiert ein
Übersubjekt, sondern auch die subjektive, und eben der Begriff des
Weltsubjekts, der von den Wilden so intensiv erlebt wird,
schließt beiderlei Arten von Zentralbeziehungen in sich.

So ergibt sich uns denn folgende Übersicht über die autonomen Leistungen
im Erfahrungskreise:

Halluzination   Subjektivation   Magie   Hellsehen
(Sinnsetzung)

Nun wenden wir uns den heteronomen Leistungen zu. Diese fehlen
natürlich auch im Erfahrungskreise nicht und treten hier ordnungsgemäß wie
überall als Gegenstück der autonomen auf. Wir können sie rasch erledigen.

Das Gegenstück zum Hellsehen ist die Telepathie, das sog. Gedanken-
lesen, die Vorstellungsübertragung von Individuum zu Individuum. Während im Hellsehen Erfahrung zustande kommt auf Grund der Auswirkung
der Idee in den Erscheinungen, kommt telepathisch Erfahrung zustande
durch Wechselwirkung der Gehirne, genauer gesagt durch den Äthergehalt
in diesen, der mit dem Äthergehalt in anderen sensorischen Subjekten in
direkte Verbindung zu treten vermag. Es wird dabei vorübergehend eine
Brücke hergestellt zwischen zwei Spirits, die eben möglich ist auf Grund
der Ätherstruktur dieser. Telepathie ist Erlebnis dessen, was ein anderer
erlebt, was in seinem Bewußtsein gegenwärtig ist, wobei also auch die
individuelle Begrenzung des sinnlichen Bewußtseins überschritten wird,
ohne daß aber dabei das Überbewußtsein in Verwendung träte; hier ist
der Äther, bzw. die im Äther sich auswirkende Urkraft, das vermittelnde
Prinzip, das die individuellen Bewußtseinsschranken durchbricht und zwei

oder mehr Individuen gemeinsam erleben läßt. Anders gesagt: Telepathie begründet sich auf der physikalischen Unendlichkeit, dagegen Hellsehen auf der mathematischen. Um also Telepathie und Hellsehen scharf auseinander zu halten, bedarf es einer klaren Unterscheidung beider Unendlichkeitsarten, die aber heute noch ganz im argen liegt. Ich habe Sie bereits früher, bei Besprechung des Raums- und Gravitationsthemas, darauf aufmerksam gemacht, daß die moderne Relativitätstheorie wohl von physikalischer Unendlichkeit spricht, diese aber verwechselt mit der mathematischen, da sie von Vierdimensionalität der Natur redet, von einem hier gegebenen vierachsigen Koordinatensystem, das nur in der Mathematik, nur eben im Bewußtsein, möglich ist. Was die Psychologie anlangt, so hat sie überhaupt noch nicht den Begriff des Unendlichen einwandfrei festgestellt, und demgemäß kann von einer klaren Unterscheidung zwischen Hellsehen und Telepathie nicht die Rede sein. Diese Unklarheit bedingt es, daß man heute meist das Hellsehen ganz bestreitet und nur die Telepathie gelten läßt. Denn diese kann man, wie ich ja aufzeigte, so unklar auch die Erfassung bleibt, physikalisch begreifen: die hier ahnungsweise erfaßte physikalische Unendlichkeit macht die Telepathie unserer so ganz materialistisch — auch wo sie es nicht Wort haben will! — orientierten Wissenschaft einigermaßen sympatisch. So sucht z. B. der Philosoph Oesterreich in seinem Büchlein: Der Okkultismus im modernen Weltbild, alles Hellsehen als Telepathie zu erklären, wobei natürlich das grundlegende Bewußtseinsmoment ganz in die Brüche geht. Demgemäß ist auch der Begriff des Überbewußtseins ganz vernachlässigt.

Als Gegensatz zur teleologischen Magie, zum Zauber, bietet sich die zufällige Materialisation dar, die keinem, vom Medium gesetzten Zwecke gehorcht, sondern durch die Umwelt im Medium veranlaßt wird. Sie ist, wie die Magie, an ein sensorisches Subjekt, eben ein Medium, gebunden, das nun aber nicht zielbewußt, wie es beim Zauber der Fall ist, auf Materialisationen hinwirkt, sondern solche bewirkt unter dem Einfluß anderer Wesen, die sein Verhalten bestimmen. Solche Einflußnahme kann in mannigfaltiger Weise gegeben sein. Ich möchte hier nur auf ein Beispiel hinweisen, das sich uns darbietet im Spuk und das wohl das bezeichnendste unter allen ist. Spuk ergibt sich, wenn Geister, d. h. Verstorbene, auf das Medium einwirken. So unfähig auch Spirits sind, in der Gegenwart sich zu betätigen, so können sie doch in Kontakt treten mit einem Medium, dessen Ätherleib eben zu solcher Verbindung geeignet ist. Deshalb berichten ja auch die Medien immer wieder, daß sich die Geister zu ihnen drängen. In Kontakt treten mit einem Medium können natürlich auch Lebendige, die die entsprechenden Fähigkeiten besitzen, und so gehört hierher zweifellos auch die Hypnose, in der das Verhalten der Medien von anderer Seite bestimmt wird.

Gegensatz zur Subjektivation, wie sie im Mythus vorliegt, ist der Traum. Während im Mythus ein allgemeines Weltsubjekt gesetzt wird, dem eine allgemeine Erlebensform zukommt, ist im Traum die konkrete Erfahrung in die Macht gegeben jedes einzelnen Individuums, dessen Energiegehalt mit der Erfahrung sein Spiel treibt. Ich möchte Sie hier verweisen auf die Traumtheorie von Sigmund Freud, den Begründer der psychoanalytischen Schule, der den Traum deutet als Wunschgebilde. Das entspricht durchaus der von mir vorgetragenen Deutung, indem eben die energetische Grundlage des Traumes betont wird. Der Traum ist in diesem Sinne die Parallelerscheinung zum Spiel, das wir als entsprechend energetisch bedingte Leistung im Handlungskreise nachwiesen: es handelt sich in beiden Fällen um das Übergewicht des Willens, der Energie im Subjekt über das Bewußtsein, speziell über die Idee, deren Formgehalt im Traume in willkürlicher Weise erlebt wird. Die Grundlage ist ein freies Spiel von Halluzinationen, die sich der Symbole bedienen. Wenn nun allerdings Freud der Meinung ist, daß wir im Traum den eigentlichen Schöpfer der Symbole und des Mythus zu erblicken haben, so finden wir hier ein Beispiel der bereits bei Erwähnung Oesterreichs festgestellten Tatsache, daß man heute glaubt allerhand Erscheinungen psychisch zu begründen, wenn man doch durchaus im materialistischen Fahrwasser segelt. Denn der Mythus ist zweifellos eine Bewußtseinsschöpfung, die im Traum Verwendung findet unter Dominanz der Energie, die nicht aber von der Energie geschaffen sein kann, da das ein vollkommener Widersinn wäre. Nur das moderne Unverständnis für alles Teleologische ermöglicht solche Mißdeutung. Im Traum gibt es wohl auch Symbolik und Sinnzusammenhänge, aber sie dienen dem individuellen Wunsche, der im übrigen alles willkürlich durcheinander wirbelt. Träume sind Schäume, sagt das Volk ganz mit Recht.

Gegensatz endlich zum halluzinatorischen Sinnerlebnis ist der Wahnsinn. Auch dieser ist Halluzination, aber eine sinnlose Leistung, während die Erfahrung sinnvolles Halluzinieren ist. Dem Wahnsinn liegt kein Sinnbedürfnis zugrunde. Wahnsinn bedeutet Auflösung des allgemeinen Sinnzusammenhanges, der das Erfahrungsganze ausmacht, und zwar nicht nur vorübergehend im einzelnen Individuum, dessen Energiegehalt die Sinneinheit sprengt, sondern für die Dauer entsondern gewisse Individuen ihr Bewußtsein dem Kollektivempfinden der Menschheit und bannen sich ein in gewisse Erlebnisse, aus denen sie nicht mehr herausfinden. In ihnen ist das Lebenssubjekt vollkommen dissoziiert, auf Grund eines Eigenwillens, dessen Zufälligkeit sich radikal auflehnt gegen alle teleologische Beziehung. Der Irrsinnige ist von aller Welt völlig isoliert, ist ganz eingebannt in gewisse Halluzinationen, deren energetischer Gehalt ihn restlos beherrscht. Man wird gemahnt an eine Menagerie, in deren Käfigen die verschiedenen Tierarten ohne irgendwelche Beziehung zueinander leben: derartiges liegt auch vor in einem Irrenhause, dessen Bewohner sich nicht zueinander zu finden vermögen. Sie sind besessen von einem bösen Geiste.

Diese wenigen Worte mögen für unsere Übersicht genügen. Ich schreibe an die Wandtafel unter die autonomen Leistungen zur besseren Orientierung noch die zugeordneten heteronomen:

Wahnsinn   Traum   Spuk   Telepathie

Damit haben wir nun unsere Analyse des Erfahrungskreises vollendet und werden das nächste Mal noch eine Schlußbetrachtung anstellen, die uns der Hauptergebnisse unserer euvitalistischen Untersuchung eindringlich vergewissert.

27. Vorlesung.

Schlußbetrachtung.

Wir haben nun unseren Überblick über die Biologie vollendet. Alles, was ins Biologische fällt, ward berücksichtigt, kurz und unvollständig wohl zum Teil, was nicht zu vermeiden war, doch ohne daß ein wesentliches Thema unberücksichtigt geblieben wäre. Das letztere ist schon deshalb ausgeschlossen, weil sich alle biologischen Erscheinungen gesetzhaft ableiten lassen aus einem Grundschema, das wir überall anwendeten und das keine Unterlassung gestattet: überall gingen wir aus von einer Achtgliederung des Stoffes, in jedem Lebenskreise entdeckten wir Erscheinungen, die autonomer und heteronomer Natur sind und die sich wieder auf 4 Grundbegriffe, die Begriffe der Gottheit, des Subjekts, der Natur und des Geistes, beziehen lassen. Durch die transzendente Gottheit wird jeder Kreis eingeführt und zwar als Verwandlung von Natur und Geist in Bewußtsein; im Subjekt sehen wir beide derart entstandene Bewußtseinsformen (Substanzen) aufeinander unmittelbar eingestellt, die lebendige Form den lebendigen Stoff durchdringend; im Rahmen dieses Subjekts vermögen sich aber die Urkomponenten Natur und Geist selbständig zu äußern und so kommt es zu Funktionen und Objektivationen, die beiden Grundbegriffen entsprechen. Aber diese Funktionen und Objektivationen stehen zunächst im Banne des Subjekts, weshalb sie sich auch als autonome Leistungen darstellen. Dominieren dann aber Natur und Geist über die Ziele des Subjekts, so ergeben sich heteronome Modifikationen der Leistungen, denen als weitere heteronome Leistungen eine im Banne der Willkür stehende Subjektivation und eine im Banne der absoluten Energie stehende Bewußtseinsentfaltung sich zugesellt. Die erstere bedeutet im strengsten Sinne Individuation, die völlige Herauslösung der Einzelsubjekte aus dem Gesamtsubjekt, und die letztere bedeutet Tod, nämlich zufällige Existenz, die das erst aus der anorganen Welt ganz heraustretende, ein Ungleichgewicht begründende Lebewesen einordnet ins anorgane Gleichgewicht, in dem eben seine Beharrung und Entfaltung nur eine zufällige sein kann.

Diese Gliederung des Stoffes befähigte uns, zu allen bekannten biologischen Theorien in Beziehung zu treten. Alle Theorien wurden als berechtigte, d. h. für das Verständnis der Wirklichkeit bedeutungsvolle erkannt, denn sie tragen Leistungen, die wir direkt fordern müssen, Rechnung; welche Ansichten auch immer über das biologische Geschehen aufgestellt wurden, sie erweisen sich sämtlich in gewissen Grenzen berechtigt, denn sie erfließen eben aus den 8 Grundbegriffen. Verkehrt erweist sich nur die

einseitige Überspannung der Theorien, die Beurteilung aller Leistungen
eines Kreises aus einem einzelnen Grundbegriffe heraus. Das trat ja ganz
besonders klar bei Besprechung der bekannten Entwicklungstheorien hervor,
die an Einseitigkeit nichts zu wünschen übrig lassen. Bis heute war alle
Biologie, alle Entwicklungslehre, einseitig — was aus Gründen folgt, die wir
hier nicht näher diskutieren können; ich will nur andeuten, daß das wissenschaftliche Bewußtsein nicht Herr ist aller Begriffe, sondern entsprechend
denselben 8 Begriffen, die auch die Lebensleistungen beherrschen, aufspaltet
in eine Mannigfaltigkeit des Denkens, an der unsre ganze Kultur von Anfang
an bis heute krankt. Ich deute auch nur an, daß solche Aufspaltung aus einer
übermäßigen Betonung von Geist und Natur folgt; das eigentliche Lebens-
moment wurde, wie ich ja eingehend genug gezeigt habe, bis jetzt überhaupt
nicht voll gewürdigt und so blieben sowohl Zweck des Lebens als auch die
wahre Natur des Subjekts unbekannt; erst die von mir vertretene euvitalistische Biologie vermeidet diese Fehler und begründet eine neue Wissenschaft, die auf den Ausbau des Subjekts zielt. Die damit die eigentliche
Lebensaufgabe sich selbst zur Aufgabe macht! Wissenschaft, die ganz das
Subjekt zu erkennen strebt, ist zugleich Ausbau des Subjekts, ist demgemäß
Entwicklungsleistung. Das werde ich ja an anderer Stelle (in einem speziellen
Buch über Kulturerneuerung) ausführlich darzulegen Gelegenheit haben,
doch sei hier, zum Abschluß unserer Betrachtungen, noch ein wenig auf das
Entwicklungsthema eingegangen, wodurch auf das andere Kolleg zweck-
mäßig vorbereitet wird.
Entwicklung ist Phylogenese und Ontogenese, Stammesgeschichte und
Individualgeschichte, und in diesem Sinne auch Aszendenz und Deszendenz,
Vervollkommnung und Spezialisierung. Man kann die Begriffe Ontogenese
und Deszendenz identifizieren, insofern die erstere derart gefaßt wird, daß
in ihr nur gegebene Typen zur Entfaltung kommen. Diese Entfaltung
erschöpft sich nicht in einer einzelnen Ontogenese und auch nicht in den
Ontogenesen aller Individuen einer Art, sondern übergreift eine außerordentliche Fülle von Spezies, überhaupt von Systemkategorien, die aus einem
Grundtyp erfließen, in seinem Rahmen möglich sind, bedeutet also in diesem
Sinne Deszendenz, genauer bestimmt Orthogenese und Mutation; aber sie
überschreitet nicht die Anlage der Urform, wodurch uns eben gestattet ist,
alle diese Arten einem Typ einzuordnen. Nur die Vervollkommnung sprengt
den Typ, nur sie bedeutet echte Phylogenese und Aszendenz. Natürlich
vollzieht sie sich auch im Rahmen einer Ontogenese, da für alle Organismen
diese, wie wir sagen können, das S c h e m a d e s W e r d e n s ist, aber sie unterscheidet sich von allen übrigen Ontogenesen durch die Einführung neuer
Qualitäten, die dann erst in einem neuen Systemniveau aktuell werden.
Das wesentliche Moment der Aszendenz ist E i n f ü h r u n g n e u e r G e w e b s -
a n l a g e n, die den präexistenten Formen gestatten, in neuer komplexerer
Weise hervorzutreten und ganz neue Leistungsmöglichkeiten einzuführen.
Die Formen sind selbstverständlich insgesamt, allen nur möglichen Typen
entsprechend, in jedem Organismus gegenwärtig; sie müssen ja da sein,
denn sie können gar nicht anders als daseiend gedacht werden: der Geist ist

überzeitlich und darum immer gegeben. Aber sie können nur hervortreten entsprechend gegebener histologischer Grundlage und die entfaltet sich sukzessiv — für die Form gilt Evolution, für den Stoff Epigenese! Eine gegebene histologische Struktur nun kommt erst allmählich in einem gegebenen Typ zur Entfaltung und das bedingt die Orthogenese (wie ja auch die Ontogenese); die Einführung aber einer neuen Struktur bedingt die Phylogenese, die Aszendenz. Sie gehört ins eigentliche Lebenswunder. Differentiation der histologischen Keimsubstanz ist Modifikation der Ursetzung des Lebens, die als das Wunder katexochen zu gelten hat; Differentiation setzt kein neues Urwesen, aber sie erhöht dieses auf ein neues Niveau und schafft derart wirklich etwas Neues.

Was sie schafft, habe ich ja bereits berücksichtigt, aber ich möchte die Übersicht nochmals bieten, um eines ganz bestimmten Zweckes willen. Wir haben 3 Differenzierungsschritte des Urlebewesens kennen gelernt. Eigentlich können wir von 4 reden, denn auch die Setzung des Urlebewesens selbst ist zugleich eine Differenzierung, hat doch auch die einfachste Zelle funktionelle Struktur. Es entstanden also sukzessiv, als immer leistungsfähigere Gebilde, zuerst die Urzelle, aus der sich alle einzelligen Lebewesen, die Protisten, ableiten. Dann die Urpflanze, die Mutter aller Pflanzen, aller Wesen von rein morphologischer Bedeutung. Dann das Urtier, die Mutter aller Tiere, damit zugleich die Mutter auch der objektiven Umwelt, in der diese subjektiven Wesen sich bewegen. Das Wesentliche am Tier ist nicht seine besondere Morphologie, sondern das ihm verknüpfte Phänomenologische, die psychische Umwelt, in der sich das Individuum in die Welt hineinerweitert. Diese Umwelt stellt sich dar als lockere, nämlich aufgelöst in Einzelwelten, die den einzelnen Tierindividuen zugeordnet sind. Aber sie vermag sich zur Einheit zu schließen bei Entstehung eines 4. Typs, des Urprimitiven — so will ich den Typ nennen, obgleich eine andere Ausdrucksweise eigentlich besser wäre (siehe Vorlesung 12) —, der die Umwelt an sich, nicht für sich, erlebt. Wie die Zellen in der Pflanze sich zur höheren Einheit zusammenschließen, so die Umwelten im Bewußtsein der Primitiven zur einzigen Erfahrungswelt, wodurch das Objekt Subjektwert gewinnt. Das ist der 4. und letzte Entwicklungsschritt im Biologischen. Protist, Pflanze, Tier, Primitiver charakterisieren eine echte Entwicklungsreihe, einen Stamm, der durch Aszendenz sich ergibt. Innerhalb dieser vier Typen gibt es eigentlich nur Deszendenz: Das Grundprinzip des Erlebnisses bleibt in jedem Typ immer dasselbe, wenn auch Reifung der histologischen Urqualität eine enorme Steigerung der Organisation in Subjekt und Objekt gestattet. Der Begriff der Orthogenese ist sehr umfangreich, trotzdem seine Abgrenzung von der Phylogenese eine scharfe, denn die Einführung der 4 Typen bedeutet Setzung grundverschiedener Leistungsformen.

Ich habe diese ganze Betrachtung, die ja eigentlich nur früher Gesagtes rekapituliert, hier angestellt um eines bestimmten Zweckes willen. Nämlich um verständlich zu machen, daß wir uns nicht wundern dürfen, daß heute in der Organismenwelt keine Aszendenz erweisbar ist. Selbst größere orthogenetische Schritte sind sehr unwahrscheinlich, aus mehreren Gründen.

Erstens hatten die gegebenen Typen der Protisten, Pflanzen, Tiere und Primitiven, vor allem die ersteren, Zeit genug zur Verfügung, um ihren Anlagegehalt erschöpfend zur Entfaltung bringen zu können, so daß sie als fix und fertige, als rein aktuell gegebene, betrachtet werden dürfen. Was noch in ihnen schlummert, ist vielleicht morphologisch nicht sehr hoch anzuschlagen, und so dürfen wir nur noch minderwertige Spezialisierungen erwarten. Aber gesetzt selbst, sie enthielten noch reiche Potenzen, so lehrt doch die Paläontologie, daß die Entwicklungsschritte aneinander gebunden sind. Wenn in den geologischen Perioden neue Tiertypen hervortreten, so gewöhnlich auch neue Pflanzenarten: der neuzeitlichen Insekten-, Vögel- und Säugerfauna ist auch die Blütenflora verbunden, während die alte Drachenfauna sie nicht kannte. Wieder mit dem Auftreten des Kulturmenschen verknüpft sich ein großes Säugersterben und die Entstehung der modernen Fauna, die allerdings nichts wesentlich Neues bietet. Gerade dieser Mangel einer Vervollkommnung in Fauna und Flora im Diluvium ist nun aber äußerst bezeichnend. Es scheint, daß der Schritt der Menschwerdung — ich denke hier nicht an die Primitiven, sondern an die echten Menschen — eine so enorme Lebensleistung war, solch bedeutungsvolle Aszendenz, daß sie die Kräfte des Lebens ganz verschlang. Denn der Kulturmensch ist nicht ein Typ neben den biologischen, sondern ein Ersatz dieser durch etwas Höheres. Die Aszendenz, die ihn schuf, war ein ganz besonderer Werdeschritt, war eigentlich eine Aszendenz noch echterer Art als die Typensetzung im Biologischen, weil es sich bei ihr um Einführung eines ganz neuen, die ganze Wesenheit durchdringenden Bewußtseins, nicht bloß um Zufügung einer neuen Wesensschale handelte. Der Spirit existiert in gewissem Sinne neben dem Körper, das tierische Neuromuskelgewebe neben dem pflanzlichen Stützgewebe, das Gewebe überhaupt neben dem Plasma, das ja in allen Körperzellen sich erhält; aber die Menschenseele ist der Körper, das Gewebe, das Plasma selbst, nur in einer neuen Erlebnisform. Das ist der springende Punkt! Aus ihm folgt, meiner Meinung nach, daß die Zeit der biologischen Aszendenzen jetzt vorbei ist. Die ganze Entwicklungskraft floß in den Kulturmenschen und dieser war seit seiner Entstehung Träger aller Entwicklung.

Es ist unberechtigt, von den Pflanzen und Tieren noch große Entwicklungsschritte, noch eindrucksvolle Beweise der Stammesgeschichte zu erwarten, denn der Entwicklungswille ist nicht mehr bei ihnen, sondern bei uns. Entwicklung kann heutzutage nur durch uns bewiesen werden. Und da möchte ich nun, um eben einen gewissen Abschluß dieses Werkes zu erzielen, der doch zugleich verknüpft mit dem Inhalt eines anderen, das die Kulturneuerung behandelt, möchte ich betonen, daß künftige Entwicklung nur durch uns und an uns möglich ist, indem wir in uns ein neues Bewußtsein zur Entfaltung bringen. Das aber ist das Entwicklungsbewußtsein katexochen, das Zielbewußtsein, das sich klar ist über den Weg, den die Geschichte zu gehen hat. Uns Kulturmenschen mangelt bis jetzt, wie ja eingangs gezeigt ward, das volle Subjekterlebnis, insofern wir uns in erster Linie als Personen, nicht als werdendes Allgemeinsubjekt (Weltsubjekt) erleben.

Wenn das von uns erlebt wird, ersteht eine neue Kultur. Wenn wir die Grundbegriffe in einem Entwicklungsziel zu sammeln vermögen, eröffnet sich uns eine neue Zeit. Wir schaffen sie bewußt aus dem klaren Entwicklungsbewußtsein heraus. Das würde eine neue Aszendenz bedeuten. Nur hier ist Möglichkeit einer Entwicklung gegeben. Nicht bei den Organismen dürfen wir die Aszendenz suchen und auch nicht glauben, daß sie bei uns unbewußt, von unserem Willen unabhängig, sich einzustellen vermöchte — das letztere ist unmöglich, denn die Potenz solch unbewußten Werdens charakterisiert eben die Geschichte, wie sie bis heute war, und eine neue kann nur auf Bewußtsein sich begründen —, sondern wir müssen das Neue in uns selbst herausarbeiten, weil das eben als das Wesen einer neuen Aszendenz sich darstellt. Wie diese Aszendenz im einzelnen zu verstehen ist, kann ich hier nicht ausführen. Die Darlegung bildet den wesentlichen Inhalt des Kollegs über Kulturerneuerung, das im Anschluß an das vorliegende Werk gedruckt werden wird.

So klärt sich uns der Begriff der Phylogenese, der Aszendenz, restlos auf. Wir wissen jetzt, wie Entwicklung sich bis heute vollzog — über den Ablauf der Menschheitsgeschichte orientiert speziell mein gleichzeitig erscheinendes Kolleg: Die Periodizität des Lebens und der Kultur — und wissen auch wie sie sich künftig vollziehen wird. Träger der Entwicklung sind jetzt nicht mehr die Organismen, auch nicht die Primitiven, sondern wir Kulturmenschen, aber auch nicht insofern wir das altererbte Kulturgut bis in seine letzten Potenzen aktuieren, sondern indem wir ein neues Kulturgut setzen, das sich ganz anders aktuieren wird als das alte. Ich deute nur an, daß es sich um den Schritt von einer mechanischen Kultur zu einer organischen handeln wird. Nicht mehr werden Natur und Geist im Zentrum des menschlichen Bewußtseins stehen, sondern das Subjekt, als Träger von Natur und Geist in gegenseitiger Durchdringung. Noch anders gesagt: es handelt sich um das Verhältnis der männlichen zur weiblichen Substanz! Bis jetzt wurden beide überhaupt nicht reinlich unterschieden, die künftige Kultur wird aber von solcher Unterscheidung ausgehen und an der beiderseitigen Entfaltung und wechselseitigen Durchdringung arbeiten, was eben kontinuierliche Vervollkommnung des Subjekts, Aktuierung des jetzt nur potentiell gegebenen Weltsubjekts bedeutet. Die künftige Kultur wird entelechisch orientiert sein, nicht kausal wie die heutige oder relational wie das organische Leben: wir schaffen mit Bewußtsein an der Weltentelechie und darin offenbaren wir unmittelbar den Entwicklungswillen des Lebens. Es wird sein eine euvitalistische Kultur.

Mit dieser Betrachtung, die ihre genauere Begründung anderorts findet, schließe ich mein Kolleg.